"十三五"国家重点出版物出版规划项目

软物质前沿科学丛书

软物质的功能智能
特性及其应用

Functional and Intelligent Characteristics of
Soft Matter and Its Applications

温维佳
巫金波 编著

科 学 出 版 社
龍 門 書 局
北 京

内 容 简 介

本书系统地介绍了软物质功能智能材料的基本原理和物理、化学、力学特性，以接收外界响应和应用范围的不同将软物质功能材料分为电响应软物质材料、磁响应软物质材料、光响应软物质材料、温度响应软物质材料、化学响应软物质材料、柔性功能软物质材料等六类，侧重介绍这些功能智能软物质材料的响应规律和机理、合成制备、成分、结构、性质、表征、测量及应用。

本书内容丰富，条理清晰，采用典型软物质材料的实例来阐释功能材料的制备与特性、化学成分、物理结构与宏观性质，适合物理类、材料类、化学类专业的本科生和研究生阅读，亦可供软物质物理、材料、化学相关领域专业科研人员、工程技术人员参考。

图书在版编目(CIP)数据

软物质的功能智能特性及其应用/温维佳，巫金波编著. —北京：龙门书局，2020.10

（软物质前沿科学丛书）

"十三五"国家重点出版物出版规划项目　国家出版基金项目

ISBN 978-7-5088-5802-9

Ⅰ.①软… Ⅱ.①温… ②巫… Ⅲ.①物理学 Ⅳ.①O4

中国版本图书馆 CIP 数据核字(2020) 第 174946 号

责任编辑：钱　俊／责任校对：杨　然
责任印制：吴兆东／封面设计：无极书装

科 学 出 版 社 出版
龙 门 书 局
北京东黄城根北街 16 号
邮政编码：100717
http://www.sciencep.com

北京虎彩文化传播有限公司 印刷
科学出版社发行　各地新华书店经销
*
2020 年 10 月第 一 版　开本：720×1000　B5
2021 年 4 月第二次印刷　印张：13 3/4
字数：260 000

定价：138.00 元
（如有印装质量问题，我社负责调换）

本书作者名单

温 维 佳　香港科技大学，phwen@ust.hk

巫 金 波　上海大学，jinbowu@t.shu.edu.cn

曾 西 平　香港科技大学，xzengad@connect.ust.hk

夏曾子路　重庆大学，zzlxia@cqu.edu.cn

王　　聪　北京工业大学，materwang@163.com

张 萌 颖　上海大学，zhang.my@t.shu.edu.cn

龚 秀 清　上海大学，331780379@qq.com

高 兴 华　上海大学，gaoxinghua@t.shu.edu.cn

薛　　厂　上海大学，xuechang33@shu.edu.cn

时　　权　上海大学，quanshi@t.shu.edu.cn

丛 书 序

社会文明的进步、历史的断代，通常以人类掌握的技术工具材料来刻画，如远古的石器时代、商周的青铜器时代、在冶炼青铜的基础上逐渐掌握了冶炼铁的技术之后的铁器时代，这些时代的名称反映了人类最初学会使用的主要是硬物质。同样，20 世纪的物理学家一开始也是致力于研究硬物质，像金属、半导体以及陶瓷，掌握这些材料使大规模集成电路技术成为可能，并开创了信息时代。进入 21 世纪，人们自然要问，什么材料代表当今时代的特征？什么是物理学最有发展前途的新研究领域？

1991 年，诺贝尔物理学奖得主德热纳最先给出回答：这个领域就是其得奖演讲的题目 —— "软物质"。以《欧洲物理杂志》B 分册的划分，它也被称为软凝聚态物质，所辖学科依次为液晶、聚合物、双亲分子、生物膜、胶体、黏胶及颗粒等。

2004 年，以 1977 年诺贝尔物理学奖得主、固体物理学家 P.W. 安德森为首的 80 余位著名物理学家曾以 "关联物质新领域" 为题召开研讨会，将凝聚态物理分为硬物质物理与软物质物理，认为软物质 (包括生物体系) 面临新的问题和挑战，需要发展新的物理学。

2005 年，Science 提出了 125 个世界性科学前沿问题，其中 13 个直接与软物质交叉学科有关。"自组织的发展程度" 更是被列入前 25 个最重要的世界性课题中的第 18 位，"玻璃化转变和玻璃的本质" 也被认为是最具有挑战性的基础物理问题以及当今凝聚态物理的一个重大研究前沿。

进入新世纪，软物质在国外受到高度重视，如 2015 年，爱丁堡大学软物质领域学者 Michael Cates 教授被选为剑桥大学卢卡斯讲座教授。大家知道，这个讲座是时代研究热门领域的方向标，牛顿、霍金都任过这个最著名的卢卡斯讲座教授。发达国家多数大学的物理系和研究机构已纷纷建立软物质物理的研究方向。

虽然在软物质研究的早期历史上，享誉世界的大科学家如爱因斯坦、朗缪尔、弗洛里等都做出过开创性贡献，荣获诺贝尔物理奖或化学奖。但软物质物理学发展更为迅猛还是自德热纳 1991 年正式命名 "软物质" 以来，软物质物理不仅大大拓展了物理学的研究对象，还对物理学基础研究尤其是与非平衡现象 (如生命现象) 密切相关的物理学提出了重大挑战。软物质泛指处于固体和理想流体之间的复杂的凝聚态物质，主要共同点是其基本单元之间的相互作用比较弱 (约为室温热能量级)，因而易受温度影响，熵效应显著，且易形成有序结构。因此具有显著热波动、多个亚稳状态、介观尺度自组装结构、熵驱动的顺序无序相变、宏观的灵活性等特征。简单地说，这些体系都体现了 "小刺激，大反应" 和强非线性的特性。这些特性并非仅仅由纳观组织或原子或分子的水平结构决定，更多是由介观多级自组装结构决定。处于这种状态的常见物质体系包括胶体、液晶、高分子及超分子、泡沫、乳液、凝胶、颗粒物质、玻璃、生物体系等。软物质不仅广泛存在于自然界，而且由于其丰富、奇特的物理学性质，在人类的生活和生产活动中也得到广泛应用，常见的有液晶、柔性电子、塑料、橡胶、颜料、墨水、牙膏、清洁剂、护肤品、食品添加剂等。由于其巨大的实用性以及迷人的物理性质，软物质自 19 世纪中后期进入科学家视野以来，就不断吸引着来自物理、化学、力学、生物学、材料科学、医学、数学等不同学科领域的大批研究者。近二十年来更是快速发展成为一个高度交叉的庞大的研究方向，在基础科学和实际应用方面都有重大意义。

为推动我国软物质研究，为国民经济作出应有贡献，在国家自然科学基金委员会中国科学院学科发展战略研究合作项目 "软凝聚态物理学的若干前沿问题" (2013.7~2015.6) 资助下，本丛书主编组织了我国高校与研究院所上百位分布在数学、物理、化学、生命科学、力学等领域的长期从事软物质研究的科技工作者，参与本项目的研究工作。在充分调研的基础上，通过多次召开软物质科研论坛与研讨会，完成了一份 80 万字研究报告，全面系统地展现了软凝聚态物理学的发展历史、国内外研究现状，凝练出该交叉学科的重要研究方向，为我国科技管理部门部署软物质物理研究提供一份既翔实又前瞻的路线图。

作为战略报告的推广成果，参加本项目的部分专家在《物理学报》出版了软凝聚态物理学术专辑，共计 30 篇综述。同时，本项目还受到科学出版社关注，双方达成了 "软物质前沿科学丛书" 的出版计划。这将是国内第一套系统总结该领域理论、实验和方法的专业丛书，对从事相关领域的研究人员将起到重要参考作用。因此，我们与科学出版社商讨了合作事项，成立了丛书编委会，并对丛书做了初步规划。编委会邀请了 30 多位不同背景的软物质领域的国内外专家共同完成这一系列专著。这套丛书将为读者提供软物质研究从基础到前沿的各个领域的最新进展，涵盖软物质研究的主要方面，包括理论建模、先进的探测和加工技术等。

由于我们对于软物质这一发展中的交叉科学的了解不很全面，不可能做到计划的 "一劳永逸"，而且缺乏组织出版一个进行时学科的丛书的实践经验，为此，我们要特别感谢科学出版社钱俊编辑，他跟踪了我们咨询项目启动到完成的全过程，并参与本丛书的策划。

我们欢迎更多相关同行撰写著作加入本丛书，为推动软物质科学在国内的发展做出贡献。

主　编　　欧阳钟灿

执行主编　　刘向阳

2017 年 8 月

前　　言

　　材料是人类赖以生存和发展的物质基础，随着时代的发展和科技的进步，人类不再满足于简单地使用原始材料，而是研究出更智能的、功能更多更先进的材料。本书所介绍的软物质材料与传统的"硬"材料不一样，除了具有复杂性、易变性的特点，还具有响应性，小小的作用即可逆地改变它们的性质。软物质材料认识与研究需要各个学科的知识，为了让读者对软物质材料有更多的认识，同时也为了鼓励更多的研究人员进入这一神奇而有趣的领域，本书作者归纳总结了过去30余年的工作，并阅读了大量的相关文献资料，以接收外界响应和应用范围的不同将软物质功能材料分成电响应软物质材料、磁响应软物质材料、光响应软物质材料、温度响应软物质材料、化学响应软物质材料、柔性功能软物质材料等六类响应性材料，介绍了软物质功能智能材料的物理、化学基本原理以及研究进展、前沿。结合软物质与材料学科发展的特性，考虑到不同读者的基础知识、研究领域不同，本书既讲述了软物质的响应物理机制、微观结构与宏观性质的对应关系，又从材料方面讲述了软物质材料制备、表征，采用了典型材料实例来阐释一些机理、规律及其应用，使得本书所讲述的科学原理深入浅出，简单明了。

　　本书在撰写过程中参考了有关文献和资料，在此向其作者表示衷心的感谢。

　　鉴于作者水平有限，撰写时间仓促，书中疏漏、不足之处在所难免，敬请同行和读者批评指正.

巫金波　汤维佗

2019 年 12 月

目　　录

丛书序
前言
第1章　绪论 ··· 1
　1.1　软物质的定义及其功能智能特性 ························· 1
　1.2　软物质功能智能材料的研究范围和现状 ·············· 2
　1.3　软物质功能智能材料的应用前景和发展趋势 ········· 3
第2章　电响应软物质材料 ··· 5
　2.1　电流变液的成分 ·· 6
　　2.1.1　分散相 ·· 6
　　2.1.2　连续相 ··· 16
　　2.1.3　添加剂 ··· 18
　2.2　电流变液的性质 ··· 23
　　2.2.1　电流变液流变性质 ···································· 23
　　2.2.2　电流密度 ·· 24
　　2.2.3　抗沉降性 ·· 24
　　2.2.4　再分散性 ·· 25
　2.3　电流变液的微观原理 ······································· 25
　　2.3.1　纤维理论 ·· 26
　　2.3.2　"水桥"理论 ··· 26
　　2.3.3　双电层极化理论 ······································· 27
　　2.3.4　介电理论 ·· 27
　　2.3.5　极性分子的取向和成键模型 ························ 28
　2.4　电流变液的应用简介 ······································· 29
　　2.4.1　电流变减震器 ·· 29
　　2.4.2　电流变离合器 ·· 31
　　2.4.3　电流变超精细研磨加工技术 ························ 31
　　2.4.4　电流变可调光子能隙材料 ··························· 32
　　2.4.5　其他应用 ·· 32
　2.5　电流变液的重大突破——巨电流变液 ·················· 33
　　2.5.1　巨电流变液的成分 ···································· 33

　　　2.5.2　巨电流变液的特性 ·· 33

　　　2.5.3　巨电流变液新机制研究 ··· 34

　2.6　电流变弹性体 ·· 35

　　　2.6.1　电流变弹性体的分类和制备 ··································· 35

　　　2.6.2　电流变弹性体的物理机制 ······································ 36

　　　2.6.3　电流变弹性体的发展 ·· 38

　　　2.6.4　电流变性能的影响因素 ·· 39

　　　2.6.5　应用 ··· 40

　2.7　小结与展望 ·· 41

　参考文献 ·· 41

第 3 章　磁响应软物质材料——磁流变液 ···································· 48

　3.1　磁流变液概述 ·· 48

　3.2　磁性的基础知识 ·· 49

　　　3.2.1　磁性的起源 ·· 49

　　　3.2.2　材料的磁性分类 ·· 50

　3.3　磁流变液的基本模型 ·· 53

　　　3.3.1　磁流变液的连续流体模型 ······································ 53

　　　3.3.2　磁流变液的磁化颗粒模型 ······································ 54

　　　3.3.3　磁流变液的工作模式 ·· 56

　3.4　磁流变液的种类和合成方法 ·· 59

　　　3.4.1　磁流变液的颗粒 ·· 59

　　　3.4.2　磁流变液的载液 ·· 63

　　　3.4.3　磁流变液的添加剂 ·· 64

　　　3.4.4　反相磁流变液与磁性乳浊液 ···································· 65

　3.5　磁流变液的表征 ·· 66

　　　3.5.1　磁流变液颗粒的表征 ·· 66

　　　3.5.2　磁流变液的流变性表征 ·· 72

　　　3.5.3　磁流变液的沉降表征 ·· 76

　　　3.5.4　磁流变液表征的实例 ·· 78

　3.6　磁流变液的实际应用 ·· 79

　3.7　磁流变液的前景展望 ·· 83

　参考文献 ·· 83

第 4 章　光响应软物质材料 ·· 86

　4.1　光响应性软物质材料及其研究进展 ······································ 86

　4.2　光刺激响应高分子凝胶 ·· 86

　　　4.2.1　光响应基团体系 ·· 87
　　　4.2.2　间接光响应体系 ·· 89
　　　4.2.3　直接光响应体系 ·· 91
　　　4.2.4　由多种组分构成的光响应体系 ···················· 93
　　4.3　含偶氮苯光响应基团的光致形变液晶弹性体 ··········· 93
　　4.4　表面活性离子液体与偶氮苯衍生物构筑的光响应黏弹性
　　　　蠕虫状胶束 ·· 96
　　4.5　小结与展望 ·· 96
　　参考文献 ···　97
第 5 章　温度响应软物质材料 ··· 101
　　5.1　温度响应软物质材料概述 ·································· 101
　　5.2　温度响应软物质材料种类、机理与应用 ··············· 102
　　　5.2.1　材料种类 ·· 102
　　　5.2.2　热致材料普遍原理及性质 ···························· 103
　　　5.2.3　热致材料的应用 ··· 106
　　5.3　典型温度响应软物质材料 ·································· 109
　　　5.3.1　NIPAM 类凝胶材料及应用 ························· 110
　　　5.3.2　其他温敏型水凝胶材料及应用 ······················ 117
　　5.4　小结 ··· 127
　　参考文献 ··· 127
第 6 章　化学响应软物质材料 ··· 136
　　6.1　化学响应软物质材料概述 ·································· 136
　　　6.1.1　离子响应型软物质材料 ······························· 139
　　　6.1.2　化学物质响应型软物材料 ···························· 144
　　　6.1.3　氧化还原响应型软物质材料 ························· 145
　　　6.1.4　pH 响应型软物质材料 ······························· 148
　　6.2　化学响应软物质材料应用 ·································· 152
　　参考文献 ··· 154
第 7 章　软物质功能智能材料与微流控技术 ······················ 157
　　7.1　微流控芯片技术 ··· 157
　　　7.1.1　微流控技术的发展 ······································· 157
　　　7.1.2　微流控芯片的分类与应用 ···························· 158
　　　7.1.3　微流控技术相关的材料合成与制备 ················ 159
　　7.2　软物质功能智能材料在微流控芯片中的合成与制备 ·· 164
　　　7.2.1　单分散空心二氧化钛微球利用微流控技术的合成和制备 ··· 164

　　　7.2.2　智能药物输送的磁功能化核/壳微球利用微流控技术的合成和制备 ····· 168

　　　7.2.3　线状纤维材料利用微流控技术的合成和制备 ····················· 175

　7.3　软物质功能智能材料在微流控技术中的应用 ······················ 178

　　　7.3.1　导电聚二甲基硅氧烷智能材料在微流控中的应用 ··············· 178

　　　7.3.2　磁性薄膜智能材料在微流控中的应用 ······················· 184

　　　7.3.3　巨电流变液智能材料在微流控中的应用 ····················· 190

7.4　小结与展望 ··· 195

参考文献 ··· 196

索引 ·· 204

第1章 绪 论

1.1 软物质的定义及其功能智能特性

"软物质"(soft matter) 这一概念提出于 20 世纪 90 年代初。1991 年, 在诺贝尔奖颁奖典礼上, 该年诺贝尔物理学奖获得者法国物理学家德热纳 (P. G. De Gennes) 提出了 "软物质" 这一新概念, 自此, 软物质成为一个非常重要的交叉性学科, 它的研究涉及物理、化学、生物和材料等多个学科。

软物质无处不在, 与人们生活休戚相关。日常生活中常用的橡胶、墨水、洗涤液、饮料、乳液及药品和化妆品等, 工程技术中广泛应用的液晶、聚合物等, 以及生物体的细胞、体液、蛋白、DNA 等, 都属于软物质。德热纳之所以将此一大类物质冠以 "软物质" 之名, 原因在于它们缺乏硬物质 (如金属、陶瓷、玻璃、晶体) 的结构, 但是这并不是这类物质的本质特征。

那究竟什么是软物质?

从物理学角度来看, 固体的组成结构是长程有序的, 而软物质可以总结为短程有序而长程无序。造成这一区别的根本原因在于两者内部原子动能的不同: 软物质中的基本单元 (原子或者分子) 的动能接近热运动能量 k_BT, 而固体的基本单元的动能远小于热运动能量。软物质的组成复杂, 它的运动并不由其组成单元中的原子或分子尺度的量子力学作用决定, 而主要是热涨落和熵导致了软物质体系复杂物相的变化, 这些驱动作用比原子或分子间键能弱得多, 表现出 "复杂性"、"软" 和 "易变性"。只要运用得当, 一些微弱的刺激就能引起整个软物质系统量的乃至质的改变。

随着时代的发展和科技的进步, 人类不再满足于简单地使用原始材料, 而是想根据自己的意愿合成制备具有功能或者智能特性的材料。智能材料 (intelligent materials) 是指具有可感知外部刺激, 如压力、温度、湿度、pH、电场或磁场等的改变而判断并处理这些外部刺激的新型功能特性的材料。软物质 "小作用, 大响应" 的特点预示着它对外部刺激可以具有特定而显著的响应, 它的属性之一可通过某个外部条件的改变而改变, 并且这种变化是可逆的, 还可以重复多次。所以, 如果将软物质的这些特殊性质加以研究和利用, 就可以制备出具有某些功能甚至智能特性的软物质材料。

智能材料是继天然材料、合成高分子材料、人工设计材料之后的第四代材料, 是现代高技术新材料发展的重要方向之一。一般来说, 材料根据发展的先后顺序分为一般材料、功能材料和智能材料。功能材料是指那些具有优良的电学、磁学、光学、热学、声学、力学、化学、生物医学功能，特殊的物理、化学、生物学效应，能完成功能相互转化，主要用来制造各种功能元器件而被广泛应用于各类高科技领域的高新技术材料。智能材料是功能材料的高级形式，是新型功能材料，它不仅能够感知环境变化，还能根据这些属性做出相应的响应，以达到某种智能控制的目的。智能材料拥有传感功能、反馈功能、信息识别与积累功能、响应功能、自诊断能力、自修复能力和自适应能力七大功能。由此可见，智能材料是材料领域目前最前沿的研究领域。智能材料的研制和大规模应用将导致材料科学发展的重大革命，而软物质的基础研究将大大促进功能以及智能材料的发展和应用。

1.2   软物质功能智能材料的研究范围和现状

近年来，软物质科学迅速发展，软物质的研究横跨化学、生物、物理三大学科，化学和生物学构成了软物质科学的实验基础，物理学为软物质科学提供理论依据和发展方向。软物质材料更是成为化学、物理、材料和生物等学科交叉融合的重要领域与天然桥梁，同时又与许多技术和工程问题密切相关。我们根据功能智能材料接收外界响应和应用范围的不同将软物质材料分为电响应软物质材料、磁响应软物质材料、光响应软物质材料、温度响应软物质材料、化学响应软物质材料、柔性功能软物质等几类。这些软物质功能智能材料的响应规律和机理、合成制备、表征、测量及应用，都是软物质功能智能材料的研究范围，本书后面章节将对各类软物质功能智能材料进行详细介绍。因为作者能力以及篇幅有限，除了本书所介绍的，还有许多新颖的软物质功能智能材料未能涉及，意在抛砖引玉。

软物质功能智能材料所包含的内容相当宽广，而在实际中也已经有相当广泛的应用，比如液晶，它在显示器中有着不可取代的作用。从 20 世纪 70 年代开发出第一台液晶显示器开始，它经历了动态散射模式到旋转向列场效应模式的发展。液晶显示器有很多优点，比如说机身薄节省空间、省电不产生高温、低辐射以及画面柔和不伤眼睛。在软物质中，有一类材料，在光照作用下会发生一系列的物理的或者化学的变化，我们称之为具有光响应的软物质材料，最具有代表性的就是光致变色材料。光致变色材料在实际应用中有广泛的用途，可以用来制备低能耗的显示器、可调波长滤光片和智能楼宇的变色玻璃等。

其他的软物质材料也已经应用在我们生活的各个方面了。例如，磁响应软物质磁流变液 (magnetorheological fluid，MRF)，在 2002 年的时候，雪佛兰汽车首次将 Lord 公司生产的磁流变液应用于他们的汽车中，用来做减震器，到今天，很多高档轿车纷纷使用这种减震器，它的优点是能耗低、反应迅速和连续可调。磁流变液是一种包含磁性纳米至微米颗粒的胶体悬浮液。这种胶体悬浮液在外加磁场的作用下，纳米颗粒会产生很强的磁偶极相互作用力，该结构会大大地增加流体的黏度，可由液体变为"固体"，当外磁场去掉之后，磁流变液会迅速地从"固体"状态恢复为一般的液体状态并且是可逆的。但是磁流变液需要磁场来控制，需要电流较大，能源消耗也较大，所以科学家们研究出了另一种能耗非常低的电响应软物质材料——电流变液 (electrorheological fluid, ERF)。电流变液与磁流变液类似，只是悬浮的颗粒为介电性材料，外加电场控制，它们之间的相互作用力为电偶极相互作用。这类神奇的可控并且可逆的现象给了研究者新的启发，具有这种功能的胶体悬浮液是一种新型的智能材料，该材料可以应用在减震器、汽车离合器、机器人甚至健身器材等领域。如果将来的减震器都是使用基于电流变液或者磁流变液的智能材料的减震器，那么市场前景无疑是巨大的，将带来巨大的价值。

此外，在本书第 7 章我们将用一些篇幅特别介绍软物质功能智能材料与微流控技术的结合。微流控技术是近年来发展起来的新技术，微流控技术是以微芯片为操作平台，以生物化学的分析及微米材料制备为核心，以微米管道为载体，并辅以微机电和聚合物反应等制备方式而发展起来的新技术。微流控芯片的制备需要软物质参与，软物质功能智能材料的引入可以使微流控芯片具有更多功能和更加智能化。同时，微流控技术也有益于制备出新颖的微纳米软物质功能智能材料。

1.3 软物质功能智能材料的应用前景和发展趋势

我国非常重视软物质材料相关领域的研究，近年来在国家高技术研究发展计划 (863 计划)、国家重点基础研究发展计划 (973 计划)、国家自然科学基金等支持中都有很多与软物质材料相关的项目立项。同时，功能材料和智能材料的研究一直以来都是国家高精尖领域的热门项目，而软物质的功能特性和智能特性又是新发展起来的方向，它的发展必将推动整个领域的前进。其中，电流变液被认为是现在最有希望在高铁、国防、军工等方面获得广泛应用的材料，它可以用来制作性能优良的减震器，而在这三个领域中，减震是科研上的一个难点，电流变液正好符合装置简单、响应速度快、减震效果好等要求。

软物质功能智能材料发展呈现出复杂性和跨学科性，需要各个学科的协同发展才可能取得突破性进展。软物质功能智能材料在发展过程中遇到许多实际的问题需要解决，总结起来包括合成简单、成本低、稳定性好、响应快速、性能增强、可重复使用、无环境污染等方面。在实际应用中，科研人员需要提出一些简单的合成方法以制备有一定功能的软物质材料，因为对于工业应用来说，简单的合成方法将制备出合格率高的和廉价的材料，方便应用于现实生活中；软物质本身的特性——液体溶液的流动性决定了它的稳定性要弱于固体，而它的稳定性主要集中体现在化学物质的抗氧化、抗腐蚀、化学降解以及沉降性等方面，于是如何提高软物质材料在功能上面的稳定性是一个非常重要的问题；智能材料会感知并响应环境的变化，在特殊的条件下，例如，在高速列车上，快速响应是非常重要的条件，在一般的应用中也需要跟传统材料相比更短的响应时间；在工业应用中，成本是一个重要的阻碍因素，另外一个阻碍因素就是软物质材料的性能，由于这是一个新兴的领域，许多材料的性能跟传统材料相比还有很大的提升空间。例如，在电流变液发展的初期，它的强度不能达到工业应用的最低 30 kPa 的要求，而磁流变液在当时是有这一强度的，于是，在汽车减震器的应用中，磁流变液的使用更早，但是在 2003 年巨电流变液发明之后，电流变液的强度经过短时间的发展，现在已经超过了磁流变液的最高强度 (巨电流变液可以达到 250 kPa 以上)。因此，材料性能的提高也是软物质材料发展道路上亟待解决的问题；软物质材料的多次重复使用也需要在今后的科研中解决，因为不能多次重复使用会提高使用成本，同时也会引入新的不稳定性；无环境污染是对现代材料提出的新的要求，在以前粗放式的发展模式中，环境承受了太大的压力，导致很多地区污染严重，近年来我国非常重视环境保护，对工业企业提出了严格的要求。软物质材料中的有机污染物、重金属以及纳米颗粒等可能对环境造成的污染需要予以重视。

随着社会经济的迅速发展，人们对新材料的需求日益增加，世界各国在材料的研发方面都投入了巨大的人力、物力和财力。在以前的材料研究领域，我国跟发达国家相比在新材料的种类、数量和性能上是有一定差距的。本书主要回顾近二十多年软物质在功能智能特性的相关物理基础研究、功能智能材料的制备及其应用研究，希望能略尽绵薄之力，促进我国软物质和材料科学的研究者在今后的发展过程中牢牢把握住软物质功能智能材料这一新的领域，研发出引领材料科学前沿的功能智能材料。

第 2 章　电响应软物质材料

电响应软物质材料最典型代表就是电流变液 (ERF) 及电流变弹性体 (electrorheological elastomer，ERE)。电流变液是一类胶体或者悬浮液的总称，该胶体是由介电固体颗粒分散在绝缘油中混合而成，其黏度会随着电场强度的增强而显著增大，当电场增大到一个阈值时，该胶体的流变特性就会发生改变。这一过程十分迅速，通常发生在几毫秒内 [1]，并且转变过程具有可逆性。这也就意味着电流变液的流变特性会随着电场的变化而发生变化。在不加外加电场时，流体呈现出牛顿流体 (Newtonian fluids) 的特性，但是在外电场强度足够高时，能够转变成 "固体"，对外呈现出宾厄姆流体的性质。ERE 从组成和物理状态上可视为电流变液的固态相似物，通常由可介电颗粒与橡胶等聚合物基体构成。ERE 的智能特性表现为其动态黏弹性 (如储能模量、损耗模量、阻尼损耗因子等) 可由外电场实时、可逆、迅速调节。早在 20 世纪 40 年代，美国发明家 Willis Winslow 用面粉和石灰分散在硅油、矿物油中制出了电流变液并发现了电流变 (ER) 效应 [2,3]。随后，1985 年，Block 首次制出无水的电流变液，使得之前的模型被推翻，进而发展出了介电模型 [4]。之后，电流变液由于力学性能不够理想陷入了低谷期。2003 年，温维佳教授研究组首次在复合纳米颗粒体系电流变液中发现了 "巨" 电流变效应，把电流变液的最高剪切强度先后提高到了 130 kPa 和 250kPa，并命名为 "巨电流变液"(giant electrorheological fluid，GERF)，其结果分别发表在 *Nature Materials* [19] 和 *Applied Physics Letters* 上 [14]。2005 年，陆坤权教授等用 Ti-O、Ca-Ti-O、Sr-Ti-O 纳米颗粒制备出的电流变液屈服强度超过 200 kPa[7]。电流变液的研究进入了一个新时期。经过国内外学者的不懈努力，电流变液的性能得到显著提高，屈服强度等流变学性能早已能满足工业应用需求，但颗粒团聚、漏液、电流密度大等问题所导致的性能不稳定仍制约着电流变液的应用范围。与电流变液相比较，电流变弹性体中的极化粒子被固定在基体中，从根本上避免了电流变液因颗粒沉降、液体渗漏等缺点所带来的不稳定性。它兼有电流变材料和弹性体的优点，因而近年来成为电流变材料研究的一个热点 [8]。本章将从电流变液与电流变弹性体的成分、宏观性质、微观原理及应用去介绍电流变材料的化学成分、力学性能及微观物理结构的发展历史，力求让读者能够全面了解电流变材料的组成结构、性能与应用。

2.1 电流变液的成分

当前普遍应用的电流变液体多是组分复杂的悬浊液 [2]，但是它们的组分大致是由分散相颗粒、连续相和添加剂三部分构成。三者各自的性质和它们之间的相互关系共同决定着电流变液的性质。

2.1.1 分散相

分散相既可以是固体也可以是液体材料，大多数电流变液采用固体颗粒作为分散相。要求其具有较高的介电常数，适当的电导率，较为稳定的理化性质，以及合适的大小形状和密度。分散相材料从最初的沸石、含碳材料和富勒烯发展到复合材料、导电聚合物、生物聚合物、液晶和其他介电无机物 [3]。为了提高悬浮液的 ER 效果，可以进一步加工各种原料 ER 颗粒材料，如表面改性、热处理、掺杂工艺、杂化等 [4]。

2.1.1.1 常见的分散相材料种类

1. 无机电流变材料

无机电流变材料是研究最早的材料，基本上是离子晶体物质。最开始研制出来的无机电流变液要含水才有电流变效应，后来发展到不含水也有 ER 效应，无机材料主要为金属氧化物和硅酸盐材料，比如陶瓷粉末、金属氧化物、石灰石、高岭土、碳酸钙、不同硅铝比的硅铝酸盐、沸石等。无机电流变材料通过表面改性或掺杂改善材料的介电和电导特性可以获得较高的电流变性能 [5]。这类材料有较好的 ER 效应，但是金属阳离子的运动会使得电流变液的电流密度相对较高，同时由于密度大，颗粒容易沉降。此外，这类材料大多为高硬度物质，对设备的损伤较大。

2. 有机电流变材料

相对于无机材料，有机物的分散性更好，但 ER 效应更弱。早期使用的是纤维素、淀粉等天然高分子材料，依靠羟基、羧基等极性基团吸附水产生 ER 效应，但是存在着工作温度范围有限、稳定性差、容易发生击穿的缺陷。1985 年，Block 采用稠环芳烃类材料首次制备出了无水电流变液后，有机聚合物材料的研究与开发达到前所未有的热度。有机聚合物因为密度小、材料软，比无机电流变材料更具优势，它能减少对仪器设备的磨损，比无机电流变材料更稳定，不容易沉降。这类材料可以分为两个类别，第一类含共轭 π 键，第二类的分子链上有易极化基团 (羟基、氰基或酰氨基等)。前者介电常数大，电场下易极化，如氧化聚丙烯腈；后者分子质量大，电荷密度高。聚合物材料可以通过控制反应条件，如碳化温度和时间、pH 等，实现对导电性的调节。但是由于颗粒团聚和高的电流密度，这类电流变液的再分散性不好[6,7]。通过在表面涂覆不导电有机物或者将其与无机物进行杂化处理来减弱这个现象。

3. 复合电流变材料

复合电流变材料是指两种或两种以上化学、物理性质不同的组分，通过表面包覆、共混或共聚的形式而构成的分散相材料。这些组分可以是同一类型的物质，也可以是不同类型的物质；可以采用无机–无机、有机–有机、无机–有机、无机–有机–有机等多种组合形式。复合电流变材料的可设计性强，通过不同的复合方式，可以根据需要改变介电常数和电导率等影响电流变效应的因素来提高电流变性能。同时，复合材料兼具无机材料和有机材料的优点，密度低，不易沉降，表面质地软，能减少对设备的磨损。复合电流变材料的典型结构为核壳结构，一般由高介电常数的绝缘外层包裹高导电的硬质核心组成，在电场下具有高极化的快速响应能力，其剪切应力明显高于单一原始材料，是当今电流变液材料发展的主流[9]。

4. 液体材料

固体材料的密度远大于连续相，由此带来严重的沉降问题。学者们希望寻找合适的液体分散相来规避这个问题。液体材料一般为液晶聚合物材料，包括 polysiloxanes、poly(cbenzyl-L-glutamate)、poly(n-hexylisocyanate) 等。以液体材料作为分散相，成功地解决了颗粒的沉降问题，但同时带来更为严重的现象：这类电流变液屈服强度低，只在向列相上存在 ER 效应，而且零场黏度高，易出现液–液分离。同时，液晶电流变液价格较高，高温时稳定性差，并不适合实际应用[10]。

2.1.1.2 分散相物理化学性质对 ER 性能的影响

分散相是研究人员关注的焦点，因为它的性质极大地影响了 ER 特性。作为 ER 流体的重要组成部分，分散相材料的电导率、介电常数、体积分数、尺寸、形状和结构都对 ER 流体的性能有影响。

1. 介电特性和导电性

介电特性包括介电常数和介电损耗。一般认为 ER 效应是分散相颗粒的介电常数 (ε_p) 和基液的介电常数 (ε_f) 不匹配造成的。ε_p 要大于 ε_f，而其差值越大，电流变效应越强，在满足 ε_p 远大于 ε_f 时，适当地增大 ε_f 有利于增强电流变性能。一种材料的介电常数并不是不变的，材料的自身结构、外界温度、外加电场强度和电场频率等因素都会对材料的介电常数有影响。通常高介电常数的颗粒制备的 ERF 具有更好的电流变性能，但介电常数并非判断电流变效应的唯一因素。郭洪霞等选择不同介电常数及不同电导率的羟基氧化铝 (AlOOH)、二氧化钛 (TiO_2)、氧化铝 (Al_2O_3)、沸石多晶颗粒作为分散相，分别与硅油组成悬浮液。其中 ER 效应最好的并不是介电常数最大的 TiO_2 基 ERF，而是含 AlOOH 的液体，证明了高介电常数材料的 ER 效应不一定强[11]。分散颗粒想要具有 ER 效应首先要有大的介电损耗，只有在电流变液的介电损耗足够大时，在电场作用下，颗粒才能重排形成链状结构，且介电损耗在电场频率为 $100 \sim 10^5$ Hz 的区域中具有最佳的 ER 效应。介电损耗值越大，颗粒具有的表面电荷越多，在电场下界面极化越明显。

颗粒电导率决定了整个悬浮液的电流密度、ER 效应和响应时间。一般来说，当颗粒的介电常数恒定时，高导电率意味着短的响应时间。但是若电导率过大则极化速率太高，交换电荷和成链的时间短，颗粒之间经过短时间接触后便分开，难以形成链状结构。而电导率过小则会导致极化迟缓，也难以产生较强的电流变效应 [12]。Seungae Lee 等通过将不同电导率的 MoS_2 纳米片分散在硅油中来制备 ER 流体，以研究粒子电导率对 ER 性质的影响。MoS_2 是一种半导体材料，在室温下的电导率约为 9.4×10^{-7} S/cm，其电导率随着退火温度的升高而增加。通过控制退火温度来调控 MoS_2 的电导率，发现 ER 效率受电响应材料的电导率值影响。观察到当 ER 流体的电导率接近 2.0×10^{-9} S/cm 时，在 1000 Hz 的频率下显示出最高的介电常数和损耗角正切，从而产生最强的 ER 效应。实验结果与 Wagner 方程预测的结果一致 [13]。

2. 粒径

对于传统 ERF，ER 效应随粒径增大而增大，而 GERF 的粒径相关性与此相反。这是因为，对于尿素涂覆型 GERF，巨电流变 (giant electrorheological, GER) 效应源自涂覆的纳米颗粒的接触处的饱和极化层。其能量密度近似 $\varepsilon w A$，其中 ε 表示接触区域内的 (大致恒定的) 平均能量密度，w 表示间隙宽度，A 代表接触面积。发现 $A \propto R^2$，其中 R 是涂覆颗粒的半径。因此，总能量密度与 $1/R$ 成比例，而屈服应力与能量密度成正比。故粒径越小，GER 效应越明显 [14]。对于极性分子型 GERF，颗粒间作用力强弱主要与极性分子在局域电场下的极化和取向作用相关。颗粒的粒径越小、颗粒间距越近，颗粒间的局域电场也越强，此时极性分子的极化和取向作用也越明显，从而可获得更强的电流变效应。但这并不意味着粒径越小越好，过小的颗粒极易团聚，使整个悬浮液零场黏度过高。在 GER 模型中，认为颗粒的粒径应该在 $10 \sim 10^4$nm。在该范围内颗粒的粒径越小，ER 效应越明显 [15]。对于传统 ERF，在电场下小颗粒结构不稳定，且易在电极间跳动。跳动的颗粒增加了电荷交换而且使得剪切应力下降。所以小颗粒 ERF 相较于大颗粒 ERF 具有更低的强度和更高的电流密度 [16]。

3. 颗粒体积分数

ER 悬浮液的屈服应力和表观黏度很大程度上取决于颗粒体积分数。根据极化理论，若颗粒的浓度较大，电场下颗粒易聚集形成较粗壮的柱状排列，呈现出较大的静态屈服强度。Fenghua Liu 等发现草酸修饰的 TiO_2 颗粒的体积分数不同时，ER 效应呈现出巨大的差异。在 5 kV/mm 的外加电场下，颗粒体积分数为 40% 的电流变液的剪切应力为 114 kPa，而在颗粒体积分数为 30% 情况下，剪切应力只有 47.5 kPa[17]。但是，电流变颗粒的体积分数也并非越大越好。首先，颗粒的体积分数越大，电流变液的零场黏度值也越大，导致 ER 效率低，而且此时电流变液流动性太差，不便于实际应用；其次，颗粒体积分数过大会导致电流变液的漏电流增大，由于漏电流主要通过颗粒间或链柱间接触传递，因此若颗粒体积分数较高，电荷传递更容易，漏电流更大，电能消耗也随之增加。因此，分散相颗粒的体积分数应控制在适当范围内 [12]。

4. 结构

1) 核壳结构

包覆型核壳结构是最具有代表性的一种结构，能有效并综合提高电流变液性能。核壳复合物颗粒兼具内外层材料的优点，能够提高 ER 效应，改善分散稳定性。核心用以控制颗粒的密度和形状，最外涂层为高介电常数、高电击穿强度、导电性合适的材料，用以增加静电能量的密度。一般情况下，硬核由无机材料制成，涂层外壳为有机物或聚合物。20 世纪人们就发现若颗粒涂覆有聚合物，其沉降性能将会提高，ManCun Qi 等的实验印证了这一点。他们在 SiO$_2$ 微球上涂覆聚乙烯醇 (PVAL)，观察到 PVAL 均匀地涂覆在颗粒表面。涂覆之后，颗粒的密度变小，沉降性能得到明显改善。而且，相对于原始颗粒，有涂层的颗粒制备的电流变液呈现出更好的力学性能和更低的电流密度 [18]。温维佳研究组制备的巨电流变液的颗粒也是该种结构，即表面包裹尿素薄层的 [BaTiO(C$_2$O$_4$)$_2$] 纳米颗粒：钛氧基草酸钡纳米颗粒作为核心，外面包覆尿素薄层。尿素具有大的分子偶极矩，在颗粒界面处，尿素薄层有着显著的介电响应，由此颗粒间具有很强的极化力。该电流变液的剪切强度超过通常理论所预测到的 "上限"，达到 130 kPa，响应时间小于 10 ms，同时还有很好的温度稳定性和化学稳定性 [19]。这给电流变液的制备带来了新的希望，具有包覆结构的电流变材料受到人们的重视。

以聚合物小球为核心，外层为无机材料组成的核壳结构的材料也具有增强的 ER 效应。Tae Hong Min 等使用 Pickering 乳液聚合成功制备了核壳结构的 PMMA/GO 颗粒，其中 GO 用作固体稳定剂来增强 ER 特性。GO 具有适当的导电面积和极化率，不仅可以单独用作 ER 材料，而且可以涂在颗粒上以增强 ER 特性。文中将 GO 纳米片涂覆在 PMMA 颗粒上，会形成粗糙和起皱的表面，具有很好的 ER 效应 [20]。还可以通过调节核心颗粒和壳层材料的结构、尺寸以及组成来提高 ER 活性。例如，Jinghua Wu 等合成两种分别以 SiO$_2$ 和 TiO$_2$ 为核心的核壳羟基草酸钛 (TOC) 颗粒来研究介电核心对极性分子相互作用的影响。TiO$_2$-TOC 基 ERF 在 4 kV/mm 电场强度下的屈服应力高达 96 kPa，是 SiO$_2$-TOC 基 ERF 的 3 倍。这是因为高介电核心能提高核壳结构材料的 ER 活性。TiO$_2$-TOC 颗粒间的接触力大于 TiO$_2$-TOC 颗粒间的接触力，因此该种流体能在电场下强力固化 [21]。此外，多涂层颗粒 ERF 具备更高的剪切应力，图 2.1 为其结构示意图。

图 2.1 多层包覆核壳结构示意图

2) 中空结构

由于其高极化力和高分散性，从而使 ER 材料具备优良的性能，中空结构受到了科研人员的重视。此外，当颗粒内部中空时，颗粒密度必然降低，电流变液的沉降问题得到缓解。Sung 等开发了一种化学氧化聚合法，在胶体聚苯乙烯 (PS) 核上涂覆聚苯胺 (PANI)。通过使用有机溶剂溶解 PS 核，可以将核壳颗粒变成球形中空 PANI 壳。单分散纳米级空心 PANI 悬浮液在各种电场下均表现出稳定的 ER 性能与稳定的热学和电学性能。紫外线吸收测试和沉降率测试表明，纳米级空心 PANI 球形颗粒在硅油中具有良好的分散稳定性 [22]。Quadrat 等合成了聚吡咯 (PPy) 涂覆的单层 TiO_2 中空纳米粒子，因为活性表面积增加，ER 性能得到提升。将颗粒分散在硅油中制备浓度为 25% 的 ER 流体进行沉降率测试。由于空心，ER 流体长时间保持稳定结构体，TiO_2/PPy 悬浮液表现出更高的降稳定性，样品经 220 h 静置，其沉降率仍大于 90% [23]。此外，Cheng 等通过简单的水热法合成了生有 TiO_2 分支的单层 TiO_2 空心微球，中空微球由许多菱形单元组成，具有高比表面积。在相同的电场强度下，中空 TiO_2 基悬浮液显示出比实心 TiO_2 基悬浮液高得多的屈服应力和弹性。类似海胆的结构导致中空 TiO_2 悬浮液在电场上更强的界面极化，显示出更高的 ER 活性。而且，TiO_2 颗粒的中空内部增加了悬浮液的长期稳定性 [24]。

随后，Seungae 和 Jungsup 首次成功制备了双壳层结构的中空纳米粒子，并将其作为 ER 流体的分散材料，研究了壳层数目对 ER 性能的影响。双壳层中空纳米粒子 (DS HNP) 的形成过程如图 2.2(a) 所示。首先，使用 Stöber 方法制备作为核心模板的 SiO_2 纳米粒子，然后通过溶胶凝胶法将 TiO_2 壳涂覆在 SiO_2 芯模板上。随后再依次涂覆一层 SiO_2 和一层 TiO_2，得到 SiO_2/TiO_2/SiO_2/TiO_2 核壳纳米粒子。最后，通过用 NH_4OH 超声处理来蚀刻，制备出均匀的 DS HNP。单壳层 SiO_2/TiO_2 中空纳米颗粒 (SS HNP) 的制备方法类似。研究发现，基于 DS HNP 的 ER 流体表现出优异的 ER 性能，是 SS HNP 基 ER 流体的 4.1 倍。这是因为随着壳层数目的增多，界面极化增强，ER 性能显著改善。如图 2.2(b) 所示，当有外加电场施加时，ER 颗粒发生极化，沿电层方向聚集。由于多层中空粒子的内腔中额外的高表面积，产生了更多的电荷积累表面位置，内外壳层之间形成了额外的静电相互作用。因而颗粒极化更强，剪切应力增加。通过使用不同尺寸的 SiO_2 核心模板，制备出粒径分别为 120 nm, 150 nm, 180 nm 和 240 nm 的 DS HNP。发现随着颗粒直径的减小，屈服应力增强，120 nm 尺寸的 DS HNP 基 ER 流体的屈服应力比 240 nm 尺寸的 DS HNP 基 ER 流体的屈服应力高约 7.6 倍。这归因于小尺寸颗粒的高迁移率和高外表面积。同时，以四种低密度多层中空粒子为基的 ER 流体均表现出了优异的抗沉降性能，静置 90 天之后沉降率保持在 88%，这为实际和商业应用提供了足够的潜力 [25]。

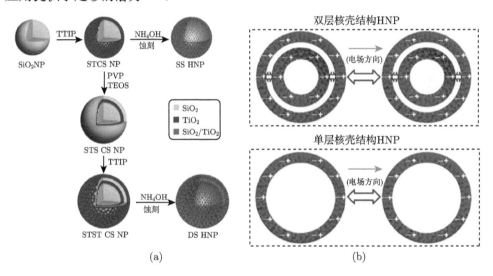

图 2.2 (a) 高度多孔结构的 DS HNP 的形成过程示意图；(b) 电场下 DS HNP 和 SS HNP 极化行为示意图 (经美国化学会许可，转载自文献 [25])

3) 颗粒几何形状

相对于球形颗粒来说，各向异性颗粒弛豫时间短、极化率大，这可以提高屈服应力。各向异性粒子可以产生比各向同性粒子更大的诱导偶极矩，因为它们的长轴沿电场方向取向。这归因于对流动阻力和机械稳定性的几何效应，而且几何效应和介电性质的协同作用导致 ER 活性增强。Jin-Yong Hong 等制出三种不同形状 (纳米球、纳米棒、纳米管) 的二氧化钛涂覆的二氧化硅纳米材料，以检查粒子几何形状对 ER 活性的影响。二氧化钛包覆的二氧化硅纳米材料的 ER 活性表现出对其纵横比的依赖性，剪切应力随着纵横比的增加而增加。随机分散的颗粒通过静电相互作用沿着施加的电场方向排列，由此对外呈现出剪切应力。如图 2.3 所示，具有更高纵横比的纳米管可以更高度地连接在一起以形成强烈的几何结构，剪切应力显著增强。此外，基于介电损耗模型的介电特性分析表明，纳米球、纳米棒和纳米管的 $\Delta\varepsilon$ 值分别为 3.65，7.90 和 9.72，而 $\Delta\varepsilon$ 值越大，静电相互作用越大。另外，纳米管具有更短的弛豫时间，所以二氧化钛涂覆的二氧化硅纳米管基 ER 电极的极化速率比其他样品的高。综上所述，在大的极化率和短的界面极化弛豫时间的协调作用下，二氧化钛涂覆的二氧化硅纳米管具有优异的 ER 活性 [26]。Seungae Lee 通过不同纵横比的氧化石墨烯包裹的硅棒来研究颗粒几何形状对 ER 活性的影响。发现较高纵横比的 GO 包裹的二氧化硅材料由于较大的极化率而表现出较高的介电常数和较短的界面极化弛豫时间，并且相应的 ER 流体显示出高剪切应力 [27]。M. M. Ramos-Tejada 等研究了蒙脱石、海泡石 (盘形) 和锂皂石 (细长形) 的 ER 性能。细长颗粒促进了致密柱状结构的形成，因为在这种情况下，平面颗粒的旋转自由度似乎阻碍了链之间的紧密接近。所以前者可以在流动之前承受更大的应力 [28]。

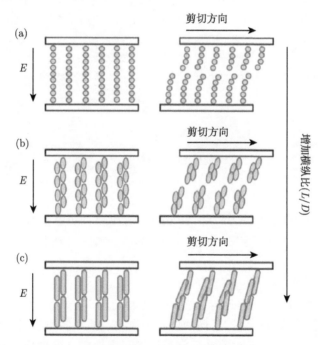

图 2.3　在剪切力作用下二氧化钛涂覆的二氧化硅纳米材料中电场诱导链结构的演变：
(a) 纳米球；(b) 纳米棒；(c) 纳米管 [26]

将不同形态的颗粒混合，相比于单一颗粒作为分散相的系统，具有更加优异的 ER 效应。例如，Jinghua Wu 等报道了一种新型微/纳米颗粒杂化钙钛氧基草酸盐 ER 材料，由纺锤形微米尺寸的粒子和纳米尺寸的不规则粒子组成。电场下，纺锤形粒子的头对头对准增强了接触区的局部电场，极大地增强了诱导偶极矩和粒子间相互作用。同时，微小的纳米颗粒聚集在细长的微粒连接处，以类似于混凝土结构的方式形成更强烈的几何结构 (图 2.4)。这种增加摩擦力和机械内聚力的独特结构极大地有利于链条强度。正是由于微米级纺锤体颗粒独特的各向异性形态和两种颗粒之间的协同效应，相应的 ER 流体显示出增强的 ER 活性。在没有电场的情况下，纺锤形颗粒的大尺寸导致黏度降低，从而导致超高的 ER 效应。而且，该二元颗粒体系的沉降率低，只比单一微小颗粒的沉降率大一点。作者还利用该电流变液制作出了一种智能传动轴 (图 2.5)。其原理是：当对电流变液装置施加电场后，电流变液具有了足够的力学性能，带动传动轴转动，并且能够将重达 5 kg 的重物提起。这一简单的应用体现出该电流变液在智能传动等领域中的应用前景 [29,30]。

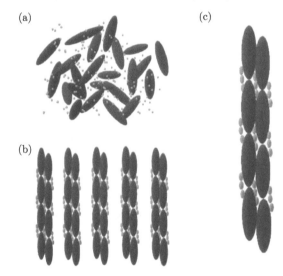

图 2.4　(a) 无电场下纺锤形微米颗粒和纳米颗粒的分布示意图；(b) 施加电场情况下颗粒的排布情况；(c) 图 (b) 的放大示意图 [29]

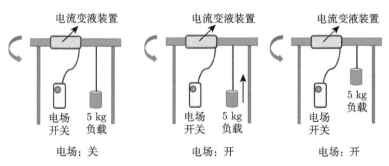

图 2.5　智能传动轴原理示意图

Chang-Min Yoon 等 [31] 通过混合不同纳米尺寸的 SiO_2 球和棒观察到类似的混合几何效应。SiO_2 是一种常见的电流变液颗粒材料，并且易于制备成各种形态的纳米颗粒，所以该项研究选择使用 SiO_2 制备出 4 种尺寸的 SiO_2 球 (50 nm, 100 nm,150 nm 和 350 nm) 和 3 种不同长径比 (L/D) 的纳米 SiO$_2$ 棒。然后将这些不同的颗粒以 5 种不同的质量比两两混合，再与硅油混合制备出 60 组不同组分的电流变液，进行各项 ER 测量。发现在由小尺寸 SiO$_2$ 球体 (50 nm 和 100 nm) 和细长棒 ($L/D=$ 3 和 5) 组成，并且具有较低球体浓度 (3.0% 和 6.0%) 的试样中出现了高于只有棒状颗粒试样的 ER 效应，其 ER 效应增加高达 23.0%。这主要是由于棒状颗粒以纤维状结构排列，纳米级小球聚集其周围，起到增强的作用 (图 2.6)。其中纳米 ER 材料可诱导更高的 ER 活性，棒状结构材料通过增加流动阻力，机械稳定性和相对于球形材料滑动减少的优点，可以表现出高 ER 性能。并且由于混合几何效应的存在，相信未来能以该理论和方法制备出高性能纳米级双几何形态颗粒混合的电流变液。

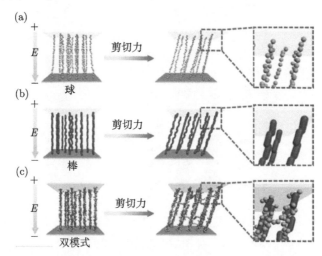

图 2.6　ER 流体在电场下形成纤维状结构的可能机制：(a) 基于球体颗粒；(b) 基于杆状颗粒；(c) 双元颗粒基 ER 流体 (经美国化学会许可，转载自文献 [31])

5. 温度

温度会对介电材料的介电常数和电导率都有影响，据维格纳热击穿理论，温度越高，材料的击穿电压越低，也即电流变液越容易被击穿，这就限制了电流变液电压的加载强度。对于无水电流变液，ER 效应随温度的升高而增强；对于含水电流变液，高温下水会加速蒸发，导致 ER 效应的减弱。温度对电流变效应主要有以下影响：①温度升高会降低电场下诱导极化活化能的大小，这使得颗粒的极化能力增强，从而使电流变液剪切强度增大；②温度升高，分散相的导电性增强，对 ER 效应产生积极影响；③高温会加剧纳米颗粒本身的布朗运动，不利于颗粒规则呈链排布，从而降低 ER 效应强度；④低温下基液的黏度变大，电流变液的响应时间会增大；⑤高温下材料的化学性质可能变化，引起漏电流增大及击穿电压下降等，从而会影响 ER 性能稳定性。Tomas Plachy 研究了基于苯胺低聚物的 ER 流体的温度依赖性，发现 ER 效应随着温度的升高而增强，而且对于更大颗粒的 ER 流体，这种现象更显著。这是因为液体介质黏度降低，颗粒运动的能垒降低，施加外部电场时颗粒更易形成链状结构。在布朗运动扰动下，较小颗粒基的 ER 流体的介电弛豫强度降低；较大颗粒基的 ER 流体的介电弛豫强度增加。由此，基于较大颗粒的 ER 流体对温度变化展现出更高的敏感度 [12,32]。

6. 含水量

自从 1947 年 Winslow 发明了电流变液以来，人们就发现水非常重要，早期的传统电解液含有水。由于水分子具有高极性，因此在电场中水能显著增强 ER 流体的屈服应力。对于含水型电流变液来说，适量的水分会增强 ER 效应，会在某一含水量时出现最大屈服应力。但是过多的水分会使电流变液被击穿。不同的电流变材料在不同的含水量处出现最大屈服应力，这跟各材料的吸水能力有关。一般来说，当水含量达到颗粒材料束缚含水量时，会形成双电层，这样有利于颗粒在电场下的极化，此时就会出现最大屈服应力。但是更多的水分加入，会使束缚含水量达到饱和，多余的水成为自由水，从而增大电流变液的电导率，使自由电荷在颗粒间的传输作用降低，电流变活性也随之降低。虽然水可以显著提高电流变液的性能，但它会增加电流密度并降低电击穿电阻，显著限制了它们的应用。Block 和 Kelly 开发出无水电流变液，然而由于制备过程中水常被用作溶剂，电流变液中不可避免地带上了微量水。研究表明，其中所含的微量水显著增加了电场中的屈服应力。Zhaohui Qiu 等研究了 TiO_2 颗粒上吸附的水对 ER 效应产生的影响。首先将 TiO_2 与硅油混合配制浓度为 0.5 的悬浮液，然后在不同的热处理温度 (25 ℃, 75 ℃, 125 ℃, 175 ℃) 下处理 30 min，使得吸附的水具有不同的最小吸附能。在不同温度下处理后，在 25 ℃下对 ER 流体进行电流变测量。流变数据表明，25 ℃和 75 ℃下热处理的样品的屈服应力随电场强度线性增长，即 $\tau \propto E$；电流密度的对数与电场强度的平方根成正比，即 $\ln J \propto E^{0.5}$，表明这两种流体为极性分子型 GERF。在 125 ℃和 175 ℃处理后，ER 流体的屈服应力值与电场强度的平方成正比，表明它属于传统电流变液。然而，当在 175 ℃下处理的 ER 流体在 175 ℃下测试时，在 2~5 kV/mm 的电场强度下，ER 流体的屈服应力随着电场强度的变化呈线性增长，表明它在高温下变成极性分子 GER 流体。这是因为在较高温度下处理的 ER 流体，如 125 ℃和 175 ℃，水分子在 TiO_2 颗粒上的吸附能很大，两个相邻的 TiO_2 颗粒之间的力来自 TiO_2 表面上的极化电荷的吸引，导致其转变为传统 ER 流体。当测试温度升高到 175 ℃时，吸附的水分子获得相对高的动能，水分子得以克服吸附能沿外部电场排列。因此，175 ℃处理后的 ER 流体在 175 ℃下显示出 GER 流体的行为 [9,33]。

2.1.2　连续相

连续相用来分散固体颗粒的连续相液体。连续相液体具有以下特点：①远小于分散相颗粒的介电常数；②较好的绝缘性能，较高的电阻率，不易被击穿 (击穿电压 $\geqslant 100$ kV/mm)；③为了有较广的工作范围，连续相液体要有较低的凝固点及较高的沸点；④连续相液体的密度要与分散相颗粒的密度相匹配，防止过快沉淀或分层；⑤在无电场时有较低的黏度；⑥良好的化学稳定性。常用的分散相液体有硅油、植物油、矿物油、石蜡、煤油等 [1,7]。

在传统电流变液中，分散相液体的介电常数、导电性和黏度影响着 ER 效应的强度，但效果并不明显，因此传统的观念认为连续相只是被动提供固体颗粒和油之间的介电常数的失配。然而分散相液体与巨电流变液的各项性能有重要的关联，不同的连续相和巨电流变液颗粒混合后，混合物往往会呈现出黏土状、黏胶状或流体状等表观形态，这主要是由于不同类型的连续相对颗粒的浸润程度不同，这会直接影响到电流变液的各项性能。

对于常见的连续相硅油而言，硅油分子的链长以及端基的选择可以影响到电流变液的屈服强度 [34,35]。硅油的运动黏度、分子链长对巨 ER 效应有重要的影响。硅油分子链越长、黏度越大，所制备的巨电流变液的屈服强度越大、黏度越高、电流密度也越大。但硅油分子链一旦过长，将导致该硅油对于分散相颗粒的渗透性变差，颗粒容易发生团聚，宏观上来看巨电流变液呈现黏土状，并且其抗沉降性也随之变差。所以，寻找到最优的链长十分重要。硅油分子端基的种类对 GER 效应也有巨大影响。常见的端基有二甲基、二缩水甘油基和羟基。羟基封端的硅油作为连续相时，屈服强度较高，黏度适中；二甲基硅油作为连续相时电流变液黏度较低，但是强度同样较低。这主要是由于端基越小，所占的空间越小，其空间位阻效应越小，有利于颗粒的团聚，从而提高电流变液的屈服强度。然而，颗粒易于团聚导致电流变液的抗沉降性变差。另外，端基极性越大的硅油可以极大地提高电流变液的屈服强度，但也会引起漏电流的增大。端基有可以形成氢键基团的硅油可增强电流变液的稳定性 (图 2.7)。

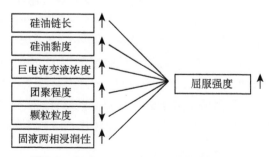

图 2.7　影响巨电流变液屈服强度的因素

对于连续相如何影响电流变液性质的研究有许多, 归结起来, 主要影响因素是连续相和分散颗粒之间的浸润效应。例如, Cai Shen 等 [36] 将 BTRU 颗粒分别与硅油和烃油球磨混合制备出电流变液, 宏观上观察到硅油基电流变液呈淡奶油状, 并具有良好的 ER 效应, 而烃油基电流变液呈黏土状且不具备任何 ER 效应。并通过透射电子显微镜观察发现硅油很好地包覆在颗粒周围, 连续相与分散相很好地结合在一起; 而烃油基电流变液则呈现出两相分离的情况, 并且颗粒间极易团聚成较大的颗粒。硅油基电流变液中的颗粒在施加电场的情况下更容易移动到一起, 排列成柱状结构, 因此屈服强度会更高。但是烃油基电流变液中的颗粒被油相分离, 很难在施加电场的情况下聚集到一起, 形成局部电场, 因此屈服强度基本上为零。这一明显的区别证明连续相和颗粒之间存在着润湿效应。Yaying Hong 和 Weijia Wen[37] 深入研究了液相在提高 GER 效应中的重要作用, 通过油在 GER 颗粒间的渗透性数据 (使用 Washburn 方法) 以及相应 ER 流体的流变学数据, 系统地研究了不同类型的油 (包括合成油、矿物油和植物油) 对颗粒的润湿效果。研究中发现, 对于合成油基的 GER 流液, 具有轻质乳液 (液体状) 的质地。对于矿物油基的 GER 流液, 在混合后获得显著不同的块状糊 (黏土状) 外观。基于植物油基的 GER 流液的质地处于以上两者中间, 类似半熔化的黄油 (溶胶状)。这个明显的外观差异, 暗示了油和固体颗粒之间必定存在着强相互作用。而且使用氢化硅油, 能获得显著的电流变效应。但是将相同的颗粒分散到石蜡中, ER 效应却很微弱。这种显著的对比意味着油在 ER 效应中起协同作用。

图 2.8 给出了这种润湿诱导的 GER 效应, 图中显示了在矿物油中非润湿的固体颗粒和在合成油中润湿的固体颗粒。对于非润湿的颗粒, GER 颗粒与油两相分离, 即使施加电场, 颗粒间聚集程度也很大。由于固体颗粒聚集体总是被油分离, 因此不会有屈服应力甚至是电弧。但是, 由于氢原子的诱导作用, GER 颗粒和氢化硅油的表面张力大大降低, 因此颗粒分散, 在施加电场后靠近并一起移动。氢化硅油以完美的方式润湿颗粒这一事实, 主要归功于存在于纳米颗粒核心的草酸盐基团, 以及在油中具有改性氢原子且不均匀的尿素涂层。长丝的形成可以归因为油

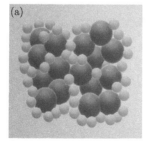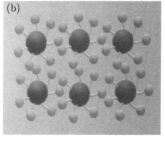

图 2.8　(a) 非润湿示意图; (b) 润湿示意图

链施加的约束效应。尿素分子具有彼此形成氢键的强烈倾向，这会影响它们和不能形成氢键的疏水性油链的相互作用。此外，油链的极性也为 ER 效应做出积极的贡献。

2.1.3 添加剂

电流变液由固、液两相组成，而两相之间必然不可能完全匹配，因而导致电流变液的性能受到制约，难以达到工业化应用的要求。主要表现在固、液颗粒间的浸润性较差，进而引起电流变液的稳定性很差、屈服强度较低、零场黏度过大等问题。因此学者们通过添加剂来实现表面改性，从而增强电流变液两相的匹配，优化电流变液的性能。常见的添加剂有表面活性剂 (如阴离子表面活性剂、阳离子表面活性剂、非离子表面活性剂等 [38])、碳纳米管及氧化石墨烯等。

2.1.3.1 表面活性剂概述

表面活性剂是一种具有特殊两亲结构的化合物 [39]，其应用领域十分广泛，渗透于工农业的各领域，例如，石油化工、食品、农业、材料、纺织等。表面活性剂的两亲结构带来两个重要的应用：一个是在界面处形成单向吸附，用作润湿剂、乳化剂以及起泡剂；另一个是在溶液中形成胶团，用于增溶。

2.1.3.2 表面活性剂的结构与特点

表面活性剂之所以可以在界面处单向吸附，降低界面张力，主要是由于表面活性剂分子的两亲结构 [40]。如图 2.10 所示，表面活性剂分子由不对称的两端组成：和水有亲和性的亲水基团 (极性基团)；和油有亲和性的亲油基团 (疏水基团、非极性基团)。亲水基团通常有 —CH 链，—CF 链，—Si 等；亲水基团通常包括 —COOH，—SO$_3$M，聚氧乙烯链等。

表面活性剂分子由亲油、亲水两端组成，但亲水性和亲油性随着表面活性剂分子结构和组成的变化而改变，在两者之间有一个平衡度，被称为亲憎平衡(hydrophile-lipophile balance，HLB) 值。当表面活性剂分子的亲水基团占优时，表面活性剂更趋向于水性环境，为水溶性表面活性剂；当表面活性剂的亲油基团占优时，表面活性剂更趋向于油性环境，为油溶性表面活性剂。虽然表面活性剂由两亲结构组成，但具有两亲结构的物质不一定都是表面活性剂，例如，甲酸、乙酸、丙酸、丁酸等都具有两亲结构，但我们不能称之为表面活性剂。它们只是具有一定的表面活性而已。只有分子结构中亲油基团足够大时才可以表现出表面活性剂的特性。以正构烷基结构来说，只有当碳链拥有超过 8 个碳原子时才具有表面活性剂的特性。然而，也不能太大，通常来讲，碳链长度在 12~18 较为适中。

2.1.3.3 表面活性剂的分类和主要参数

通常情况下，表面活性剂分子的亲水基团通过离子间相互作用或者氢键作用而溶于水，因此我们常根据亲水基团的种类来区分表面活性剂的种类，这种方法最为快捷方便。大致把表面活性剂分为三类：离子型表面活性剂、非离子型表面活性剂和两性离子型表面活性剂，具体分类如图 2.9 所示。

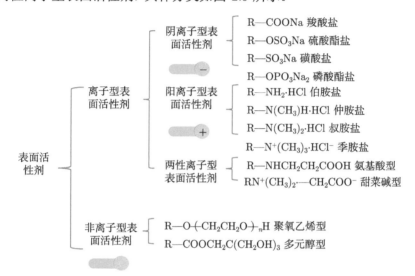

图 2.9 表面活性剂分类

除了上述以亲水基种类来对表面活性剂进行分类外，常见的还有以疏水基种类和溶解性进行划分，疏水基分类法将表面活性剂分为碳氢表面活性剂、氟表面活性剂、硅表面活性剂和聚氧丙烯表面活性剂。溶解性分类法通过将表面活性剂按照在水和油中的溶解性分为水溶性表面活性剂和油溶性表面活性剂，前者占绝大部分，然而后者在当下的应用中作用日益突出。当然，还有其他分类方法，本书中不多做赘述。

对于表面活性剂而言，有两个参数至关重要，分别是亲憎平衡值和临界胶束浓度 (critical micelle concentration，CMC)。

1. 亲憎平衡值

表面活性剂的界面活性是由其特殊的两亲结构所致，而亲水亲油的能力有一定的平衡关系，我们用亲憎平衡值 (HLB 值) 来描述。HLB 值通常在 1~40 变化，HLB 值越大的表面活性剂，亲水性越好，亲油性越差。HLB 值对于表面活性剂的选择具有指导作用，HLB 值既不能过大也不能过小。HLB 值过大的表面活性剂更趋向于水性环境，表面活性剂分子甚至会完全溶于水中，无法吸附于界面处，更不可能降低界面张力。HLB 值过小的表面活性剂则更趋向于油性环境，一样无法达到降低界面张力的目的。

2. 临界胶束浓度

表面活性剂分子的亲水端使分子趋向于水中，而疏水端则会阻止分子完全进入水中，因此表面活性剂分子可以在界面处形成吸附层，降低表面张力。但是当浓度达到一定程度，表面活性剂分子在界面处达到饱和时，表面活性剂分子无法继续在界面处吸附，而疏水端仍然试图逃离水环境，于是表面活性剂分子疏水端在水中聚集到一起，形成以疏水基为核心，亲水基朝外的结构，我们称之为胶束。我们把胶束形成时的浓度定义为临界胶束浓度。另外，当表面活性剂浓度达到临界胶束浓度后，表面活性剂分子不会继续在界面处吸附，表面张力达到最小值并且不会再随着表面活性剂浓度的增大而减小。

2.1.3.4　表面活性剂在固液界面上的吸附及其影响因素

表面活性剂的两亲结构可以使之通过化学吸附或物理吸附吸附于固体表面，在界面处定向排列成吸附层。裸露在外的疏水基团具有低表面能，可以有效地改善固体表面的浸润性。除了上述的两亲结构导致的吸附以外，还有其他一些导致吸附发生的方式，例如，离子交换吸附、氢键吸附、离子对吸附、π 电子极化导致吸附、色散力吸附、疏水作用吸附、化学作用吸附等。在通常情况下，色散力吸附和疏水作用吸附是普遍存在的。

在表面活性剂浓度较低时，表面活性剂分子在固体表面发生单个分子的吸附而不形成聚集体。当表面活性剂浓度慢慢增大时，原本分散吸附的表面活性剂分子间由于疏水作用形成二维聚集体 (单分子层或双分子层)，这种二维聚集体被称为半胶团，在此过程中表面活性剂吸附量剧增。而后吸附量增加变慢，这是由于固液表面吸附接近饱和，同性基团间产生排斥或是由于准胶束已经开始形成。最后，当表面活性剂分子浓度达到临界胶束浓度后，吸附量不会随着表面活性剂浓度的增大而增加，吸附量趋于恒定，反而在液体内部形成大量胶束。

表面活性剂在固液界面上吸附时还会受到一些其他因素的影响，主要有以下几种：

(1) 温度。对于离子型表面活性剂而言，随着温度的上升，吸附量反而减小，这是由于吸附过程是一个放热过程，因此高温不利于离子型表面活性剂的吸附。但是，这完全不适用于非离子型表面活性剂，因为随着温度的升高，非离子型表面活性剂的吸附量反而增大。

(2) pH。对于离子型表面活性剂而言，pH 会极大地影响表面活性剂的吸附量。当 pH 较低时，颗粒表面带正电，有利于阴离子表面活性剂的吸附；相反，当 pH 较高时，颗粒表面带负电，有利于阳离子表面活性剂的吸附；pH 对非离子型表面活性剂的作用并不明显。

(3) 电解质。电解质的加入可以有效地增大离子型表面活性剂的吸附量。

2.1.3.5 表面活性剂对电流变液的作用

使用表面活性剂可以提高电流变液的以下性能[41]: ①增强分散相颗粒在连续相液体中的稳定性, 使颗粒不易发生沉淀及凝絮, 延长电流变液的使用寿命; ②添加的活性剂吸附在颗粒表面可以增强颗粒的介电常数, 大大增强极化程度, 使得屈服应力显著增强; ③通过在颗粒表面吸附双重性的基团 (部分亲水部分亲油的基团) 可以加大颗粒在油相液体中的润湿性, 使得颗粒很好地分散在连续相中。

例如, 赵红等在极性型丙三醇-氧钛-电流变液中添加适量的十二烷基苯磺酸钠表面活性剂, 改善了基液与颗粒的浸润性, 使电流变液在电场作用下形成的柱状结构更加粗壮致密, 提高了其剪切屈服强度[42]。同时, 经过 40 h 的静置, 其沉降率稳定在 53%。十二烷基磺酸钠的亲油基是十二烷基, 而亲水基是磺酸钠盐。当表面活性剂与颗粒接触时, 亲水基团将与颗粒表面结合, 亲油基尾链会伸入基液中将颗粒表面由亲水性改为亲油性, 增大颗粒在基液的分散性。另外, 在合成颗粒的过程中加入表面活性剂, 可以调控颗粒的大小或几何形态, 同样能够达到改良电流变液性能的目的。例如, 王宝祥、赵晓鹏等分别通过添加适量的十二烷基苯磺酸钠和十二烷基硫酸钠, 减小了颗粒尺寸, 改善了氧化钛颗粒与基液的浸润性, 并提高了相应的电流变性能。而且, 经过长达 30 天的静置, 添加十二烷基硫酸钠的氧化钛电流变液未发现任何的沉淀[43,44]。

巨电流变液虽然力学性能突出, 但在工业应用中需要各性能均衡的电流变液。电流变液的性能参数主要包括电流密度、巨电流变效应、再分散性、沉降性和零场黏度。目前, 巨电流变液的分散性问题以及过大的电流密度还制约着其广泛的工业应用。在过去几年中, 研究人员通过降低固体颗粒和液相之间的界面张力来改善分散性。Wang 和 Zhao 等[45]发现 SDBS 可以有效地改善二氧化钛纳米颗粒的浸润性, 提高电流变效应。Wang 和 Zhou 等[46]报道了 CTAB 可以改善电流变液的沉降问题。沈等[35]通过在矿物油中加入油酸获得了高屈服强度的巨电流变液。这些研究虽然提高了电流变液的部分性质, 但是没有改善电流变液的综合性能。

徐志超等[47]通过在巨电流变液中加入分散剂, 并权衡其各项性能, 得到了一种综合性能优越的巨电流变液。在不改变巨电流变液颗粒形貌的前提下, 选取了两种非离子型表面活性剂: 有机硅聚醚 (silicone polyether)ofx-0400 和 ofx-0309 (图 2.10), 作为分散剂加入巨电流变液中。有机硅聚醚的最佳添加方式是: 将氯化钡、草酸、尿素和四氯化钛通过简单的共沉淀反应合成 BTRU 颗粒, 然后通过球磨将冻干后的 BTRU 颗粒和硅油进行混合, 制备出巨电流变液[18,21]。冻干过程中, 在较高的表面能和毛细力作用下, BTRU 颗粒大量团聚。在球磨过程中, 团聚的颗粒被初步分散, 而后将有机硅聚醚通过球磨混合入巨电流变液来进一步分散团聚颗粒。这是由于加入的有机硅聚醚分子很快吸附在 BTRU 颗粒表面，颗粒表面的有机硅聚醚分子引起的空间位阻效应可以有效地缓解颗粒间的絮凝现象，提高 BTRU 颗粒的分散性。

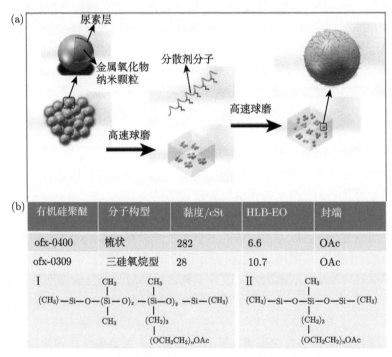

有机硅聚醚	分子构型	黏度/cSt	HLB-EO	封端
ofx-0400	梳状	282	6.6	OAc
ofx-0309	三硅氧烷型	28	10.7	OAc

图 2.10　(a) 有机硅聚醚对巨电流变液分散性影响示意图; (b) 有机硅聚 [47]

有机硅聚醚分散剂具有亲水部分 (环氧乙烷或环氧丙烷或二者的低分子量聚合物，见图 2.10(a) 中橘色支链) 和疏水部分 (甲基化硅氧烷部分，图 2.10(a) 中蓝色主链)。由于两亲性作用，亲水部分易吸附在颗粒表面，含二甲基硅氧烷链的疏水部分与油相 (聚二甲基硅氧烷) 具有相同的分子结构，更趋向于油性环境，延伸入硅油中。因此，硅氧烷聚醚分子可以在固液界面处被吸附。加入一定浓度的该分散剂后，可以提高 BTRU 颗粒在硅油中的分散性，将团聚颗粒直径从 1.9 μm 减小为 1.5 μm，增强巨电流变液的抗沉降性能。而且发现有机硅聚醚可以作为一种电流密度的调控手段加入巨电流变液中，适当的添加量下可以减小电流密度。以有机硅聚醚 ofx-0400 为例，当添加量为 0.2% 时，其电流密度较之前减小了一半，相应的能耗也会减少为原来的一半。但是颗粒表面吸附有机硅聚醚分子后，空间位阻效应引起颗粒间局部电场的衰减，引发 Fm-e 的减小，进而导致屈服强度的衰减。故对电流密度、巨电流变效应、再分散性、沉降性和零场黏度这几个因素做出平衡考量后，当 ofx-0400 添加量为 0.4% 时可获性能最优的巨电流变液 (图 2.11)。相信该方案在实际工业应用中会有较高的价值。

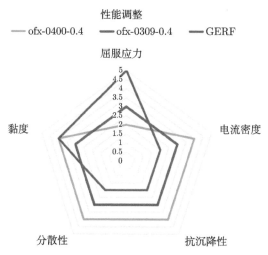

图 2.11 权衡各项性能选择性能最优电流变液示意图

2.2 电流变液的性质

2.2.1 电流变液流变性质

流变性是指物质在外力作用下的变形和流动性质, 主要指加工过程中应力、形变、形变速率和黏度之间的联系。流体的黏性不同, 施加于流体上的剪切应力与剪切变形率 (剪切速率) 之间的定量关系也不同。在外加电场的调控下, 电流变液的流动状态和流动属性发生了改变。当电流变效应较强时, 会变成屈服强度很高的材料。并且可以通过控制外电场的强度而控制材料的屈服强度, 当撤去外加电场后, 它又会恢复原本的状态。

电流变液在不受电场作用时呈现出牛顿流体的特性, 但当外加一个电场之后, 我们就需要用宾厄姆流体的性质来描述它了[48]。

宾厄姆流体的流变特性公式为 $\gamma = \gamma(E) + \eta \cdot \dfrac{\mathrm{d}u}{\mathrm{d}t}$。如图 2.12(a) 所示, 在没有电场的情况下, 它的剪切应力和剪切速率成正比, 当外加电场后, 剪切应力要超过一个阈值 γ_0 后, 电流变液才会发生流动。所以当剪切应力不够大的时候, 电流变液对外呈现出固体的一些属性。从图 2.12(b) 可以看出, 屈服强度随电场的变化呈现二次关系。

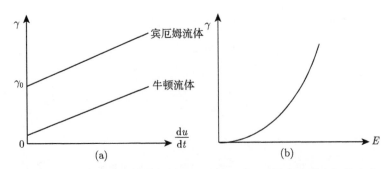

图 2.12　(a) 剪切强度随剪切速率的变化；(b) 屈服强度随电场的变化

2.2.2　电流密度

电流密度矢量是描述电路中某点电流强弱和流动方向的物理量。其大小等于单位时间内通过某一单位面积的电量，方向向量为单位面积相应截面的法向量，指向由正电荷通过此截面的指向确定。因为导线中不同点上与电流方向垂直的单位面积上流过的电流不同，为了描述每点的电流情况，有必要引入一个矢量场——电流密度 J，即面电流密度。每点的 J 的方向定义为该点的正电荷运动方向，J 的大小则定义为过该点并与 J 垂直的单位面积上的电流：$J = I/S$。单位：安培每平方米，记作 A/m^2。

电流变液连续相虽然一般采用硅油等绝缘物质，但是由于外加电场作用下颗粒的极化以及电流变液中极性分子的存在，势必会有微小的电流通过。较小的电流密度对电流变液的应用不会造成影响，但是电流密度过大时，会导致击穿现象的出现，这对电流变液器件的稳定性和安全性构成严重的威胁。所以，电流密度是评价电流变液性能好坏的重要指标。使电流变液具有较低电流密度是科研人员努力的目标之一。

2.2.3　抗沉降性

电流变液这种由颗粒分散到连续相中形成的胶体体系是介稳态的。电流变液中的颗粒受重力的作用，随着时间的推移会逐渐下沉，使得电流变液出现分层的情况。电流变液的分层主要分为四个区域：顶部澄清基液区域、中部低浓度区域、中部高浓度区域和底部堆积区域。这种分层现象的出现，不利于电流变液在实际应用中的长期使用，故优良的抗沉降性也是电流变液必不可少的性能。

电流变液抗沉降性能的评估通常采用宏观静置测量法，即将电流变液放置于试样瓶中，每隔一段时间测量一次澄清基液的高度，然后依据沉降率公式计算。沉降率公式如图 2.13 所示。

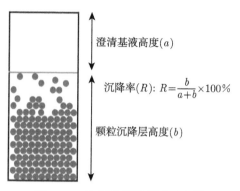

图 2.13 宏观静置测量法示意图

以上测量沉降率的传统方法不易观察，周期长，不够客观，不能定量且不能观察粒子迁移引起的变化。由于这些测试缺点，故研究人员尝试采用光学的方法来动态地展现电流变液沉降的过程，从而探究沉降过程中的具体变化是由哪些因素决定的。

2.2.4 再分散性

电流变液在施加外部电场后，颗粒间存在发生取向的极性分子和颗粒上极化电荷的相互作用力，以及极性分子间的相互作用力，使颗粒会沿电场方向聚集成柱状结构，从而实现从牛顿流体向宾厄姆流体的转变。但是当撤去外部电场后，虽然两个相互作用力消失，但是颗粒依旧保持着电场状态下的柱状结构，需振荡后才能重新均匀地分散。这一情况导致电流变液在使用过程中不能及时回复原有黏度，会对器件的设计造成一定的影响。所以再分散性能的好坏关系到电流变液应用稳定性，是电流变液的重要性能之一。

2.3 电流变液的微观原理

电流变效应的大致过程[41]：电场作用下分散相粒子发生极化，形成偶极子现象。带偶极矩的粒子产生定向排列，使粒子从无序到有序，呈链结构或柱结构，对外呈现电流变效应。

电流变液是一种复杂的悬浮液，其构成十分复杂，因此导致电流变效应的原因也较为复杂。但是绝大多数的科研工作者都认为电流变效应产生的原因是来自极化。表 2.1 是几种极化类型的响应时间。不难发现，电子位移式极化和离子位移式极化是快速极化过程，其时间在 $10^{-15} \sim 10^{-12}$ s，而电偶极子转向极化和双电层极化是慢极化过程，其时间在 $10^{-10} \sim 10^{-2}$ s。实验证明，在高频电场下只发生电子位移式极化和离子位移式极化，电流变效应非常微弱。但在低频和直流电场作用下，由于各种极化同时发生作用,电流变效应明显增强,这是由于在低频下各极化都能随电场的变化发生响应,而对极化做出贡献。同时,实验数据表明,低频时电流变效应远高于高频时,这说明电偶极子转向极化和双电层极化是产生电流变效应的主要原因。

表 2.1   各种极化的响应时间

极化形式	具有这种极化形式的电解质	极化所用时间/s	与温度的关系
电子位移式极化	气体、液体、固体	$10^{-15} \sim 10^{-14}$	在气体中温度升高,极化削弱
离子位移式极化	离子式结构固体介质	$10^{-13} \sim 10^{-12}$	温度升高,极化增强
电偶极子转向极化	极性电解质	$10^{-10} \sim 10^{-2}$	在某些温度出现最大值
双电层极化	固液两相悬浮液	$10^{-4} \sim 10^{-2}$	温度升高,极化削弱

2.3.1   纤维理论

纤维理论是由 Winslow[49] 1949 年提出的。该理论认为,原本无序的颗粒在电场的作用下会定向有序地排列形成纤维结构。该理论是基于颗粒之间的相互作用力,但是这种作用力远低于实验中的测量值,所以该理论不能很好地解释电流变效应。

2.3.2   "水桥"理论

"水桥"理论 [4] 由 Stangroom 在 1983 年提出。首先介绍"水桥"现象,当给两杯加满水的杯子通电后,慢慢把两个杯子分开,两个杯子之间溢出的水不会由于重力作用向下流下,而是在两个杯子之间形成一个"水桥"。

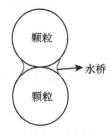

图 2.14   水桥理论,克服水桥断裂而导致屈服强度增加

"水桥"理论认为,对于含水的电流变液来说,电流变效应产生的原因主要是基础液里的水分子之间的相互作用。当有外加电场时,原本在颗粒空隙中自由流动的离子向空隙的两端运动。而在这些离子周围就汇聚了许多水分子,离子与离子之间聚集的水分子就产生类似于"水桥"的结构,如图 2.14 所示,而正是这种"水桥"结构促使悬浮在液体中的小颗粒产生了紧密的联系。当外加电场移除后,原本聚集的水分子又快速散开,电流变效应随之消失。不过这种理论有个致命缺点就是

完全没有办法解释疏水性半导体颗粒作为分散相的电流变液的电流变效应[50]。

2.3.3 双电层极化理论

双电层极化理论[51] 由 Klass 等在 1967 年提出。在电流变悬浮液中，由于大量的固体粒子和连续相基础液相接触，在它们接触的表面上会带上电荷，从而形成带电粒子。带电的固体粒子吸引基础液中的异性离子，排斥同性离子，使同性离子远离颗粒在基础液中扩散，而异性离子则聚集在颗粒周围。因此，在粒子的表面形成双电层。在没有加外电场时，这个双电层会均匀地分布在颗粒的表面。当有外电场时，原本均匀分布的双电层开始发生变化。颗粒上吸附的反离子在电场的作用下发生定向偏移，产生类似于离子的位移极化，形成具有偶极子形式的结构，而这类似于偶极子的结构在电场作用下开始定向移动，有序排列，如图 2.15 所示。

图 2.15　外加电场下双电层模型结构

2.3.4 介电理论

在电流变液机制的研究过程中，早期的双电层极化理论和"水桥"理论在一定程度上解释了含水电流变液的机制。然而，1985 年 Block 等制备出无水的电流变液，上述理论就不能很好地解释了。

介电理论[52] 认为，由于分散相颗粒具有较大的介电常数，正负电荷分布不均匀，在强电场作用下发生诱导极化，如图 2.16 所示，正电荷向负电极一方移动，而负电荷向正电极一方移动，形成偶极子，即相邻偶极子。

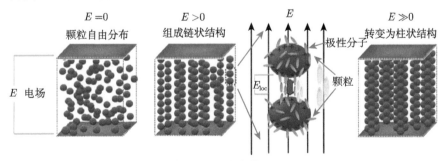

图 2.16　介电模型

相邻偶极子之间由于静电力相互吸引形成链状结构, 随着电场的增大, 链状结构变成柱状结构, 对外呈现出较强的屈服强度。在电场下极化后的颗粒间的力学关系可以用电偶极子来近似描述, 颗粒间的极化强度和电场方向上相邻颗粒间的吸引力分别为

$$p = 4\pi\varepsilon_0 R^3 E\varepsilon_f \left(\frac{\varepsilon_p - \varepsilon_f}{\varepsilon_p + 2\varepsilon_f} \right) \tag{2.1}$$

$$f = \frac{\varepsilon_0\varepsilon_f\beta^2 R^6 (6D - 4R)E^2}{D^4 \left(D - 2R\beta^{\frac{1-\beta}{2}} \right)} \tag{2.2}$$

式中, $\beta = (\varepsilon_p - \varepsilon_f)\varepsilon_p + 2\varepsilon_f$, 是分散相颗粒与连续相液体之间的介电适配因子; R 是颗粒的半径; D 是相邻颗粒间的球心距离; $\varepsilon_p, \varepsilon_f, \varepsilon_0$ 分别是颗粒、液体和真空的介电常数。

马红孺等运用第一性原理计算出介电型电流变液屈服强度的理论极限大约为 10 kPa[53], 而陆坤权等 [54] 在实验中制备出的介电型电流变液最高屈服强度达到 5 kPa。

2.3.5　极性分子的取向和成键模型

2009 年, 陆坤权等用 Ti-O、Ca-Ti-O、Sr-Ti-O 纳米颗粒制备出电流变液 [55], 其屈服强度超过 200 kPa, 并建立了极性分子的取向和成键模型来解释这一特殊的电流变现象: ①屈服强度远超过介电理论的理论值; ②屈服强度与电场强度呈线性关系。

当外加电场 E 足够强时, 分散相颗粒会发生极化, 极化颗粒之间产生吸引力而相互靠近。而在相邻颗粒间出现强度远大于外加电场 E 的局部电场 E_{loc}, 超强的局部电场可以使颗粒间的极性分子发生取向。当极性分子发生取向后, 会产生两种作用力。

(1) 发生取向的极性分子和颗粒上极化电荷的相互作用力:

$$f_{m\text{-}e} = \frac{e\mu}{2\pi\varepsilon_0\varepsilon_f d_{m\text{-}e}^3} \tag{2.3}$$

式中, e 是基本电荷, $d_{m\text{-}e}$ 是极性分子和颗粒上极化电荷中心距, μ 是极性分子偶极矩, ε_0 和 ε_f 分别是真空介电常数和液体介电常数。

(2) 极性分子间的相互作用力:

$$f_{m\text{-}m} = \frac{3\mu^2}{2\pi\varepsilon_0\varepsilon_f d_{m\text{-}m}^4} \tag{2.4}$$

式中, $d_{m\text{-}m}$ 是极性分子中心距。在通常情况下, $f_{m\text{-}e}$ 远大于 $f_{m\text{-}m}$, 所以可以认为发生取向的极性分子和极化电荷之间的相互作用力是极性分子型电流变液电流变

效应的主要原因。而最终单位面积垂直于电场的极化电荷和极性分子间的作用力大小为

$$F_{\text{m-e}} = \frac{3\phi}{2\pi r^2} N f_{\text{m-e}} = A \frac{3\phi \rho_{\text{m}} e \mu^2 E}{\pi r \varepsilon_0 \varepsilon_{\text{f}} d^2} \tag{2.5}$$

式中，ρ_{m} 是极性分子的吸附密度，ϕ 是体积分数，N 是取向极性分子数，r 是颗粒半径，d 是极性分子尺寸。从式 (2.5) 可以得出以下结论：屈服应力与电场呈线性关系；粒径和屈服应力呈反比关系；减小极性分子尺寸或增大极性分子的偶极矩，可以增强屈服强度。

当然，除了以上的几种电流变模型，还有温维佳等提出的饱和极化模型，在下文中将进行详细阐述。

2.4 电流变液的应用简介

通过电场可以很容易地控制电流变液的流变特性，而且这些变化具有可控、可逆、快速和低功耗等优良的特性，因此可以实现电流变液器件的智能调控[56]。对电场的快速响应使得电流变液在汽车工业、船舶工业、润滑油和建筑等方面都有着极为广阔的市场前景，成为当前智能材料研究的一个重要分支。基于电流变效应，电流变液已经初步应用于各种力电耦合器件，主要包括阻尼器、减震器、离合器、驱动器、液压阀等。因此，电流变液在汽车工业、船舶工业、润滑油和生物医学等方面都有着极为广阔的市场前景。在汽车工业中利用电流变液流变性能的改变，可以快速有效地选择不同输出轴以实现多种转速，代替原有的电–机械转换元器件。也可以通过电流变液的液相–固相转变控制液体阀回路的通断。我们还可以利用不同电场下电流变液黏度不同的特点控制润滑液的流动状态和润滑效果，在此基础上配备电子控制设备即可实现智能润滑。以下是电流变液的几个实用案例。

2.4.1 电流变减震器

在电流变液广泛的应用中，减震器由于其智能无级调控的特性以及应用范围之广，近年来受到许多专家学者的关注。减震器中的阻尼力主要由其核心器件阻尼器提供，电流变液阻尼器的研发涉及理论分析、结构设计、性能评价和测试等方面，是电流变应用技术的一个重要方向。通过调节电流变液体的黏度，可以实现减震液阻尼力的无级调控。因此基于电流变液的减震器可以主动智能调控，并可通过调节阻尼来改变固有频率避免产生共振。同时，针对不同的路面情况，这种减震器智能地调整减震效果，使其减震效果优于目前常用的弹簧减震器。图 2.17 所示是电流变减震器，上端连接车身，下端连接车轴。电流变液在上下腔之间的流动产生阻尼。阻尼大小通过外加电场电压值来调控[57]。

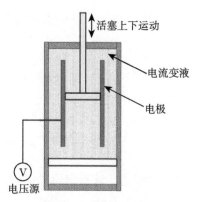

图 2.17 电流变减震器

目前，国内外阻尼器的研究和开发主要集中在结构设计方面，主要的类型有：剪切模式阻尼器、流动模式阻尼器、混合模式阻尼器[58]。电流变技术工程应用主要集中在欧美国家，我国经过三十几年的发展和积累，也奠定了一定的基础。在已有的技术中，存在电流变液屈服应力偏低、流变效率偏低、阻尼器体积大、结构过于复杂等问题。为克服这些缺陷，我国科研技术人员发明制造出许多不同结构的电流变阻尼器。例如，青岛农业大学的邹剑等[58]发明了一种七级可调往复式电流变阻尼器 (图 2.18)，该阻尼器通过小、中、大三个活塞的调控来改变阻尼力的大小，从而实现系统的有效控制。主要原理是当阻尼力大、受力不明、运动速度快时采用双活塞、三活塞形式；当阻尼力小时，采用单一活塞形式。而且回流控制的改变导致电流变液无法有效地实现正负极之间的流通，从而增大了电流变液所能提供的挤压阻尼力。这样的结构改善了阻尼器的结构灵活性，在低屈服剪切应力、高剪切率情形下，提高了电流变效应，增大了原有阻尼器所能提供的阻尼力，且具有较好的调节效果。

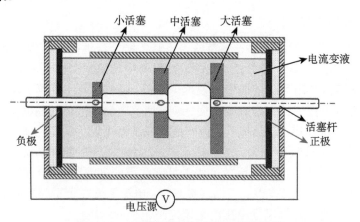

图 2.18 七级可调往复式电流变阻尼器

近年来采用电流变液作为阻尼液的器件的发明还有许多, 例如, 东南大学的韩玉林等[59] 发明的电流变体阻尼器, 该阻尼器利用磁力和弹簧推动阻尼器中的活塞运动, 由于活塞仅在无泄漏密闭空间中运动, 且没有使用动密封, 该电流变体阻尼器不会出现一般电流变阻尼器在震动控制过程中的漏液现象。除了常规运动的阻尼器, 还出现了一些转动型电流变体阻尼器, 如韩玉林等[60] 发明的转动电流变体阻尼器。该发明利用磁力推动阻尼器中的转动叶片运动, 当转动叶片运动时, 电流变体流过转动叶片上的小圆通孔, 电流变体在通过小孔的过程中会消耗能量, 起到控制振动的效果。还有哈尔滨工程大学的王东华等[61] 发明的一种电流变液扭振减震器, 该减震器的主要作用是使发动机曲轴在共振频率及其他频率下运转时能达到良好的状态, 减少机械振动。

2.4.2 电流变离合器

通过调节电流变液外加电场可以在一定范围内连续调控剪切应力大小, 实现对转矩、转速的连续调控。图 2.19 是两种电流变离合器。在不外加电压时, 电流变液的基础黏度很低, 圆筒 (圆盘) 转动时相互的影响十分微弱, 几乎没有扭矩的传输。但当外加一个电压之后, 电流变液的黏度会急剧上升。主动转动的圆筒 (圆盘) 通过扭矩传输带动被动圆筒 (圆盘) 的转动, 达到对转速和扭矩的快速智能的控制。

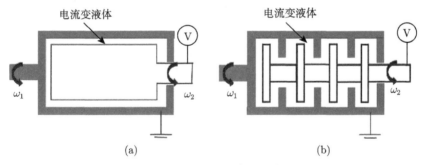

图 2.19 电流变离合器: (a) 同轴圆柱体结构; (b) 平行盘结构

2.4.3 电流变超精细研磨加工技术

随着超精密元件的快速发展, 对加工精度和尺寸精度的要求越来越高, 原本的工艺已不能满足新的需要。利用电流变液制作新型的微细砂轮可以很好地满足超精密元件的精度要求。通过将具有极性的微细磨料加入电流变液, 当有外加电场时, 这些微细磨料就会固定在纤维状链中, 形成一个微型砂轮。

图 2.20 是电流变效应微型砂轮的工作原理图, 将刀具连接阴极, 工件连接阳极, 电流变液颗粒和微细磨料颗粒就会在电场方向排列。电力线越密集, 颗粒聚集

程度也就越高，所以在刀尖附近形成一个微型的砂轮。当刀具发生转动的时候，砂轮也随之转动，开始超精细研磨加工。当然，在加工过程中要保持由电流变液颗粒和微细磨料颗粒组成的纤维链结构不断裂，所以刀具的转速要严格地控制在一定范围内，同时外加电场强度要足够大。电流变效应越强，微型砂轮的稳定性也就越好，该工艺的效率也便越高 [57]。

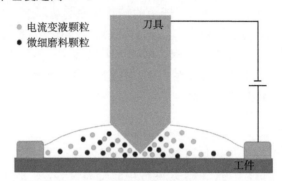

图 2.20　电流变效应微型砂轮工作原理

2.4.4　电流变可调光子能隙材料

在光子晶体中，介电常数以周期性变化，当介电常数足够大，可与光波长相比拟的时候，介质产生布拉格散射引起光子带隙的产生，在光子带隙频率范围内的电磁波是会被完全屏蔽的。影响光子带隙的主要因素有晶格类型、介质的介电常数和高介电常数材料的占空比等。

在外加电场时，电流变液颗粒会在电场方向上紧密排列形成链状或柱状结构，而没暴露在电场下的电流变液中的颗粒浓度则会大大降低，浓度大的地方介电常数高而浓度低的地方介电常数相应较低。这一结构变化是该可调节光子能隙材料的主要物理机制。同时，电流变液颗粒会在电场方向定向排列形成纤维结构，且具有各向异性，由于电场的诱导极化，在电场方向上的介电系数增大，而在垂直方向则会减小。这也会在一定程度上影响光子带隙的变化。基于电流变液的上述性质，香港科技大学报道了电场诱导的可调光子能隙材料 [62]。

2.4.5　其他应用

在汽车工业中，不仅仅是阻尼器这一个器件有着良好的前景，利用电流变液在电场下流变性能发生改变这一特点，还有许多其他电流变液器件被设计出代替原有的电-机械转换元器件，如通过电流变液的液相-固相转变来控制液体阀回路的通断。还可以利用不同电场下电流变液黏度不同的特点控制润滑液的流动状态和润滑效果等 [63]。例如，电流变液可用于触觉显示器和液体微阀等。电流变触觉显示器通过调控电场刺激皮肤再现触觉，可应用于外科手术的虚拟训练、遥控操作、实现电子商务中商品的质地触感信息的传递、游戏中增加触觉感受等 [64]。香港科技大学利用电流变液制作出电流变液微阀及微液滴 [65]，在本书的第 7 章中将做详细阐述。正如美国能源部《关于电流变液研究需求估量的最终报告》中指出 "电流变液有潜力成为电–机械转换中能源效率最高的一种，而且价格合理、结构紧凑、响应快速、经久耐用以及动态范围可变，这些特性是任何其他电–机械转换方法都无法做到的。" 因此，电流变液的市场前景无疑是巨大的，将带来巨大的效益。

2.5 电流变液的重大突破——巨电流变液

2.5.1 巨电流变液的成分

实验发现，如果电流变液中的介电颗粒含水，其电流变效应将会有显著提高。由于水的易挥发性，这种电流变液难以实用，水的电偶极矩较大，这启发了研究人员通过设计一种具有大分子电偶极矩的材料来增强电流变效应 [66]。我们把具有巨电流变 (GER) 效应的纳米颗粒电流变液称为巨电流变液，此类电流变液在外加电场作用下所表现出的剪切强度远超通常理论所预测到的 "上限"，达到了 100 kPa 以上，且响应时间小于 10 ms，同时还具有温度稳定性好、介电常数大、电流密度低和不沉淀等优点 [67]。

巨电流变流体由表面包裹尿素薄层的钛氧基草酸钡 ($BaTiO(C_2O_4)_2$) 纳米颗粒与硅油混合而成 [19]。尿素薄层的存在，改变了纳米颗粒的表面特性。巨电流变纳米颗粒的尺寸在 30~70 nm 范围内，表面尿素薄层的厚度在 2~5 nm 范围内。当有外加电场作用于巨电流变液时，纳米颗粒便沿电场方向排列成柱状结构。并且通过扫描电子显微镜 (SEM) 图像我们发现，两颗粒的接触界面趋于平整，说明尿素薄层具有一定的柔软度，这说明在施加外加电场的工作条件下，尿素对巨电流变液的工作机制有着至关重要的作用。

2.5.2 巨电流变液的特性

研究发现，巨电流变液剪切强度与外加电场呈线性变化关系，而不是通常的二次方关系。如图 2.21 所示，随着电场强度的线性增加，巨电流变液的剪切强度也线性增长。对于浓度为 30% 的巨电流变液，当外加 4 kV/mm 的电场强度时，其剪切强度大于 100 kPa。图 2.21 中圆圈所示是实验测得的在线性增长的外加电场下，巨电流变液的剪切强度随电场变化的关系图像，实线为有限元模拟结果。由此看出，有限元模拟结果与实验测量结果十分吻合。对于此类电流变液，无论是剪切强度的大小还是剪切强度随外加电场的变化规律，都与普通电流变液有着本质的不同。利用传统的介电理论模型已经无法解释其作用机制，其中必有传统电流变模型未考虑到的因素在起作用。

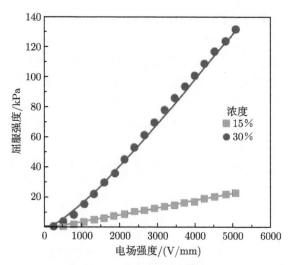

图 2.21   巨电流变液的剪切屈服强度随外加电场强度变化关系

2.5.3   巨电流变液新机制研究

为解释巨电流变液的作用机制, 我们提出了 "表面极化饱和" 模型。当有外加电场作用于巨电流变液时, 纳米颗粒先被极化, 沿电场方向排列成有序的结构。当颗粒间相互接触, 且电场增大到某个阈值时, 这些颗粒便会在接触部分形成饱和的极化层, 如图 2.22 所示。饱和极化层之间的相互作用, 使得巨电流变液的剪切强度得到大大的提高。基于此模型, 通过数值模拟得到其中的静电场能量为

$$w_{es} = -\frac{1}{8\pi} \int_{V_0} D \cdot E dV - \frac{1}{4\pi} \int_{V_S} dV \int_0^E D \cdot dE \qquad (2.6)$$

颗粒接触时的弹性相互作用能为

$$w_{el} = (\Delta L)^{5/2} \frac{2}{5D} \left(\frac{R}{2} \right)^{1/2} \qquad (2.7)$$

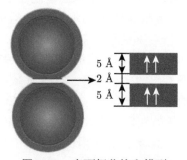

图 2.22   表面极化饱和模型

由这两种能量的作用导出相应电场下剪切强度的大小，计算结果与实验结果十分匹配。表面极化饱和模型的提出，很好地解释了巨电流变液的作用机制。

巨电流变效应的发现以及表面极化饱和模型的提出为电流变液的研究开辟了新途径，这将扩大电流变液的应用范围并促使电流变液走向技术应用。

2.6 电流变弹性体

与磁流变液一样，颗粒的聚集和载体液体的泄漏是阻碍电流变液广泛应用的两个关键缺陷。为了克服这些缺点，学者们以固体聚合物取代液体基体制成电流变弹性体 (ERE)，从根源上解决了颗粒聚集和沉淀的问题。ERE 是一种通过施加电场而具有可调动态性能的智能弹性体，由极化粒子和弹性基体组成。由于极化粒子之间的相互作用，电场下 ERE 的弹性模量或刚度呈现出连续的、快速的和可逆的变化。弹性体在弹性域内工作，而电流变液则具有典型的后屈服和稳定流动区域内工作特征。与磁流变弹性体相比，ERE 也具有明显的优点。ERE 由电场驱动，其智能器件比基于磁流变弹性体的智能器件结构更为简单，不需要大尺寸的电磁线圈，更容易使用 [68-70]。因此可用于设计结构简单、重量轻的智能装置。ERE 由于这些独特性质和优点，近年来得到了广泛的研究，具有广阔的应用前景。

2.6.1 电流变弹性体的分类和制备

ERE 一般由导电或半导电的填充粒子及聚合物基质组成。制备流程如下：将填充粒子分散在未硫化的聚合物中，然后完成固化得到弹性体。根据可极化粒子在弹性基体中的分布，将 ERE 分为各向同性 ERE 和各向异性 ERE 两类。在制备各向同性 ERE 时，固化过程中不施加电场，颗粒无规则地随机分布，而在各向异性 ERE 中，颗粒以链或柱状形成有序结构。为了得到各向异性的 ERE，必须在交联、固化或硫化过程中施加电场，弹性体聚合物和粒子在电场作用下，电场诱导相邻粒子相互作用，使它们形成与电场方向平行排列的链状或柱状等各向异性微观结构。粒子的有序结构被固定于基体中，并被证明在外加电场作用下有助于改善 ERE 的机械性能的场依赖性。SEM 照片显示了 ERE 中粒子链状结构的存在，并利用广角 X 射线散射技术观察到了黏土/明胶 ERE 的各向异性结构 [71,72]。对于以凝胶或橡胶为基体的各向异性 ERE，在玻璃或其他绝缘材料制成的带两个电极的模具中固化，如图 2.23 所示。在整个基体固化过程中保持电场，电场强度至少为 1～2 kV/mm，以保证粒子有效极化。其外观将受到基体原料特性的强烈影响。在搅拌过程中，可能会在混合物中留下一些气泡，从而导致 ERE 成品带有空隙，这将降低材料的性能。因此，混合物应进行脱气，以消除其中的气泡。在其他条件相同的情况下，各向异性 ERE 具有更高的相对 ER 效应。相对 ER 效应定义为

$$\frac{\Delta G'}{G'_0} = \frac{G' - G'_0}{G'_0} \times 100\% \tag{2.8}$$

式中，G' 和 G'_0 分别是有、无电场下的储能模量，$\Delta G'$ 代表储能模量的变化。例如，Hao 等[73]制备了淀粉/硅油/硅橡胶的 ERE。其中各向同性 ERE 的 $\Delta G'$ 和相对 ER 效应分别为 37.1 kPa 和 55%，而各向异性 ERE 的 $\Delta G'$ 和相对 ER 效应分别为 127.9 kPa 和 244%。但是，各向同性 ERE 具有各向异性 ERE 不能比拟的优点，如制备简单、能耗低、每个方向上的恒定的物化性质相同、有利于实现大规模生产等，引起了学者的广泛兴趣。

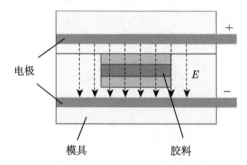

图 2.23 直流电场下各向异性 ERE 固化模具示意图

2.6.2 电流变弹性体的物理机制

ERE 的黏弹性主要是由分散相粒子间的电吸引引起的，普遍认为粒子极化力在 ER 效应中起主导作用。Klingenberg 等首先用单点偶极子近似模型[74]提出了描述 ER 悬浮液某些方面的理论模型。在该模型中，真实的 ER 固体可以看作连续聚合物基体中含介电硬球的单分散悬浮液。在单点偶极子近似模型中，极化发生在粒子内部而不是粒子表面，当偶极子相互靠近时，在相邻粒子内部形成的偶极子会更强。根据经典理论，外加电场作用下粒子的极化力可以表示为

$$F(R,\theta) = 12\pi r^2 \varepsilon_0 \varepsilon_{\mathrm{m}} \kappa^2 E^2 (r/R)^4 [(3\cos^2\theta - 1)e_r + \sin(2\theta)e_\theta] \tag{2.9}$$

$$\kappa = (\varepsilon_{\mathrm{p}} - \varepsilon_{\mathrm{m}})/(\varepsilon_{\mathrm{p}} + 2\varepsilon_{\mathrm{m}}) \tag{2.10}$$

其中，R 是相邻粒子中心到中心的距离，θ 是施加电场和链轴之间的角度 (图 2.24)，R 是球状粒子的半径，E 是电场强度，ε_0 是真空的介电常数 (8.854×10^{-12} F/m)，ε_{p} 和 ε_{m} 分别是填料粒子和基体的介电常数，e_r 和 e_θ 分别是 r 和链轴方向的单位向量。式 (2.10) 是通过求解连续无界介质中一对椭球粒子的拉普拉斯方程得到的表达式。假设在电场中，用与介电球体强度相同的偶极子来代替球体间的相互作用，进而得到点偶极矩，可表示为

$$\mu = 4\pi r^3 \varepsilon_0 \varepsilon_{\mathrm{m}} \kappa E \tag{2.11}$$

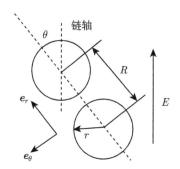

图 2.24 电场中两个相邻颗粒

式 (2.11) 表示一个粒子在外加场作用下的体积极化率。如果相邻的两个粒子平行于作用电场并相互接触，则它们之间的偶极相互作用力可写为

$$F = (3/2)\pi r^2 \varepsilon_0 \varepsilon_m \kappa^2 E^2 \tag{2.12}$$

基于上述结果，Shiga 等假设相邻两个粒子之间的相互作用主要来自于两个粒子之间的偶极相互作用，而不是它们内部路径[75]之间的相互作用。根据这一假设，通过计算基体中相邻颗粒间的整体静电相互作用力，可以估算出储存、损耗模量等宏观黏弹性质。因此，可以用下式计算不同外加电场下的储存模量的增加：

$$\Delta G = (9/4)\phi \varepsilon_m \kappa^2 E^2 \tag{2.13}$$

其中，ΔG 是储能模量的变化，ϕ 是电介质粒子的体积分数。从式 (2.13) 可以推断出 ΔG 与粒子含量和电场强度成正比。

Liu 等[76]通过数值模拟研究了填充介质颗粒的各向异性 ERE 的电流变和力学性能的变化。他们的模拟主要集中在一个链中两个相邻粒子的尖端之间的静电能量分布，当填充颗粒的介电常数远大于基体时，电场强度将在两个颗粒之间集中。这说明静电应力位于颗粒表面，颗粒端之间的局部场对恢复力的大小起着重要的作用。Lu 等的研究进一步证明了粒子间的局域场强对 ER 材料的重要性，并提出了极性分子 (PM) 主导的模型来解释新型 ER 悬浮液增强 ER 性能的原因[55,77]。对于这种 ER 悬浮液，在一定的条件下，由于局部电场比外加电场大 3 个数量级，相邻粒子端的极性分子可能会沿电场定向排列。一旦粒子表面的极性分子在电场下定向，PM-ER 效应主要来自极性分子和附近粒子的极化电荷的吸引力 $f_{m\text{-}e}$(式 (2.3))。单位面积内，垂直于外部电场的整的吸引力 $F_{m\text{-}e}$ 如式 (2.5) 所示。极性分子主导模型最初用于解释 PM-ER 流体的力学性质，同时也为极性分子修饰粒子填充的新型 ERE 的创新打开了大门。

Zhao 等最近的一项研究提出了 ERE 的介观结构设计理论，以获得巨大的可调刚度[78]。在该理论中，弹性体由两种一定厚度和介电常数的层组成，分层结构

的有效介电常数 $\bar{\varepsilon}$ 可以视为 ε, n 和 m 的 θ 函数系数，如图 2.25 所示。通过将热力学系统与 ERE 的几何参数联系起来，可以计算出电流变系数为

$$K_{\mathrm{ER}} = 4\alpha\cos(2\theta)\left(\frac{\partial\theta}{\partial\Delta\theta}\right)^2 + 2\alpha\sin(2\theta)\frac{\partial^2\theta}{\partial\Delta\theta^2} \qquad (2.14)$$

$$f(\theta) = \alpha\cos(2\theta) + \beta \qquad (2.15)$$

其中，$\alpha = [f(0) - f(\pi/2)]/2$，$\beta = [f(0) + f(\pi/2)]/2$。当系数 K_{ER} 达到最大值时，ERE 将具有巨大的可调刚度。最后，他们发现，当 $m = \sqrt{n}$ 时，K_{ER} 在给定 m 时达到最大值，可以表示为

$$K_{\mathrm{ER}}^{\max}(0) = 2(\sqrt{n}-1)^2 \qquad (2.16)$$

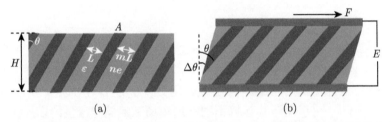

图 2.25   ERE 在未变形状态 (a) 和在施加力和电压下 (b) 经历剪切变形的层状介观结构的示意图

综上所述，平行排列的层状介观结构的 ERE 在所有不同取向的结构中具有最广泛的可调刚度。

2.6.3   电流变弹性体的发展

ERE 的发展主要涉及填充颗粒的丰富以及性能的不断改进。按照填充颗粒的种类可将弹性体分为无机粒子填充 ERE 和有机粒子填充 ERE。无机粒子以其高介电常数、易合成、良好的环境稳定性等优异性能被广泛应用于分散相中。$PbTiO_3$、二氧化硅、蒙脱土、二氧化钛、钛酸钡等多种无机微/纳米颗粒作为 ERE 的分散相选择项 [79-81]。为了增强电响应，Gao 等还制备了包覆多种聚合物的 $BaTiO_3$ 粒子，如聚酰亚胺、壳聚糖、聚苯乙烯、聚丙烯酸和聚丙烯酰胺 [82]。他们发现，填充 $BaTiO_3$/聚酰亚胺粒子的含水弹性体表现出最强的电响应，这与粒子的亲水表面和介电常数密切相关。为了提高粒子的介电常数和导电性，Kossi 等 [80] 制备了掺乙酰丙酮偶极分子 (Acac) 的 TiO_2，并通过将 TiO_2-Acac 分散在 PDMS 中制备了 ERE。颗粒经过修饰后制备得到的弹性体具有更高的 ER 效应，其相对存储模量变化高于 500 kPa。受 Wen 等对以极性分子为主的 ER 材料的研究启发，Dong 等提出了一种含有极性分子修饰颗粒的弹性体，有望大大增强 ER 活性 [71]。在硅

橡胶中分散包裹尿素的二氧化钛 (TiO_2/尿素) 颗粒合成的弹性体具有较高的 ER 性能, 其在 3 kV/mm 时的相对 ER 效应达到 266%。

淀粉、纤维素等有机含水粒子在 ER 材料中得到了广泛的应用, 表现出较强的 ER 性能。Shiga 等在制备最早具有 ER 活性的弹性体时, 采用的填充颗粒为含少量吸附水的聚甲基丙烯酸钴 (II) 盐 [83]。这种有机粒子在聚合物基体中具有稳定的分散性能和较好的 ER 行为。但有机含水粒子基 ERE 存在一定的缺陷, 主要是漏电流密度大, 对工作条件非常敏感, 尤其是温度。此外, ERE 中的水分也可能对电极 [84] 造成腐蚀。为了克服有机含水粒子填充体系的缺陷, 近年来对一些含无水聚合物粒子体系进行了研究。其中, 含有共轭 π 键的导电聚合物和分子骨架上具有极化官能团的无水有机物, 被广泛用作 ER 材料。这类材料包括 PANI、聚噻吩、聚苯、聚吡咯 [85-88] 等, 具有良好的导电性和环境稳定性, 对 ER 材料的应用具有重要意义。与无机颗粒相比, 聚合物分散颗粒更柔软, 与基体的相容性更好。

2.6.4 电流变性能的影响因素

由于 ERE 通常由两种性质不同的材料组成, 其影响因素主要来自这两种材料的三方面: 填充粒子、基质和界面。

2.6.4.1 粒子性质的影响

颗粒作为 ERE 的分散相, 对 ER 的性能起着至关重要的作用。根据以往研究的理论, 介电常数失配与 ERE 的极化密切相关。极化力与式 (2.10) 中系数 κ 正相关, κ 为粒子和基体的介电常数差值。当填充粒子的介电常数远大于聚合物基体的介电常数时, ER 材料将具有更强的 ER 活性。粒子的填充量对它们的电流变性能也有很大的影响, 许多研究者从理论和实验上对此进行了研究。如式 (2.8) 所示, ERE 储能模量的变化 $\Delta G'$ 与填充粒子含量成正比。在 Lu 等的研究中, 单位面积内极化分子与电荷的总相互作用力也与粒子含量 [77] 成正比。随着颗粒浓度的增加, 其储存和损失模量都增加。颗粒形态是影响 ERE 在电场作用下黏弹性的另一个重要因素。电流变液体系中, 长宽比越大的粒子极化越强, 这些粒子具有增强的偶极–偶极相互作用, 会形成更多的粒子链, 从而具有更高的电流变响应。这一结论同样适用于 ERE。Jang 等研究了含有纯二氧化硅或不同长宽比的 PANI 包覆介孔二氧化硅颗粒的悬浮液的 ER 活性 [89,90]。研究表明, 高横比的电流变材料具有更好的极化率和更短的弛豫时间。因此, 几何效应和介电性能的协同作用导致了更强的 ER 活性。

2.6.4.2 聚合物基体的影响

可调刚度范围是 ERE 最重要的特性之一, 可用式 (2.16) 来评估相对 ER 效应。由于其决定了初始弹性模量的确定中所起的作用, 许多研究都集中在 ERE 的基体材料上。Sakurai 等 [91] 采用不同模量的有机硅弹性体作为 ERE 的基体,考察了 ER 性能与弹性体弹性的关系。他们发现,在电场作用下,低弹性硅橡胶的模量相对增加最大。除了硅橡胶外,许多低初始模量的弹性体被用作 ERE 的基体,如丙烯酸和聚异戊二烯弹性体。为了进一步降低 ERE 的初始模量,Gao 等也尝试使用明胶、壳聚糖等凝胶作为基质 [92,93]。然而,由于凝胶的力学特性,大多数使用凝胶作为基质的 ERE,只能在压缩模式下工作。此外,在高场强下,聚合物基体的电导率对 ERE 的电场分布有重要影响。这意味着填充颗粒在高场强下的极化可能受到基体电导率的影响。

2.6.4.3　颗粒/基体界面的影响

作为一种复合材料,填充颗粒与基体之间的界面对 ERE 的 ER 性能起着重要的作用,这在以往的研究中被忽略。为了提高 ERE 的界面结合强度,研究界面对 ER 性能的影响,Dong 等 [94] 采用 3-(三甲氧基硅基) 甲基丙烯酸丙酯 (A174) 和三甲氧基乙烯基硅烷 (VTEO) 两种偶联剂对 TiO_2 粒子的表面进行修饰。与裸 TiO_2 颗粒填充试样相比,改性后的 TiO_2 颗粒填充弹性体颗粒与基体之间呈现桥接结构,力学性能增强,介电常数较高,界面结合强度增强。该研究中测试并比较了改性 TiO_2 颗粒填充弹性体与裸 TiO_2 颗粒填充弹性体的黏弹性。结果表明,通过提高 TiO_2 颗粒与硅橡胶的结合强度,可以提高 ER 性能,包括场致存储模量和存储模量敏感性。

2.6.5　应用

基于 ER 效应和特殊的力学性能,ERE 可以应用于多个领域,包括阻尼器、汽车工业、建筑基础隔离、仿生技术中的智能皮肤等 [95]。虽然基于 ERE 的器件尚未实现商业化,但在一些实验室研究中已经初步应用了 ERE。Biggerstaff 和 Kosmatka 使用硅胶基的 ERE 作为活性阻尼器 [96]。在谐波试验中发现,在电场作用下,ERE 的刚度系数增大了 6 倍,阻尼系数减小为原来的 1/3。Koyanagi 等创建了一个带 ERE 鼓的新型线性致动器,发现 ERE 具有足够短的响应时间,满足机电一体化或机器人应用需求。虽然存在一些问题需要进一步调查,如 ERE 表面的压力和生成力之间的关系 [97]。此外,Wei 等研究了悬臂夹芯梁在不同电场 [98] 下的振动特性和控制能力。结果表明,随着电场强度的增大,夹层梁的固有频率增大,固有频率处的振幅减小。由于 ERE 梁的振动特性可以通过改变作用场的强度来控制,因此在需要变性能的工程结构中,ERE 梁的振动特性是有用的。2013 年,Zhu 等 [70] 设计了一种剪切模式的 ERE 减振器,并对其在不同激励频率下,有无外加电场时的振动响应性能进行了评估。他们的实验结果表明,可以通过改变外加电场的强度控制减振器的刚度和阻尼特性,其宏观特征是阻尼系数随电场强度增加而增加,高频率下的阻尼效果比低频率下的好。

2.7 小结与展望

制备新的 ERE 和改善其动态力学性能的方法，以及模拟这些 ERE 的电流变和黏弹性力学行为的建模方法，在科技上越来越重要。在对电流变流体研究的基础上，用点偶极子近似模型及其修正模型来描述电场控制下的黏弹性，用微观力学分析了 ERE 的介观结构。此外，研究人员在这一领域的新材料开发方面也取得了相当大的进展，包括无机粒子、有机含水粒子和有机无水粒子填充的 ERE。对不同类型的 ERE，分别从实验和理论两方面研究了填料颗粒、聚合物基体、颗粒与基体界面等因素对 ER 性能的影响。近年来，在 ERE 的应用上进行了一些初步的探索，并得出了一些有价值的结论。尽管许多报告都关注于 ERE 的机械性能和 ER 性能，但仍有一些缺陷阻碍了其实际应用。ERE 最重要的问题是，要获得较大的相对存储模量，必须施加较高的电压，增加了安全风险。ERE 的弹性模量较低，无法承受较大的重量，这是另一个会令 ERE 的应用范围收窄的缺点。除此之外，还需要做大量的工作来扩大 ERE 的实际应用范围，使其在长期服务下更可靠。先前的研究中含有极性分子改性粒子在相对较低的电场强度具有增强的 ER 活性，这意味着在极性分子主导 ER 效应模型的指导下，增强粒子的极化能力是一种改善复合材料性能的有效的方法。新一代的 ERE 应具有较大的相对贮存模量和力学性能。另一方面，针对商业应用，设计具有完全绝缘保护和安全电源的器件是很重要的。当这些问题得到解决时，ERE 将成为一种有前途的智能材料，服务于现代社会。

参 考 文 献

[1] Wei C G. Electro-rheological Technique: Mechanism, Materials, Engineering Application. Beijing: Beijing Institute of Technology Press, 2000.

[2] Gong H L, Cui Z S. Theory and research status of the electrorheological fluids. Lubrication Engineering, 2002, 1: 66-71.

[3] Liu Y D, Choi H J. Electrorheological fluids: smart soft matter and characteristics. Soft Matter, 2012, 8: 11961.

[4] Do T, Ko Y G, Chun Y, et al. Switchable electrorheological activity of polyacrylonitrile microspheres by thermal treatment: from negative to positive. Soft Matter, 2018, 14: 8912-8923.

[5] He K, Wen Q, Wang C, et al. A facile synthesis of hierarchical flower-like TiO_2 wrapped with MoS_2 sheets nanostructure for enhanced electrorheological activity. Chemical En-

gineering Journal, 2018, 349: 416-427.

[6]   Hao T. Electrorheological suspensions. Advances in Colloid and Interface Science, 2002, 97: 1-35.

[7]   Hao T. Electrorheological fluids. Advanced Materials, 2001, 13: 1847-1857.

[8]   Dong X F, Niu C G, Qi M. Electrorheological Elastomers. Elastomers, 2017, 1.

[9]   刘晶. 氧化锌/聚苯胺复合材料的制备及其电流变性能研究. 湘潭: 湘潭大学, 2014.

[10] Xu Z, Wu H, Zhang M, et al. The research progress of electrorheological fluids. Chinese Science Bulletin, 2017, 62: 2358-2371.

[11] 郭洪霞, 麦振洪. 电导率对电流变效应的影响. 物理学报, 1996, (1): 65-72.

[12] 钮晨光. 苯胺锶钛氧颗粒的制备及其电流变性能研究. 大连: 大连理工大学, 2013.

[13] Lee S, Kim Y K, Hong J Y, Jang J. Electro-response of MoS_2 nanosheets-based smart fluid with tailorable electrical conductivity. ACS Appl Mater Interfaces, 2016, 8: 24221-24229.

[14] Wen W, Huang X, Sheng P. Particle size scaling of the giant electrorheological effect. Applied Physics Letters, 2004, 85: 299-301.

[15] 郑杰, 马苹苹, 周凯运, 等. 电流变液的研究与应用进展. 功能材料, 2015, 46: 19-27.

[16] Wu C W, Conrad H. Influence of mixed particle size on electrorheological response. Journal of Applied Physics, 1998, 83 : 3880-3884.

[17] Liu F H, Xu G J, Wu J H, et al. Synthesis and electrorheological properties of oxalate group-modified amorphous titanium oxide nanoparticles. Colloid and Polymer Science, 2010, 288: 1739-1744.

[18] Qi M C, Shaw M T. Sedimentation-resistant electrorheological fluids based on PVAL-coated microballoons. Journal of Applied Polymer Science, 1997, 65: 539-547.

[19] Wen W J, Huang X X, Yang S H, et al. The giant electrorheological effect in suspensions of nanoparticles. Nat Mater, 2003, 2: 727-730.

[20] Min T H, Lee C J, Choi H J. Pickering emulsion polymerized core-shell structured poly(methyl methacrylate)/graphene oxide particles and their electrorheological characteristics. Polymer Testing, 2018, 66: 195-202.

[21] Wu J H, Xu G J, Cheng Y C, et al. The influence of high dielectric constant core on the activity of core-shell structure electrorheological fluid. J Colloid Interface Sci, 2012, 378: 36-43.

[22] Sung B H, Choi U S, Jang H G, Park Y S. Novel approach to enhance the dispersion stability of ER fluids based on hollow polyaniline sphere particle. Colloids and Surfaces A: Physicochemical and Engineering Aspects, 2006, 274: 37-42.

[23] Sedlačík M, Mrlík M, Pavlínek V, Sáha P, Quadrat O. Electrorheological properties of suspensions of hollow globular titanium oxide/polypyrrole particles. Colloid and Polymer Science, 2011, 290: 41-48.

[24] Cheng Q L, Pavlinek V, He Y, et al. Synthesis and electrorheological characteristics of sea urchin-like TiO$_2$ hollow spheres. Colloid and Polymer Science, 2011, 289: 799-805.

[25] Lee S, Lee J, Hwang S H, et al. Enhanced electroresponsive performance of double-shell SiO$_2$/TiO$_2$ hollow nanoparticles. ACS Nano, 2015, 9: 4939-4949.

[26] Hong J Y, Choi M, Kim C, Jang J. Geometrical study of electrorheological activity with shape-controlled titania-coated silica nanomaterials. J Colloid Interface Sci, 2010, 347: 177-182.

[27] Lee S, Yoon C M, Hong J Y, Jang J. Enhanced electrorheological performance of a graphene oxide-wrapped silica rod with a high aspect ratio. Journal of Materials Chemistry C, 2014, (30): 6010.

[28] Ramos-Tejada M M, Rodríguez J M, Delgado À V. Electrorheology of clay particle suspensions. Effects of shape and surface treatment. Rheologica Acta, 2018, 57: 405-413.

[29] Wu J H, Song Z Y, Liu F H, et al. Giant electrorheological fluids with ultrahigh electrorheological efficiency based on a micro/nano hybrid calcium titanyl oxalate composite. NPG Asia Materials, 2016, 8: 322-e322.

[30] 梁宇岱, 徐志超, 袁欣, 等. 电流变液智能材料的研究进展. 中国材料进展, 2018, 37(10): 803-810.

[31] Yoon C M, Jang Y, Noh J, et al. Enhanced electrorheological performance of mixed silica nanomaterial geometry. ACS Appl Mater Interfaces, 2017, 9: 36358-36367.

[32] Plachy T, Sedlacik M, Pavlinek V, et al. Temperature-dependent electrorheological effect and its description with respect to dielectric spectra. Journal of Intelligent Material Systems and Structures, 2016, 27: 880-886.

[33] Qiu Z, Huang J, Shen R, et al. The role of adsorbed water on TiO$_2$ particles in the electrorheological effect. AIP Advances, 2018, 8: 105319.

[34] Gong X Q, Wu J B. Influence of liquid phase on nanoparticle-based giant electrorheological fluid. Nanotechnology, 2008, 19: 165206.

[35] Dong W F, Luo X W. The effects of the end groups of silicone oil on titanyl oxalate electrorheological fluid. Journal of Functional Materials, 2013, 18: 2697-2700.

[36] Shen C, Wen W J, Yang S H, Sheng P. Wetting-induced electrorheological effect. Journal of Applied Physics, 2006, 99(10): 106104-106105.

[37] Hong Y Y, Wen W J. Influence of carrier liquid on nanoparticle-based giant electrorheological fluid. Journal of Intelligent Material Systems and Structures, 2016, 27(7): 866-871.

[38] Wu J H, Song Z Y, Liu F H, et al. Giant electrorheological fluids with ultrahigh electrorheological efficiency based on a micro/nano hybrid calcium titanyl oxalate composite. NPG Asia Materials, 2016, 8: 322.

[39] 金谷. 表面活性剂化学. 合肥: 中国科学技术大学出版社, 2008.

[40] 蒋庆哲, 宋昭峥, 赵密福, 柯明. 表面活性剂科学与应用. 北京: 中国石化出版社, 2006.

[41] Lu Q K, Shen R. Polar molecle type electrorheological fluids. Physics, 2007, 10: 742-749. (陆坤权, 沈容. 极性分子型电流变液. 物理, 2007, 10: 742-749.)

[42] 涂慧婕, 赵红, 董旭峰, 等. 功能材料, 2014, 4(45): 4030-4034.

[43] Wang B X, Zhao Y, Zhao X P. Colloids and Surfaces A: Physicochem Eng Aspects, 2007, 295: 27-33.

[44] Qiao Y P, Yin J B, Zhao X P. Smart Mater Struct, 2007, 16: 332-339.

[45] Wang B X, Zhao Y, Zhao X P, et al. Colloids and Surfaces A: Physicochemical and Engineering Aspects, 2007: 27-33.

[46] Wang B X, Zhou M, Rozynek Z, et al. Electrorheological properties of organically modified nanolayered laponite: influence of intercalation, adsorption and wettability. Journal of Materials Chemistry, 2009, 19(13): 1816-1828.

[47] Xu Z C, Hong Y Y, Zhang M Y, et al. Performance tuning of giant electrorheological fluids by interfacial tailoring. Soft Matter, 2018, 14: 1427-1433.

[48] 朱克勤, 陶荣甲. 电流变液与电流变效应. 力学进展, 1994, 24(2): 154-162.

[49] Winslow W M. Induced fibration of suspensions. Journal of Applied Physics, 1949, 20(12): 1137-1140.

[50] Stangroom J E. Electrorheological fluids. Physics in Technology, 1983, 14(6): 290.

[51] Klass D L, Martinek T W. Electroviscous fluids, I. Rheological properties. Journal of Applied Physics, 1967, 38(1): 67-74.

[52] Block H, Kelly J P. Electrorheological fluids: GB, 2170510.

[53] Ma H R, Wen W J, Tam W Y, et al. Frequency dependent electrorheological properties: origin and bounds. Physical Review Letters, 1996, 77(12): 2499.

[54] 张玉苓, 陆坤权. 复合型钛酸锶电流变液及制备方法. CN97100449, 8: 1998.

[55] Shen R, Wang X Z, Lu K Q, et al. Polar-molecule-dominated electrorheological fluids featuring high yield stresses. Advance Materials, 2009, 21: 4631-4635.

[56] 涂福泉, 刘小双, 毛阳, 等. 电流变液的研究现状及其应用进展. 材料导报, 2014, 28(11): 66-68.

[57] Xiao G W, Wei C G. Electrorheological fluid and its applications in automobile. Automotive Engineering, 1999, 21(3): 145-150.

[58] 邹剑, 刘玉高, 胡彩旗. 七级可调的往复式电流变液阻尼器. 山东: CN103591209A. 2014-02-19.

[59] 韩玉林, 王芳, 关庆港, 等. 无泄漏转动电流变体阻尼器. 江苏: CN202707903U. 2013-01-30.

[60] 韩玉林, 万江, 关庆港, 等. 电流变体阻尼器. 江苏: CN202040264U. 2011-11-16.

[61] 王东华, 喻家鹏, 鲁涵锋, 等. 一种电流变液扭振减振器. 黑龙江: CN103758912A. 2014-04-30.

[62] Hou B, Xu G, Wong H K, Wen W J. Tuning of photonic bandgaps by a field-induced structural change of fractal metamaterials. Optics Express, 2015, 13(23): 9149-9154.

[63] 徐志超, 伍罕, 张萌颖, 等. 电流变液研究进展. 科学通报, 2017, 62(21): 2358-2371.

[64] Zhang Z Z, Wu B D. Development and application of electrorheological technology. Machne Tool and Hydraulics, 2007, 35(6): 203-207.

[65] Niu X Z, Liu L Y, Wen W J, Sheng P. Hybrid approach to high-frequency microfluidic mixing. Physical Review Letters, 2006, 97(4): 044501.

[66] Wen W J, Ma H R, Tam W Y, et al. Frequency and water content dependencies of electrorheological properties. Physical Review E, 1997, 55(2): R1294-R1297.

[67] Wen W J, Huang X X , Yang S H, et al. The giant electrorheological effect and its mechanism. Physics, 2003, 32(12): 777-779.

[68] Gordaninejad F, Wang X J, Mysore P. Behavior of thick magnetorheological elastomers. Journal of Intelligent Material Systems and Structures, 2012, 23(9): 1033-1039.

[69] Li Y C, Li J C, Li W H. A state-of-the-art review on magnetorheological elastomer devices. Smart Materials and Structures, 2014, 23(12): 123001.

[70] Zhu S S, Qian X P, He H. Experimental research about the application of ER elastomer in the shock absorber//Sung W P, Zhang C Z, Chen R. Biotechnology, Chemical and Materials Engineering II, Pts 1 and 2. Stafa-Zurich: Trans Tech Publications Ltd, 2013: 371-376.

[71] Niu C G, Dong X F, Qi M. Enhanced electrorheological properties of elastomers containing TiO_2/Urea core-shell particles. ACS Applied Materials & Interfaces, 2015, 7(44): 24855-24863.

[72] Wang B, Rozynek Z, Zhou M. Wide angle scattering study of nanolayered clay/gelatin electrorheological elastomer. Journal of Physics: Conference Series, 2009, 149(1): 012032.

[73] Hao L, Shi Z, Zhao X. Mechanical behavior of starch/silicone oil/silicone rubber hybrid electric elastomer. Reactive and Functional Polymers, 2009, 69: 165-169.

[74] Klingenberg D J, Vanswol F, Zukoski C F. Dynamic simulation of electrorheological suspensions. Journal of Chemical Physics, 1989, 91(12): 7888-7895.

[75] Shiga T. Deformation and viscoelastic behavior of polymer gels in electric fields. Proceedings of the Japan Academy Series B-Physical and Biological Sciences, 1998, 74(1): 6-11.

[76] Liu B, Boggs S A, Shaw M T. Numerical simulation of electrorheological properties of anisotropically filled elastomers//1999 Annual Report Conference on Electrical Insulation and Dielectric Phenomena (Cat. No.99CH36319). IEEE, Piscataway, NJ, USA, 1999, 1: 82-85.

[77] Lu K Q, Shen R, Wang X Z. Polar molecule dominated electrorheological effect. Chinese Physics, 2006, 15(11): 2476-2480.

[78] Cao C Y, Zhao X H. Tunable stiffness of electrorheological elastomers by designing mesostructures. Applied Physics Letters, 2013, 103(4): 041901.

[79] Liu B, Shaw M T. Electrorheology of filled silicone elastomers. Journal of Rheology, 2001, 45(3): 641-657.

[80] Kossi A, Bossis G, Persello J. Electro-active elastomer composites based on doped titanium dioxide. Journal of Materials Chemistry C, 2015, 3(7): 1546-1556.

[81] Li R J, Wei W X, Hai J L. Preparation and electric-field response of novel tetragonal barium titanate. Journal of Alloys and Compounds, 2013, 574: 212-216.

[82] Gao L X, Zhao X P. Electrorheological behaviors of barium titanate/gelatin composite hydrogel elastomers. Journal of Applied Polymer Science, 2004, 94(6): 2517-2521.

[83] Shiga T, Ohta T, Hirose Y. Electroviscoelastic effect of polymeric composites consisting of polyelectrolyte particles and polymer gel. Journal of Materials Science, 1993, 28(5): 1293-1299.

[84] Fang F F, Choi H J. Electrorheological fluids: materials and rheology//Kontopoulou M. Applied Polymer Rheology: Polymeric Fluids with Industrial Applications. Hoboken: John Wiley & Sons, Inc , 2011: 285-302.

[85] Gao L X, Li L, Qi X R. Enhancement on electric responses of BaTiO$_3$ particles with polymer-coating. Polymer Composites, 2013, 34(6): 897-903.

[86] Puvanatvattana T, Chotpattananont D, Hiamtup P. Electric field induced stress moduli in polythiophene/polyisoprene elastomer blends. Reactive & Functional Polymers, 2006, 66 (12): 1575-1588.

[87] Kunanuruksapong R, Sirivat A. Poly(p-phenylene) and acrylic elastomer blends for electroactive application. Materials Science and Engineering A-Structural Materials Properties Microstructure and Processing, 2007, 454: 453-460.

[88] Ludeelerd P, Niamlang S, Kunaruksapong R. Effect of elastomer matrix type on electromechanical response of conductive polypyrrole/elastomer blends. Journal of Physics and Chemistry of Solids, 2010, 71(9):1243-1250.

[89] Noh J, Yoon C M, Jang J. Enhanced electrorheological activity of polyaniline coated mesoporous silica with high aspect ratio. Journal of Colloid and Interface Science, 2016, 470: 237-244.

[90] Yoon C M, Lee K, Noh J. Electrorheological performance of multigram-scale mesoporous silica particles with different aspect ratios. Journal of Materials Chemistry C, 2016, 4 (8): 1713-1719.

[91] Sakurai R, See H, Saito T. Effect of matrix viscoelasticity on the electrorheological properties of particle suspensions. Journal of Non-Newtonian Fluid Mechanics, 1999, 81(3): 235-250.

[92] Gao L X, Zhao X P. The response of starceugelatin/glycerin aqueous electrorheological elastomer to applied electric field. International Journal of Modern Physics B, 2005,

19(7-9): 1449-1455.

[93] Gao L X, Chen J L, Han X W. Electric-field response behaviors of chitosan/barium titanate composite hydrogel elastomers. Journal of Applied Polymer Science, 2015, 132(25): 42094 (1-6).

[94] Dong X F, Niu C G, Qi M. Enhancement of electrorheological performance of electrorheological elastomers by improving TiO_2 particles/silicon rubber interface. Journal of Materials Chemistry C, 2016, 4(28): 6806-6815.

[95] Kakinuma Y, Aoyama T, Anzai H. Application of the electro-rheological gel to fixture devices for micro milling processes. Journal of Advanced Mechanical Design Systems and Manufacturing, 2007, 1(3): 387-398.

[96] Biggerstaff J M, Kosmatka J B. Electroviscoelastic materials as active dampers//Bar-Cohen Y. Smart Structures and Materials 2002: Electroactive Polymer Actuators and Devices. Bellingham: Spie-Int Soc Optical Engineering, 2002: 345-350.

[97] Koyanagi K, Yamaguchi T, Kakinuma Y. Basic research of electro-rheological gel drum for novel linear actuator. Journal of Physics: Conference Series, 2009, 149(1): 012020.

[98] Wei K X, Bai Q, Meng G. Vibration characteristics of electrorheological elastomer sandwich beams. Smart Materials and Structures, 2011, 20(5): 055012.

第3章 磁响应软物质材料——磁流变液

世界上最早发现及使用磁性物质的可能是中国人，我国的四大发明之一"司南"就是磁铁。古人将天然磁铁磨成勺形放在光滑的平面上用以明晰南北，这应该是有迹可循的最古老的对磁性物质的使用了。悠久的历史长河中，磁对古人生活影响非常大，比如公元前 3 世纪的战国时期《韩非子》中这样记载："先王立司南以端朝夕。"后来的航海时代也是靠着指南针 (罗盘) 开启，麦哲伦和哥伦布等人伟大的发现闻名全球。而在现代社会中，磁性物质在人们生活中扮演的角色已经不仅仅局限于指示方向的小小指南针，而是以更加先进、科学的应用影响着我们的生活，磁流变液就是这样一种以现代形态融入我们生活的磁性材料。本章将对这一新型智能材料进行简要介绍，分别从历史起源、基础知识、从理论角度出发的各类相关常用基本模型、从使用角度出发的磁流变液的各组分合成方法、磁流变液的经典表征技术、磁流变液在实际应用中的范例、前景展望等方面，分小节阐述。

3.1 磁流变液概述

磁流变液 (MRF) 作为一种新型可控流体，可以在极短时间内 (通常为几毫秒) 对外加磁场做出响应，从类似于牛顿流体的液体状态迅速增大其黏度获得类固体的力学强度 [1]。此效应在 1948 年，也就是 Winslow 发明电流变液的第二年，被美国学者 Rabinow 发现并发明了相应的离合器，称为磁流变效应 [2]。此过程可以非常快速，在几毫秒内完成 [3]。而且这个过程是可逆的，即当外加磁场被撤去后，磁流变液又恢复良好的流动性。目前能够应用的磁性材料绝大部分是磁化强度大、磁性转变温度高的强磁性物质。3d、4f 磁性元素是这些材料的基本组成。性能良好的磁流变液需要具有的特性是：高饱和磁化强度 (large saturation magnetization)，低剩磁或低磁滞性 (small remnant magnetization or small coercivity)，并且有较宽的工作温度跨度，以及对于一般机械冲击或化学侵害有一定的抵抗性。虽然磁流变液与电流变液几乎同时被发现，但在最初应用过程中遇到了沉降等难题，过去流变液相关的研究主要侧重在电流变液。研究者们开始通过多种手段改良磁流变液的稳定性，比如给磁性颗粒包覆外层、研究不同形状的磁性颗粒、探索添加剂或者载液种类等，终于使得近年来磁流变液重新获得关注。磁流变液相对于电流变液的优势主要在于：耗能小，例如，仅仅需要 1~2 A 的电流或 12~24 V 的低电压便能控制；屈服应力相对于同等条件的电流变液可以高出一个数量级，同时在 190 ℃的巨大温度区间中有着稳定的数值 [4]；磁流变液对生产和使用时产生的杂质不敏感，也由于磁极化避免了电流，所以不受电化学反应影响，可以选择更多种类的添加剂 [3]。基于上述特点，磁流变液非常适合应用在线性或者旋转的运动部件中，所以其最普遍的商业应用就是机电阻尼元件。磁流变液作为智能材料在汽车、机械、医疗、建筑、航空等领域有着巨大的应用前景，主要用于汽车为主的减震器、阻尼器、控制阀、发动机支架等机械元件，包括枪支后坐力的减震和桥梁的减震等，同时也应用于精密抛光、化学分析和声音传播等领域。

流变学是研究物质流动和变形的科学，包含太多太广的内容，也有很多有趣的实际应用。本章以磁流变液的相关理论、制备方法、种类分类、检测手段和实际应用为主进行粗浅的介绍，并考虑到入门级别或者仪器操作零基础的研究者即使成功制备了磁流变液样品，也通常对磁流变液样品接下来"怎么办"会有"手足无措"的迷茫感觉，会重点介绍磁流变液表征相关的基本知识，以实用、好用、够用为宗旨，力求在阅读完本章后读者会对磁流变液的研究方法有基本的了解，在实验设计时心里有数、对检测的对象和目的有一定的认识，以及在实际数据采集和分析写文时思路清晰。

这里需要强调一下磁流变液的磁流变效应具有以下几个特征：

(1) 其在牛顿流体与类固体之间的转换是可逆的；

(2) 其转换是可控的；

(3) 其转换响应时间极短，通常为毫秒级；

(4) 仅仅通过控制磁场强度便能控制其转换；

(5) 其转换控制耗能低；

(6) 不受电化学反应影响。

3.2 磁性的基础知识

磁流变液最本质的基础源于其中组分的磁性，了解磁的产生和磁性材料的分类就显得尤为重要了。磁场是一种引力场，在不均匀的磁场中会受到磁力作用的材料便被称为磁性材料。生活中最常见的例子是用磁铁去靠近回形针，回形针会被吸到磁铁上，这就是因为回形针受到了磁力的作用。国际单位 (SI) 里，磁场强度的符号是 H，单位是安培每米。根据材料对外加磁场的不同反应，可以将它们粗分为抗磁性、顺磁性、铁磁性、反铁磁性和亚铁磁性五种类型。

3.2.1 磁性的起源

为了更清楚地了解这些分类，我们有必要先从原子层面学习磁性的起源。一般认为，一个原子的磁性来源于两种内部磁矩的共同作用。第一种来源于原子中电子的自旋。电子自旋能产生自旋角动量和自旋磁矩，这个磁矩只可能有两个 "方向"。虽然实际情况并非如此，但是为了理解，可以想象成地球正转和倒转，所以没有第三种可能。另一种磁矩则来源于电子围绕原子核的 "转动"，此时的速度接近光速，可以想象成地球在自己的轨道上绕太阳公转，由此产生了轨道角动量和轨道磁矩。电子的这两种运动都产生了电磁以太的漩涡，由此具有了磁矩，两种磁矩的共同耦合效果决定了原子的磁矩。原子组成物质，所以在每种材料中，众多的原子磁矩的排列和强弱决定了材料的磁性。通常用单位体积内的总磁矩描述材料的磁性，我们叫它磁极化强度。磁极化强度除以真空磁导率可以得到磁化强度 M。如果材料被放在强度为 H 的磁场中，则 $M = XH$，其中 X 被称为材料的磁化率。磁化率数值的正负和大小也是磁性材料分类的重要指标，因为对应了不同材料在外加磁场下的行为 (图 3.1)。下面我们来详细说明五种基本的材料磁性的分类。

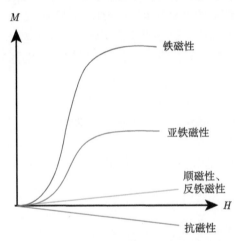

图 3.1   不同磁性材料在外加磁场下的磁化强度曲线示意图

3.2.2   材料的磁性分类

五种基本的材料磁性的分类对应了材料在外加磁场下的不同反应行为，从数值指标来看就是依据磁化率数值的正负和大小。

(1) 抗磁性材料，也有人称之为反磁性材料。它的原子磁矩为零，也就是在一个原子内部，两种磁矩互相抵消最后表现为零，没有永久磁矩的存在。如果对抗磁性材料施加一个外加磁场，磁场会影响电子轨道的改变，由此产生一个与外加磁场方向相反的微弱磁矩，这就是抗磁性。因为外加磁场对电子轨道的影响是必然的，也可以说，所有材料都有感应磁场，具有一定的抗磁性。但由于抗磁性材料没有其他磁性性质强过这种效果，这种微弱的抗磁性才得以显现。所以对于这种类型的材料，它的磁化率不仅小，而且是负值，通常为 $10^{-6} \sim 10^{-5}$ 数量级，与温度和磁场强度无关。金、银、铜、碳、硅等都是抗磁性材料。在超导体内磁化率是 -1，这个现象称为 Meissner 效应。

(2) 顺磁性材料原子或离子内部具有永久磁矩，这一点与有无外加磁场是无关的。因为这些磁矩的取向是随机的，材料本身在没有外加磁场的前提下是没有磁性的。一旦施加外加磁场，磁矩会顺着磁场的方向通过转动而磁化，呈现出较为规律的排布，磁场越强，排布越规律。此时它的磁化率是正值，但是数值也很小，通常为 $10^{-5} \sim 10^{-3}$ 数量级，属于弱磁性。金属元素比如钯和铂就是典型的顺磁性材料。一般情况下，磁化率与磁场强度无关，但与温度满足居里定律或居里–外斯定律，即温度越高，磁化率越小。

(3) 铁磁性材料，如同它的名字里含有的"铁"字，这类材料里最有代表性的就是铁。这类物质的磁化率很大，甚至高达 10^7，也很容易得到很高的磁化强度，属于强磁性，也可以自发磁化。因为内部有很强的交换场，相邻的磁矩倾向于同一个方向排布，从而形成磁畴，每个磁畴内部的磁矩全部向着同一方向排列，在磁畴内部达到饱和磁化状态。同一材料中的各个磁畴的磁化方向不同，没有磁化的样品总体磁化强度为零。而磁畴之间存在畴壁，在畴壁内，磁矩沿着厚度方向从一个磁畴的磁化方向逐步过渡到邻近磁畴的磁化方向。铁磁体的磁化通过畴壁位移和磁矩转动两个过程进行，由于畴壁位移的过程中邻近的磁矩会帮助位于畴壁上的磁矩排列，这个过程所需的能量比单纯的磁矩转动小很多，所以铁磁体的磁化主要靠的是畴壁位移。在温度很高的情况下，热运动过于强烈会使磁矩倾向于杂乱无规则的排列，这就导致了在一定温度以上，铁磁性材料不再具有铁磁性，反而表现为顺磁性。这个临界的温度被称为居里点。高于居里点后，材料呈现顺磁性，满足居里–外斯定律。其他常见的铁磁性材料还包括镍和钴，稀土金属钆，以及大部分它们互相掺杂形成的合金或含有它们的化合物。

这类材料存在磁滞现象，即磁化强度的变化落后于外加磁场的变化，这就使得当外加磁场从最大减小到零的时候，材料的内部还保留着一定的磁化强度。此时存留的磁化强度被称为剩磁。当磁场向反方向递增，并达到一定的强度时，材料的磁化强度才变回零，此时的磁场强度被称为矫顽力。更为复杂的磁性相关概念比如初始磁化曲线等不再赘述，因为一般关于磁流变液的研究中更侧重磁流变液的流变性能和磁流变效应，所以我们只需要对磁流变液中的磁性颗粒进行简单的检测以确定它们的基本磁性数值，很多时候对于购买来的商品化磁性颗粒甚至会直接省去这一步。以笔者实验室合成出的线性镍纳米颗粒 [5] 的磁滞回线为例 (图 3.2)，此样品的磁滞回线由振动样品磁强计测得。室温条件下，这种磁性颗粒的饱和磁化强度 (M_s) 为 50.8 emu/g，剩磁 (M_r) 为 19.9 emu/g，同时矫顽力 (H_c) 为 167.7 Oe(1 Oe=79.5775 A/m)。简易地记，这三个数值分别是曲线的端点、与纵坐标的交点和与横坐标的交点。由于有正负两个方向，相应的数据有少许不同，为了数据的准确性，我们需要取对应的绝对值求平均值。

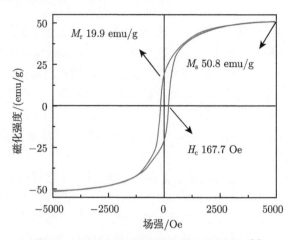

图 3.2   某种线性镍纳米颗粒的磁滞回线 [5]

(4) 反铁磁性材料有固有磁矩，有两个或多个次晶格。在同一个次晶格内原子磁矩平行排列，不同次晶格的原子磁矩取向相反，是反向平行排列的，而且强度相同以至于互相抵消，总磁矩等于零。所以对于整个材料而言，表现跟顺磁性是一致的，会顺着外加磁场的方向磁化，不过磁化微弱，是弱磁性材料。它的磁化率是正值，也是很小的，通常为 $10^{-5} \sim 10^{-1}$ 数量级，在 Néel 温度点下会随着温度的升高而增大。在 Néel 温度点以上材料变为顺磁性，满足居里–外斯定律。铬和锰都是比较典型的反铁磁性材料。

(5) 亚铁磁性材料的磁矩排布与反铁磁性材料是一样的，但是有一个方向的磁矩会小于另一个方向，使得材料的总磁矩不会被抵消为零，有剩余磁矩。所以这类材料在磁场中的行为跟铁磁性材料是类似的，也具有饱和磁化强度，所以它也属于强磁性材料，但饱和磁化强度一般小于铁磁性材料。典型的代表有四氧化三铁，也就是我们常说的磁铁；常见的还包括镍和钴的氧化物或者它们的稀土金属类合金比 (如 TbFe)、尖晶石铁氧体和磁铅石铁氧体。

对于磁流变液，一般要求磁性颗粒具备高饱和磁化强度和低剩磁 (低矫顽力)。高饱和磁化强度可以达成更大的磁流变效应，这就是为什么铁粉是最常用的磁流变液颗粒材料，因为它的饱和磁化强度非常大。而低矫顽力则确保颗粒有良好的退磁能力，这样可以保证分散性。磁流变液使用的磁性材料绝大部分是磁化强度大、磁性转变温度高的强磁性物质，基本都会包含 3d 和 4f 族的磁性元素。3.3 节将讨论常用的磁流变液的流体模型。

3.3 磁流变液的基本模型

3.3.1 磁流变液的连续流体模型

在没有外加磁场时，磁流变液表现类似牛顿流体。如果以剪切速率为横坐标，剪切应力强度为纵坐标，可以得到一条经过原点的直线。在有外加磁场的情况下，磁流变液表现为非牛顿流体。也就是说，剪切速率为横坐标和剪切应力强度为纵坐标的时候，我们依然能得到一条直线，不过此时直线与纵坐标的交点会稍高一些。在一般研究中多采用宾厄姆模型来模拟计算磁场下的流变行为：

$$\tau = \tau_0 + \eta\gamma \tag{3.1}$$

宾厄姆模型是在 1916 年提出的。其中，τ 为磁流变液的剪切应力；τ_0 为磁流变液的动态屈服应力，与磁场强度有关；η 即是直线的斜率，为磁流变液的塑性黏度；γ 为磁流变液的剪切速率。τ_0 作为纵截距，又被称为应力阈值 (threshold stress)。阈值指的是产生一个效应所需要的最大或最小值。这里指的是剪切应力强度只有大于这个值的时候才能产生剪切行为。动态屈服应力可以通过这个方程用现有数据外推得到。由本构方程可知，随着磁场增强，磁流变液的屈服应力增大，动态屈服应力也会增大。在磁场下磁性颗粒会因为颗粒间的磁偶极子相互作用排列成柱状结构，不再随着液体自由流动，故而对任何外力都有"抵抗"，因此剪切屈服应力的磁场相关性常作为评价磁流变效应的主要指标。

Herschel-Bulkley 流体是另一种常用的非牛顿流体模型，在 1926 年由 Herschel 和 Bulkley 提出，包含三个主要因子：屈服剪应力 (yield shear stress)τ_0，跟之前提过的动态屈服应力相同；稠度指数 (consistency index)k；流动指数 (flow index)n。此处的稠度也可以为塑性黏度 η。流动指数体现为剪切变稀 ($n < 1$) 或者剪切变稠 ($n > 1$)。当 $n=1$ 时，这个式子也就是宾厄姆流体模型。

$$\tau = \tau_0 + k\dot{\gamma}^n \tag{3.2}$$

Ashtiani 和 Hashemabadi[6] 用分散在硅油中的微米级羰基铁粉研究得到，实验中所有的磁流变液样品的应力都表现为剪切变稀，随着磁场增大，剪切变稀行为变得更明显，遵从了 Herschel-Bulkley 流体模型的 $n < 1$ 的情况。也就意味着，在剪切速率为横坐标和剪切应力强度为纵坐标的时候，曲线上凸并最终趋于平稳。

其他的磁流变液模型还包括 Casson 模型和双黏 (biviscous) 模型等 [7]，这里就不再赘述详细原理。

Casson 模型，它的特点是里面含有根号：

$$\sqrt{\tau} = \sqrt{\tau_0} + \sqrt{\eta\dot{\gamma}} \tag{3.3}$$

其中，τ 为磁流变液的剪切应力，τ_0 为磁流变液的动态屈服应力，η 为磁流变液的塑性黏度，γ 为磁流变液的剪切速率。

双黏模型：

$$\tau = \begin{cases} \eta_r \dot{\gamma}, & \tau \leqslant \tau_1 \\ \tau_\gamma + \eta \dot{\gamma}, & \tau > \tau_1 \end{cases} \tag{3.4}$$

Biplastic 宾厄姆模型：

$$\tau = \begin{cases} \eta_r \dot{\gamma} + \tau_1, & \tau \leqslant \tau_2 \\ \tau_\gamma + \eta \dot{\gamma}, & \tau > \tau_2 \end{cases} \tag{3.5}$$

各个流体模型之间实际上都有联系，详情见图 3.3。然而需要注意的是，以上的连续模型都是最基本的样子，实际计算时会加入大量的参数而变得非常复杂。

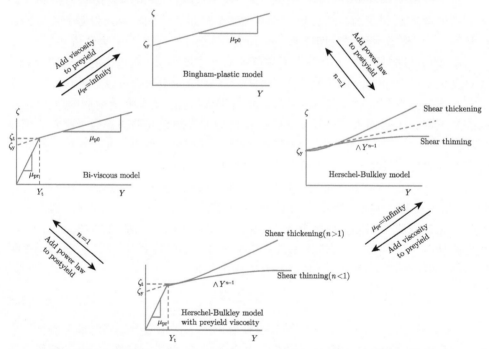

图 3.3　宾厄姆流体模型、Herschel-Bulkley 流体模型、双黏流体模型之间的关系

3.3.2　磁流变液的磁化颗粒模型

还有一大类的磁流变液模型是非连续性模型，特点是把磁性颗粒和连续相分开考虑，核心是磁性颗粒间的作用力。典型的磁流变液由微米级软磁性颗粒、非磁性的载液和添加剂三部分组成，以此为对象，相应的被广泛接受的理论是颗粒磁化模型 (particle magnetization model)[1]，也称为磁偶极子模型。在有外加磁场时，此

模型同时忽略颗粒间的多体磁作用 (multibody magnetostatic interactions)，只考虑单链中相邻的磁性颗粒间的相互作用，并忽略多重磁畴的微米级磁性颗粒内部的多方向极化，将单个磁性颗粒简化成磁偶极子，进而可以得到在线性磁化区域中一个独立的磁性球状颗粒的磁矩：

$$m = 4\pi\mu_0\mu_{\mathrm{cr}}\beta a^3 H_0 \tag{3.6}$$

$$\beta = (\mu_{\mathrm{pr}} - \mu_{\mathrm{cr}})/(\mu_{\mathrm{pr}} + 2\mu_{\mathrm{cr}}) \tag{3.7}$$

式中，μ_0 是真空磁导率 ($4\pi\times10^{-7}$ T/mA)，μ_{cr} 是载液的相对磁导率，β 是无量纲的磁导率耦合参数，a 是球状颗粒半径，H_0 是磁场强度，μ_{pr} 是磁性颗粒的相对磁导率。当颗粒达到饱和磁化状态的时候，本身的磁矩独立于磁场强度，表达式变为

$$m = \frac{4}{3}\pi\mu_0\mu_{\mathrm{cr}}a^3 M_{\mathrm{s}} \tag{3.8}$$

其中，M_{s} 为颗粒的饱和磁化强度。

参数 λ，作为一个除了磁性颗粒的体积分数之外也与流变性能相关的参数，常被引入用于表征在线性区间里相邻的两个颗粒之间的磁性相互作用能和热能 (即布朗运动) 的比值：

$$\lambda = \frac{\pi\mu_0\mu_{\mathrm{cr}}\beta^2 a^3 H_0^2}{2\kappa_{\mathrm{B}}T} \tag{3.9}$$

当 $\lambda \gg 1$ 时，磁相互作用远大于布朗运动，此时颗粒就会沿磁场方向进行排列形成有取向的微结构；当 $\lambda \ll 1$ 时，则是布朗运动主导，颗粒呈现随机分散。当磁流变液流动时，还有一个无量纲参数 Mn(Mason 数) 也会被纳入考虑范围，其表达的是作用于颗粒上的流体力学阻力与静磁力的比值：

$$Mn = \frac{8\eta_{\mathrm{c}}\dot{\gamma}}{\mu_0\mu_{\mathrm{cr}}\beta^2 H^2} \tag{3.10}$$

其中，η_{c} 为连续相的黏度 (continuous phase viscosity)，$\dot{\gamma}$ 为剪切应变率 (the magnetitude of the shear rate tensor)。

由于大多数模型都没有涵盖足够的复杂实际条件，只能在磁性颗粒含量较低的情况时可以较好地预测屈服应力，与实验结果存在较大误差。宏观上，在没有磁场施加时，磁性颗粒在基质中随机分布，主要为布朗运动；有磁场施加时，会由于磁性相互作用沿磁场进行有序排列，并随着磁场的增大进而形成线状和柱状结构 (图 3.4)。

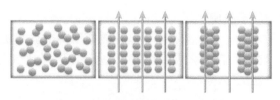

图 3.4　磁流变效应机理示意图

从左往右磁场强度依次增大，箭头为磁场方向示意

最近发现，当软磁性颗粒为一维结构时，磁流变效应会大大增强。例如，当使用棒状磁颗粒时，无论是理论计算还是实验数据都显示磁流变液的动力学稳态 (dynamic regimes) 和恒稳态 (steady regime) 会增大 [8-10]。与此同时，磁场强度与剪切屈服强度的关系也是研究磁流变液的一个关注点。普遍被接受的唯象模型是指数模型，换言之，剪切屈服强度与磁场强度之间是指数关系。在较小的磁场强度下，剪切应力的表达式为

$$\tau_y = \sqrt{6}\phi\mu_0 M_{\rm s}^{1/2} H_0^{3/2} \tag{3.11}$$

其中，ϕ 为磁性颗粒的体积分数。磁场使颗粒达到饱和磁化状态时的表达式为

$$\tau_y = 0.086\phi\mu_0 M_{\rm s}^2 \tag{3.12}$$

此单颗粒链颗粒磁化模型假设材料发生剪切形变时，颗粒链会随之映射变形。换言之，变形前后的颗粒链中任何相邻的磁性颗粒之间的距离是相等的，极大地简化了屈服应力的推导过程。

在磁流变液体系中，除了磁流变效应备受关注，磁性颗粒的分散性也备受关注。根据扩展 DLVO 理论 (命名来自 Derjaguin, Landau, Verwey 和 Overbeek)，颗粒在分散介质中会受到空间位阻排斥力、范德瓦耳斯力和双电层排斥力的作用。但由于磁性颗粒与载液之间的密度差，颗粒的沉降性问题成为磁流变液应用上的一大阻碍。为了保证磁流变液的良好性能，颗粒的分散需要同时满足充分分散的动力学条件和热力学条件：充分分散的动力学条件指的是通过外加物化手段提供充分分散的能量，充分分散的热力学条件是通过调整颗粒尺寸和表面电势增加能量势垒高度并降低势阱 [11]。由于磁流变液涉及磁、力、热等多种场的耦合，目前机理研究多针对特别条件并简化次要因素，或者利用数值计算的方法来研究演化过程，尚无人能够建立贴近真实情况的复杂因素同时描述多种激励响应行为的复杂模型。

3.3.3　磁流变液的工作模式

磁流变液的工作模式可大致分为三种 (图 3.5)：阀模式 (valve mode)，也称压力驱动流动模式 (pressure flow driven flow mode)；直接剪切模式 (direct shear mode); 挤压模式 (squeeze mode), 也称双周拉伸流动模式 (biaxial elongational flow mode)[12]。

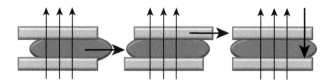

图 3.5 磁流变液工作模式

从左到右依次为: 阀模式、直接剪切模式和挤压模式。细箭头示意磁场方向, 粗箭头示意相对位移对象及方向

如图 3.5 所示, 磁流变液处于上下两块极板之中, 磁场垂直于极板作用于磁流变液。因为存在压力差, 阀模式中磁流变液被压力驱动, 上下两个极板间没有相对移动。所施加的磁场引起了磁流变效应, 由此改变了磁流变液的黏度。通过控制磁流变液的黏度变化, 就能控制磁流变液在空间中的流动。这个工作模式压降为磁流变液与磁场无关的黏性分量 (ΔP_{r}) 和磁场引起的屈服应力分量 (ΔP_{mr}) 之和。

$$\Delta P = \Delta P_{\mathrm{r}} + \Delta P_{\mathrm{mr}} = \frac{[12 \cdot \eta \cdot Q \cdot L]}{[g^3, w]} + \frac{[f \cdot \tau_{mr} \cdot L]}{g} \tag{3.13}$$

其中, L, w, g 分别是磁流变液通道的长、宽、间隙; Q 是流速, 单位是 m^3/s; η 是磁流变液的黏度 (dynamic viscosity), 单位是 $\mathrm{Pa \cdot s}$; f 是经验系数, 由实验结果决定, 例如, 当 ΔP_{mr} 与 ΔP_{r} 比例约为 100 时, 为 3; 当 ΔP_{mr} 与 ΔP_{r} 比例小于 1 时, 为 2。在此基础上, 获得磁流变效应所需的最小磁流变液体积可以通过给定流速和压降计算得到:

$$V = L \cdot w \cdot g = \left[\frac{12}{f^2}\right] \frac{\eta}{\tau^2} \left[\frac{\Delta P_{\mathrm{mr}}}{\Delta P_{\mathrm{r}}}\right] Q \cdot \Delta P_{\mathrm{mr}} \tag{3.14}$$

阀模式最著名的应用就是汽车工业中的减震器阻尼元件, 这也是磁流变液在此领域的第一个商业应用 [13]。减震器是一种用以中和动能力和减轻撞击的装置, 磁流变液的减震器会通过控制磁场强度来控制其中包含的磁流变液。使用阀模式的磁流变液减震器通常是一个带有活塞的气缸形状, 而磁流变液则处于缸体的支路或者孔洞中。阀模式的磁流变液减震器又可以从结构上分为单端活塞连杆式 (single-ended piston-rod type) 和两端活塞连杆式 (double-ended piston-rod type) 两种。单端活塞连杆式磁流变液减震器主要应用于越野车辆的系悬挂元件或者重型车辆的座椅悬架等半主动振动控制系统, 埋入活塞中的线圈负责提供磁场以调整减震器中磁流变液的阻力。两端活塞连杆式结构多用于长行程减震器, 磁流变液多处于缸体的支路中, 由于震动过于强烈, 磁流变液在此应用中会处于流动变形状态 (viscous behavior)。

直接剪切模式，也简称为剪切模式。在这个工作模式中，极板间的磁流变液没有额外的压力驱动，是上下两个极板发生在垂直于磁场方向的相对位移，磁流变液由此产生剪切阻力，此阻力与阀模式几乎一样，是流体自己的黏性力分量 (F_r) 和磁场引起的屈服力分量 (F_{mr}) 之和：

$$F = F_r + F_{mr} = \frac{[\eta \cdot S \cdot A]}{g} + \tau \cdot A \tag{3.15}$$

其中，S 为两个极板之间的相对速度，单位是 m/s；η 是磁流变液的动态黏度，单位是 Pa·s；A 是工作界面面积，也就是磁流变液的通道尺寸，即磁流变液通道的长宽之积。此时能产生磁流变效应的最小磁流变液体积为

$$V = L \cdot w \cdot g = \left[\frac{\eta}{\tau^2}\right] \left[\frac{[F_r]}{[F_{mr}]}\right] \cdot F_{mr} \cdot S \tag{3.16}$$

直接剪切模式的典型应用是连接和传递两个部件之间的力矩，例如，汽车工业中的离合器和制动器。主动减震客车悬架系统中的旋转减震器就是使用的剪切模式磁流变液，也有人把剪切模式磁流变液应用在直升机的转子系统的滞后模式阻尼器中。

挤压模式指的是极板沿平行于磁场的方向做相对运动，减小或增大了上下两个极板之间的距离，进而对通道中的磁流变液产生挤压，形成挤压流 (squeeze flow)。在这个模式中，起作用的力与磁场方向平行，也与颗粒形成的柱状结构同向。正因如此，使用挤压模式的器件中仅有微小的磁流变液流动，甚至没有流动。而整个器件表现出来的工作效果与羟基碳链自身的机械强度有更紧密的联系，而不像之前提过的两种模式跟磁流变液的黏度变化紧密相关。挤压模式在一些小振幅的防震器上有所应用 [14]，比较有特色的应用是在锁定装置上。锁定装置的构造也很简单，就是一个充满磁流变液的缸中有个小圆盘，Lord 公司有相关产品。也有人测到此模式下屈服应力可高达 1500 kPa[15]，效用高于另两种模式数十倍。这有可能是因为这种工作模式可以同时提供压缩应力和拉应力。极板位移小但阻力巨大，所以此种模式应具有相当大的研究价值和应用前景。

近年来，有人提出一种新的工作模式叫磁性梯度夹点模式 (magnetic gradient pinch mode)[16]，被某些研究者归纳为第四种工作模式。虽然其独特之处在于磁场的不均匀分布，但由于上下两极板无相对移动而且磁流变液流动于通道之间，笔者认为此工作模式属于阀模式的改良，又鉴于其应用稀少，故不赘述。工作模式可以单独或者多种合并应用于实际的产品开发中，之后的章节会详细讨论。接下来我们介绍生产生活中的第一步：磁流变液的制备。

3.4 磁流变液的种类和合成方法

磁流变液由 Rabinow 在 20 世纪 40 年代研发,并于 1948 年申请美国专利。经过多年发展,磁流变液已然成为一个大家族。当今的磁流变液主要分为三种:经典的磁流变液 (conventional MRF);反相磁流变液 (inverse ferroluids),又称磁性洞 (magnetic holes);磁性乳浊液 (ferrofluid emulsions)。

经典的磁流变液由三部分组成:软磁性颗粒、低磁导率载液和添加剂。其具有较强的磁流变效应,但沉降问题也很严重,极大限制了磁流变液的实际应用。沉降是由磁性颗粒与液体相之间的密度差导致的,极大的密度差使得颗粒在重力的作用下下沉,而一旦沉降便会影响分散,进而影响磁流变效应。由于地球上所有的物体都逃不过重力的作用,如何改善磁流变液的沉降问题就显得尤为必要了。

磁性颗粒作为磁流变液最基本的组分,其材料的选择和制备也成为多年来的热点课题。

3.4.1 磁流变液的颗粒

制备磁流变液的软磁性颗粒,也就是分散相,一般有羰基铁粉 (carbonyl iron)、Fe_3O_4、钴粉、铁钴合金及镍锌合金等。其中羰基铁粉具有高饱和磁化强度 ($\mu_0 M_s = 2.1$ T) 和低矫顽力,同时也是工业生产中纯度最高、球形外观最好的铁粉,呈深灰色粉末,成为在磁流变液中应用最为普遍的磁性颗粒。除了在磁流变液中的应用,羰基铁颗粒也是生产高品质粉末冶金制品的原料,还能作为金刚石工具和砂轮优良的黏结剂及食品铁添加剂等。下面我们来介绍一些关于这种应用最普遍的磁流变液颗粒的相关知识。

3.4.1.1 羰基铁粉的基本介绍

19 世纪,科学家发现元素周期表中某些过渡族元素,比如 Fe、Ni、Co 等,能与一氧化碳反应生成羰基化合物,经过后续的热分解能得到纯度极高的粉末。其中的先驱者、羰基金属之父 [17],英国籍德裔犹太人化学家 Ludwig Mond (1839—1909) 几乎终生致力于发展化工技术。他跟助手 Carl Langer 和 Friedrich Qnincke 在 1890 年 [18] 从矿石中通过自创的蒙德法 (Mond process) 提取和纯化得到了羰基镍,这在当时是一种从未见过的化合物,也是人类历史上第一次发现的金属羰基化合物。之后他们尝试用这种方法得到其他种类的金属羰基化合物,其他科研团队也被这激动人心的发现吸引而来。1891 年 6 月 15 日,羰基铁被成功合成,发现者是 Marcellin Berthelot,14 天后 Mond 团队也宣布成功得到羰基铁 [19]。1924 年,羰基铁实现了工业化生产。现在世界上生产羰基铁粉的巨头有德国巴斯夫股份有限公司 (Badische Anilin-und-Soda-Fabrik,BASF) 和美国 GAF 材料公司 (GAF

Materials Corporation) 等, 一般的基础研究实验团队倾向于购买这些公司生产的高品质羰基铁粉进行实验。1958 年, 我国开始在化工部北京化工研究院开展羰基铁粉的研究和小批量生产, 在 60 年代将其转给兴平化肥厂成功进行了工业化生产, 并终于在 80 年代末期核工业八五七厂利用军工技术形成一定生产力[20]。现在国内的羰基铁粉生产企业遍地开花, 但普遍规模较小。放眼全球, 还是巴斯夫公司处于羰基铁粉的垄断地位, 它不仅拥有全世界最先进、最大的羰基铁粉生产线, 还拥有标准制定权和定价权。而我国本土的羰基铁粉生产企业相对而言处理工艺落后、耗能较高, 仍有漫长的探索发展之路要走。

除了激光和交变磁感应气相沉积法等制备特小尺寸的羰基铁粉的小量生产外, 高压气相合成法和中压气相合成法是现在通常所知的羰基铁粉的两种工业制备方法, 其中高压气相合成法是羰基铁粉目前最主流、最成熟的生产工艺, 巴斯夫公司和我国国内所有厂家都使用这种方法生产。高压气相合成法的基本原理是一个可逆反应, 并可以因此分为高压合成和热分解制粉两步, 如图 3.6 所示。

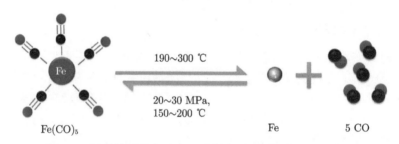

图 3.6　羰基铁粉的高压合成和热分解制粉的化学反应原理

羰基铁粉的高压合成原料一般是经过球磨处理成粉状的海绵铁或氧化铁鳞, 经过 700~750 ℃的条件被氢气还原后装入合成反应釜。合成反应釜被加热到 150~200 ℃, 通过高压压气机加压的一氧化碳气体被导入反应釜, 反应釜内部气压达到 20~30 MPa, 发生合成反应。为了加速反应节约成本, 催化剂如氨气、硒和硫等可以酌量添加到反应釜中。高压合成反应会消耗大量体积的一氧化碳, 也就是减容反应, 为了使反应的平衡尽可能向产物移动, 添加一氧化碳能保证反应浓度, 所以较高的一氧化碳压力有利于产物生成, 及时转移走产物同样有此功效。过高的反应温度会导致副反应产物碳生成在铁的表面, 影响铁的利用率。另外, 一氧化碳气体中的氧气含量也要注意, 过量的氧气会导致铁被氧化和碳化, 同样影响了产率。排除多余的一氧化碳后, 合成反应的产物五羰基铁经过减压冷却会变成液体。五羰基铁是一种有土腥味的油状液体, 沸点 103 ℃, 密度比较接近于水, 可溶于汽油、乙醚等非极性溶剂。这种明黄或橙黄色的液体并不非常稳定, 虽然可以储存并作为商品售卖, 但容器需要避光, 同时容器里还需要充满一定压强的一氧化碳。其在

60 ℃时就有微分解, 155 ℃时分解率会明显增加。五羰基铁在空气中如果受到震击容易发生爆炸和燃烧, 在紫外线 (UV) 或自然光照射下会发生歧化反应, 生成较稳定的紫黄色三斜结晶体 $Fe_2(CO)_9$ 和一氧化碳。

高压气相合成法的第二步是五羰基铁的热分解, 这是一个吸热反应。单看这个反应, 一旦单质铁生成 (最开始出现的纳米级小颗粒被称为铁核), 其周围的温度会降低, 同时一氧化碳的浓度升高, 使平衡向反方向移动, 从而反应减慢。然而在现实中, 神奇的是后续反应, 在铁的催化下, 一氧化碳歧化反应生成二氧化碳和碳, 反而降低了一氧化碳的浓度, 而且这个反应是放热反应, 转而可以给五羰基铁的热分解提供能量, 五羰基铁的热分解平衡得以正向移动。不过生成的碳会被吸附在铁的表面, 阻止了铁的催化, 于是这个消耗一氧化碳生成碳的反应又慢下来, 然后五羰基铁热分解生成铁的反应再度快起来, 生成铁和生成碳的两个反应形成一个交替的循环。因为这种独特的交替生成, 铁核慢慢长大, 所以高压气相合成法得到的羰基铁粉都是洋葱似的分层结构, 颗粒尺寸越大, 层数越多。五碳基铁的分解一般是在一个燃气螺旋式加热或者壁热式电加热的立式圆筒体热解炉中进行的。汽化的五碳基铁从筒顶的中心导入热解炉, 由低温区向高温区运动, 在 190~300 ℃的高温中完成羰基铁粉末的形成。在合理范围内, 五碳基铁气流越大, 羰基铁粉颗粒越小; 温度越高, 羰基铁粉颗粒越小。这是由于铁核形成多、碰撞概率小和热区停留时间短。反之操作, 反应温度越低, 五碳基铁气流越小, 则颗粒尺寸越大。颗粒尺寸与温度变化最明显的区间是 190~210 ℃。不过在低于 190 ℃时, 羰基铁粉的尺寸反而随着温度的降低而减小。有些时候还会对生产出的羰基铁粉再次进行氢气还原其表面, 进一步提高铁的质量分数。经过还原的羰基铁粉被称为软粉, 没有经过这步处理的硬度稍高, 称为硬粉。

中压气相合成法是现在羰基铁工业生产的新方向, 主要目标是通过相对低的压力要求大大降低生产成本。大致的生产步骤与高压气相合成法雷同, 海绵铁首先需要在 300~500 ℃下被氢气还原, 这一步骤比高压气相合成法对应的 700~750 ℃要低很多。与高压气相合成法雷同, 需要将还原过的海绵铁加入合成釜进行反应。反应结束后用热氮气置换消毒釜内残渣, 排出气体导入焚烧炉进行燃烧处理, 同时回收热量。当氮气消毒完成时, 打开卸料口, 排出釜内残渣, 然后进入下一循环。这种生产方法压力要求低, 只需 7~9 MPa, 对比高压气相合成法的 20~30 MPa, 可以大大节省能源和设备的成本。与此同时, 中压气相合成法所需时间只有高压气相合成法的一半, 也就是 60 小时每反应釜, 可以大大节约时间和人力。反应中的 CO 能循环利用, 也是降低成本的一个途径。

一般而言, 工业生产的羰基铁粉颗粒纯度高、活性大, 特别是加氢气的羰基铁粉的氢损值 (粉末中含有可被氢还原的氧化物, 在氢气流中加热时被氢还原, 失去氧使其质量减少, 失去的质量就是氢损值) 很小。羰基铁粉尺寸范围较宽, 如果需要缩小尺寸范围,可在后续加入流态化分级等工艺进行筛选。羰基铁粉除了单一颗粒的产品外,还有少量的"双胞胎"和"多胞胎"团粒,团粒也可能是由于长时间存放羰基铁颗粒发生的自动团聚。通过适度的球磨可以有效地粉碎这些团粒,从而保证羰基铁粉的品质。长期以来,我国一直重视并支持发展生产高品质材料,1997 年公布的《国家高新技术产品目录》中的"03 新材料 0301 金属材料"提到了"030101 高纯金属材料、030102 超细金属材料、030110 磁性材料、030113 金属纤维及微孔材料、030118 特种粉末及粉末冶金制品",无疑是羰基铁粉符合的对象。现在国内生产羰基铁粉的厂家遍地开花,欣欣向荣,与政策的支持密不可分。由中国科学院兰州化学物理研究所和吉林某公司承担的中科院东北振兴行动计划重点项目"中压法羰基铁粉生产技术"已经完成 2000 t 生产装置,并已投入正常工业化生产 [21]。我国在羰基铁粉生产工艺的开发上紧追国际前沿,虽然现在仍需大量探索,但羰基铁粉属于高新技术产品,符合国家产业方向,在相关政策的支持下前景一片光明。

羰基铁粉制备简易,成本低,现今已有大量商业生产的羰基铁粉可以购买,国内四川、上海、广东等地均有大量商家。羰基铁粉的应用最为普遍,这跟其突出的磁性和制备简易密不可分。可是羰基铁粉的沉降问题也尤为严重,有些研究团队致力于寻找新型材料种类或者尝试制备非球形形态的颗粒以改善沉降,有些则致力于改造现有材料以增强颗粒的分散性。

3.4.1.2　复合型磁性颗粒

除了单一成分的软磁性颗粒之外,最近专家采用以下新技术制备出复合软磁性颗粒。

第一类是用化合物包覆铁粉。该方法可以减小软磁性颗粒的密度,改变表面性质,增加颗粒的表面积,提高所制备磁流变液的沉降稳定性和再分散性。常用的包覆物多数是有机聚合物,比如聚苯胺、聚碳酸酯和聚苯乙烯。也有人使用无机物,如氧化锆和磷酸盐。有研究组用聚甲基丙烯酸甲酯 (PMMA) 包覆羰基铁粉制备出复合磁性颗粒。也有小组以羰基铁粉为原料,用聚乙二醇包覆羰基铁粉颗粒,可以明显改善磁流变液的沉降情况。氯甲酸胆固醇酯包覆的羰基铁粉分散在硅油中制得的磁流变液的沉降速度也很低,可见以有机物或无机物包裹铁粉确实是一种有效改善磁流变液稳定性的方法。

常用的包覆方式包括:直接混合颗粒与包覆物,利用它们之间的物理吸附完成包覆;也可以把磁性颗粒加入反应体系中,比如聚合物会直接在磁性颗粒表面进行聚合,从而得到包覆层。虽然这种方法制得的磁流变颗粒的平均密度变低了,但若想通过加厚包覆层以进一步减小平均密度,则会过多减小颗粒的平均磁饱和度,反而大大减弱了磁流变效应,这样就得不偿失了。

第二类则用软磁性颗粒包覆非金属材料。该方法能最有效地减小颗粒的密度，同时有效避免氧化，提高所制备磁流变液的沉降稳定性。比如有人以聚合物为核，以氧化铁颗粒为壳，制备出理想的球形颗粒。还有研究者利用瓜尔胶 (guar gum) 作为包覆层与载液形成触变结构，可以辅助支撑磁性颗粒的悬浮与成链。这样的磁性颗粒可以拥有非常小的密度，因为它只有外层才是高密度的金属，但过于少的磁性成分意味着更小的磁饱和强度，牺牲的是磁流变效应的强度。

第三类倾向于用其他颗粒包覆软磁性颗粒。该方法可以增强颗粒的磁饱和强度，进而增大所制备磁流变液的屈服强度。有研究组成功用化学镀的方法在羰基铁粉表面包覆一层镍粉。也有人把纳米颗粒包覆在铁粉上改善沉降。有些案例中，直接包覆并不能成功，这时候便需要利用嫁接剂，比如氨基苯甲酸 (PABA) 作为活性嫁接剂连接羰基铁粉与碳纳米管。嫁接剂的使用可以使包覆更加均匀高效，但由于嫁接剂用量很小，其剂量的控制尤其关键。过少的嫁接剂不能保证包覆成功，但过多的嫁接剂一样不能，所以对于嫁接剂用量的控制加大了这种工艺的难度。不过更普遍的情况是把纳米级颗粒作为添加剂加入磁流变液中，既能填充微米级颗粒之间的空隙，避免磁性微粒直接接触发生聚沉，还能适度改变磁流变液的黏度。

对比以上几种颗粒，羰基铁粉是制备磁流变液常用的软磁性颗粒，目前商品化的磁流变液大多采用普通羰基铁粉制备，颗粒体积分数可以高达 50%，但采用聚合物包覆的羰基铁粉是目前各国专家研究的热点。

微米级磁性颗粒由于是多畴磁性颗粒，所以具有较高的磁饱和度，一旦处于外加磁场中会有较强的相互作用，进而有很强的磁流变效应。但为了改进沉淀稳定性以及颗粒磁性，相对于广泛应用的微米级球状磁性颗粒，更小尺寸的磁性颗粒的研究也受到了相当的关注 [22]。此外，棒状或线状等非传统球形的磁性材料也被认为是改善沉降性和磁流变效应的有效手段 [23]。比如笔者研究组将镍作为磁流变颗粒进行研究 [5,24]，寻求一种非铁及铁氧化物的磁流变液材料。镍纳米线和镍纳米球均是由氯化镍在乙二醇环境中被联氨还原所得，可以通过控制合成的温度、浓度、表面活性剂等条件简易地控制形貌大小。以镍纳米线和与镍纳米线的直径相同的镍纳米球制成的相同体积分数的磁流变液作为研究对象，进行精准的比较，可以得到镍纳米线磁流变液的抗沉降性能大大高于镍纳米球磁流变液的，而且镍纳米线磁流变液的磁流变效应也相对增强很多。

3.4.2 磁流变液的载液

载液是软磁性颗粒所能悬浮的连续媒介，也称连续相，是磁流变液的重要组成成分。如硅油、合成油、矿物油、水、石油烃油、润滑油、液压油、聚酯、聚醚、石蜡油和乙二醇等液体都可以作为载液，也可以使用两种或更多种的液体混合作为连续相。其基本要求是非易燃、温度稳定性好、污染小和成本低。载液必须有化学惰性,不能与磁性颗粒和添加剂发生反应,也不能对缸体设备有腐蚀和磨损。为了保证磁流变液在无磁场状态时的流动性,载液的黏度最好比较低。虽然水是最廉价的载液,但大多数磁流变液的载液并不是水,这是因为载液的种类的选择也决定于磁流变液的应用场合。比如水作为载液的磁流变液常应用于磁流变液抛光设备,而高黏度的润滑油可以解决振动控制器中的沉降问题,低黏度的硅油则多用于大功率磁流变液阻尼器中。乙二醇作为一种剪切增稠的液体,含有它的磁流变液触变性能有利于减振器和故障安全系统。离子液体作为载液的磁流变液可以在高真空度和高温环境下工作,因为它具有极低的蒸气压和可燃性。也有研究者使用高黏度的线性聚硅氧烷 (HVLP) 作为载液以提高磁流变液的稳定性。

除了之前列举的常见载液类型外,科学家也积极探索更多种类的液体,也有研究组尝试用胶体作为载液,制备出一种磁流变弹性体,或者以聚合胶体为载液制备出了一种磁流变聚合胶体。

3.4.3　磁流变液的添加剂

生活中常常能见到的润滑油是最常见的磁流变液添加剂之一。添加剂包括分散剂和防沉降剂等,其作用主要是改善磁流变液的沉降稳定性、再分散性、零场黏度和剪切屈服强度,但过多的添加剂会影响磁性颗粒在外加磁场中的反应。分散剂主要有:油酸及油酸盐、环烷酸盐、磺酸盐 (或酯)、磷酸盐 (或酯)、硬脂酸及其盐、单油酸丙三醇、脂肪醇、二氧化硅等。防沉降剂主要有:高分子聚合物、亲水的硅树脂低聚物、有机金属硅共聚物、超细无定形硅胶以及有机黏土和含氢键的低聚物这种纳米级的细小物质等。白炭黑 (fumed silica) 也作为添加剂被普遍应用于磁流变液中。白炭黑纳米颗粒可以在载液中形成氢键,在剪切作用下的断裂与复合产生触变效应,从而改良磁流变液的沉降。此外,用纳米级的磁性颗粒 (比如 $Co\text{-}\gamma\text{-}Fe_2O_3$ 或者 CrO_2) 作为添加剂,也可以改善磁流变液的沉降稳定性。这是因为纳米颗粒可以填充在微米级颗粒的间隙中,既能像二氧化硅微粒一样阻碍微米颗粒直接接触造成聚沉,还可以因为自身微弱的磁性在有外磁场时微米颗粒形成的柱状结构之中填充,使得磁流变效应增强。有研究组利用脂肪酸作为添加剂研究羰基铁粉磁流变液的磁流变效应,发现饱和脂肪酸比不饱和脂肪酸更利于分散铁粉,同时饱和脂肪酸更不容易被氧化。而在各种不同碳链长度的饱和脂肪酸里,长链饱和脂肪酸比短链饱和脂肪酸更能增强磁流变效应。例如,在十八烷酸 (硬脂酸)、十六烷酸 (软脂酸、棕榈酸)、十四烷酸 (肉豆蔻酸) 和十二烷酸 (月桂酸) 里,硬脂酸作为添加剂的磁流变液拥有最强的磁流变效应,其屈服应力在磁场强度为 $362\ kA/m$ 时提高到没有添加剂磁流变液的 22 倍,同时稳定性也能大大提高 [6]。需要注意的是,长链饱和脂肪酸的链长并不是越长越好,因为碳链越长,饱和脂肪酸在常温下越可能是固体,反而影响它的使用。

3.4.4 反相磁流变液与磁性乳浊液

　　反相磁流变液和磁性乳浊液最大的特征是颗粒的尺寸远小于传统磁流变液 (图 3.7)。反相磁流变液是将非磁性的颗粒分散在磁性载液中制成的 [25]。磁性液体 (magnetic fluids)，也称为铁流体 (ferrofluids)，指的是全部使用纳米尺寸的铁磁性颗粒作为分散相制备而成的体系。每个纳米磁性颗粒仅包含单一磁畴并由于布朗运动可以具有极为良好的稳定性。在外加磁场时，铁磁流体中的微小磁性颗粒可以与非磁性颗粒结合形成类凝胶的网状，进而增强磁流变效应。由于有大量可选择及调控的非磁性颗粒，对应地也存在很多修饰的方案，反相磁流变液具有相当大的可调性，并且铁流体作为药物载体在医疗方面有着巨大潜力 [26]。但此种磁流变液即使在很强的磁场下仍然不能具有很高的屈服应力，总体磁流变效应偏低，离实际生产尚有很大距离。但由于铁流体的良好流动性，其在微流控中有着较大的潜力，因为此时并不需要高强度的屈服应力且铁流体能很好地适应微流控狭小的通道而不容易阻塞。另一方面，作为一种衍生自铁流体的体系，磁性乳浊液具有离散、分离和磁性转运反应物等能力，因此在微流控等领域有着多种应用。磁性乳浊液是由两种互不相溶的液体组成，其中一种须具有磁性。传统的制备方法是剧烈搅拌两种液体，然后通过多次提纯和分离得到单一分散的产物。有人将事先制备的粗分散乳液注入剪切乳化搅拌机 (couette mixer)，通过控制剪切，再在磁场下进行筛选得到单一尺寸分散的磁性乳浊液。有研究组则通过微流控制备的方式，利用 T 型结构 (T-junction) 和流动汇聚型 (flow-focusing) 提出了简易可控的磁性乳浊液制备法。

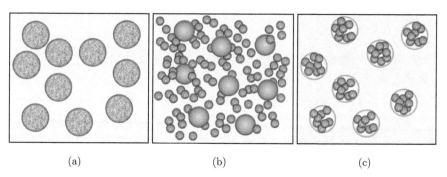

(a)　　　　　　　　　　(b)　　　　　　　　　　(c)

图 3.7　磁流变液的分类示意图：(a) 经典的磁流变液；(b) 反相磁流变液；(c) 磁性乳浊液

　　反相磁流变液和磁性乳浊液都因为其良好的分散性和较小的磁流变效应在微流控等不需要巨大屈服应力的领域有着广阔的应用前景，属于 "精细的应用"。但正因为无法提供巨大的屈服应力，目前它们的商业应用发展远不及传统磁流变液以阻尼器、减震器等为主的应用。

3.5　磁流变液的表征

　　研究新型磁流变液或者对现有磁流变液的改良与质检都绕不开对磁流变液的表征，表征测量所得的基本信息有助于我们了解样品的特性，而且有利于进一步探索磁流变液的发展。磁流变液表征中最重要的自然是对其流变性的测量，尤其是磁流变效应的大小更是研究者们的重点关注对象。除此之外，磁流变液中磁性颗粒通常在磁流变效应中有着不可或缺的作用，极大地影响着磁流变液的功能，所以这些磁性颗粒本身也常常作为单独的研究对象被表征。虽然载液性质比如黏度也是影响磁流变液性质的重要因素，但由于研究者们通常使用商业购买的现成液体，并不是研究的重点。磁性颗粒的表征仪器通常是扫描电镜和振动样品磁强计。对于制备好的磁流变液，则需要对其流变性和沉降进行必要的评估。下面我们来介绍磁流变液表征的常用仪器和其相应的各项实用知识。

3.5.1　磁流变液颗粒的表征

　　磁流变液颗粒在磁场下的行为直接影响到磁流变液的磁流变效应，相当一部分的研究团队致力于通过研究新型的磁流变液颗粒以得到性能改善的新型磁流变液。一般磁流变液的颗粒制备后，需要进行形貌和磁性为主的表征。其中使用最广泛的就是扫描电镜和振动样品磁强计，部分研究者也会用到透射电镜对材料进行更深入的观察。

3.5.1.1　扫描电镜与透射电镜

　　1898 年，电子被发现，由此产生的更多科学发现奠定了电子显微镜发明的基础。扫描电镜与透射电镜同属于电子显微镜，而电子显微镜发明的初衷就是突破光学显微镜的分辨率极限，观察更微小的研究对象。扫描电镜全称扫描电子显微镜 (scanning electron microscope, SEM)。扫描电镜和透射电镜的理论基础主要是波粒二象性和磁场中电子的运动，1932 年，德国柏林工业大学研制成功了世界上第一台扫描电镜，之后使用这台扫描电镜获得了一万倍的放大图像。

　　人眼能看清物体是因为能感应到光的强度和波长的差异，这种差异被称作反差或衬度。分辨率指的是能分辨的两点之间的最小距离，因为分辨率取决于照明源的波长，所以成像的分辨率约等于波长的一半。分辨率的计算公式是

$$d = \frac{0.61\lambda}{\mathrm{NA}}, \quad \mathrm{NA} = n\sin\frac{\theta}{2} \tag{3.17}$$

其中，λ 是入射的光源波长，NA 是数值孔径，n 是折射率，θ 是孔径角。对于光学显微镜而言，人眼的可见光波长为 400~700 nm，那么光学显微镜的分辨率只能大于 200 nm，而我们人眼的分辨率极限大约是 0.2 mm。所以光学显微镜最大的有效

放大倍数是 0.2 mm 除以 200 nm，也就是 1000。仅仅使用可见光的话，探索小于 200 nm 的细节或样品是不可能的。那么可不可以通过换一种波长更小的 "光" 来使得显微镜看到更微小的东西呢？此时电子因为其明显的波粒二象性让科学家们意识到，可以把电子束当成一种 "光束" 来使用。基于 1924 年法国物理学家德布罗意提出的运动粒子具有波动性的理论，研究发现电子束具有波动而且加速电压在 100 kV 的时候电子波长只有可见光的十万分之一。电子的波长与其能量相关，电子的能量越大，波长越短。用电子束当 "光" 便能突破传统光学显微镜的壁垒，极大地提高有效放大倍数，看到更微小的东西。之后扫描电镜的制造被不断完善，20 世纪 80 年代之后各项性能飞速提高，为科研工作提供大量助力。扫描电镜分辨率较高，放大倍数可变范围大，衬度高、景深大富有立体感，特别适合表面形貌的捕捉，与其他配件 (如 X 射线能谱仪) 结合更可以进行多功能的分析。扫描电镜的分辨率主要与两个因素相关：①电子束在样品中的散射。电子束打到样品上时，会由于散射扩散成梨状或半球形。散射程度取决于材料本身的原子序数和电子束自身的能量，原子序数越小、电子束能量越大都能使电子束作用体积更大。②电子束斑的大小。入射电子束斑的直径就是一台扫描电镜的分辨本领的极限。之前提过的景深指的是一个透镜对于样品的高低不平的各部位能同时聚焦成像的范围，景深大意味着立体感强。扫描电镜的景深约是透射电镜的 10 倍，比一般的光学显微镜大了 100～1000 倍。

扫描电镜的信号种类主要是由电子束接触样品后形成的二次电子和背散射电子。二次电子是被入射电子轰击出来的样品核外电子，反映的是样品的上表面形貌，分辨率较高。背散射电子是由样品的原子核反弹回来的部分入射电子，因为与原子序数有明确关系，其反映的是成分形貌，也就是原子序数越大的地方越亮、原子序数越小的材料越暗，但是图像分辨率较低。对于磁流变液颗粒的扫描电镜研究一般着重于其表面形态的分析，使用的是二次电子图像，在适合的明暗度和对比度下能呈现非常精致的图像。二次电子的能量较低，小于 50 eV，这也使得只有样品表面浅层 (5～10 nm 深度) 的二次电子才能离开样品被仪器收集，这也是二次电子图像分辨率高的重要原因。影响二次电子产额的主要因素有：二次电子的能谱特性、入射电子的能量、材料的原子序数 (原子序数大于 20 后变化不明显) 以及样品的倾斜角。简单地记就是，"弹" 出的电子越多的地方在图像里越亮。突出的地方的二次电子更容易 "弹" 出，所以突出比凹陷亮；原子序数大的金比硅 "弹" 出的电子更多，所以金的材料比硅的材料更亮。不少初学者会疑惑的是，为什么文献中的扫描电镜图像多为黑白但极少数又是彩色的。这是因为我们常说的色彩来自不同波长的可见光，而电子束的波长本身并不在可见光的波长范围内，电镜的成像机制是衬度的形成机制，所以不可能还会得到彩色图像。扫描电镜的彩色图像是研究者在获得图像后自己处理额外添加的颜色，用以在复杂体系中进行更明显的示意说明, 所以体系复杂的生物研究文献中常常会出现彩色的扫描电镜图像, 但是材料研究中没有必要专门着色, 则极少见到彩色图像。

扫描电镜包含三个主要系统: 电子光学系统、信号收集和图像显示系统以及真空系统。电子光学系统是扫描电镜的工作主体, 包含电子枪、电磁透镜和样品室等部分。扫描电镜的工作原理有点像闭路电视机, 电子束由电子枪产生, 发射出来的电子束受到加速电压的作用, 经过两到三个透镜聚焦后在样品上逐点逐行扫描, 检测器则收集二次电子并转换为图像信号。电子枪是 “光源”, 用来生成电子束, 分为热发射式电子枪和场发射式电子枪两大类。热发射式电子枪包含钨丝电子枪和六硼化镧电子枪, 各自的优缺点都很明显。钨丝电子枪价格便宜, 真空度要求最低, 然而加热温度高, 使用寿命短, 亮度低, 分辨率较差, 适合低配版本的扫描电镜。六硼化镧电子枪加热温度比钨丝低, 亮度较高, 寿命长, 缺点是真空度要求比钨丝高 200 倍, 价格高, 高温时极可能会发生化学反应。总体而言, 热发射式电子枪价格相对低廉, 但亮度和分辨率都不太高, 如果需要更精细的分析, 就要用到场发射式电子枪了。场发射式电子枪分热场发射式和冷场发射式。热场发射式电子枪的加热温度并不会高过热发射式电子枪, 电流比六硼化镧电子枪高。使用 W(100) 或者 ZrO/W(100) 作为阴极, 使用寿命大于 1000 h, 亮度极高, 比六硼化镧电子枪高 100~1000 倍。电子源尺寸小, 解析度高, 分辨率稍次于冷场发射式。缺点是真空度要求高, 需要 10^{-9} torr(1 torr = 1.33322×10^2 Pa), 而且价格昂贵。冷场发射式电子枪的阴极加热温度超低, 只需 300K, 亮度与热场发射式相似。使用钨 (W310) 高强度阴极材料, 使用寿命比六硼化镧电子枪更长, 跟热场发射式相近。电子源尺寸也是最小的, 能量发散度最低, 解析度最优。不过缺点是使用前需要加热针尖, 而且真空度要求达到 10^{-10} torr, 每隔数小时必须进行闪光处理, 成本高, 操作复杂。一般磁流变液颗粒并不需要特别高精度的扫描电镜分析, 所以钨丝热发射式电子枪的扫描电镜是首选。

在光学显微镜中, 我们使用光学透镜来聚焦光束, 而玻璃和石英并不能使电子束聚焦。电子在电场中会受到电场力而运动, 以及运动的电子在磁场中会受到洛伦兹力的作用而发生偏转, 这使得使用科学手段使电子束聚焦和成像成为可能。不仅电子在电场和磁场中的运动轨迹可以被改变, 而且轴对称的非均匀电场和磁场可以让电子束折射, 静电透镜和磁透镜的发明使得电子显微镜拥有了最核心的部件之一。科学家利用这一特性, 将电磁线圈制成可以聚焦电子束的电磁透镜, 也称电子光学透镜。电磁透镜是一种可以改变焦距的凸透镜, 通过控制激磁电流控制电子束的汇聚与发散, 从而保证了电子束的聚焦。这里有个比较重要的概念叫做 “球差”。球差是由电磁透镜的中心区域与边缘区域对电子束的折射能力不同导致的, 原本物点是一个点, 但由于球差的影响会变成一个圆斑。球差不能像光学透镜一样通过凸透镜和凹透镜的组合来消除, 它是影响电磁透镜准确度的主要因素。研究磁流变液颗粒时，由于磁性颗粒本身也会受到电磁透镜的磁场吸引，如果力量过大便会导致磁性颗粒被吸入电磁透镜，严重影响电磁透镜的性能。所以不建议过高地抬高样品台以缩短样品与电磁透镜的距离，需要充分咨询仪器负责人确定材料磁性对扫描电镜安全后才能使用。

真空系统为了保证电子光学系统的正常工作，需要强力的真空泵，一般是机械泵、分子泵和离子泵的串联使用，保证能得到扫描电镜所需的真空度。这是因为普通空气中的分子会被电子束打中而发生电离和放电，从而影响样品的测量效果，而且水分子被击中后释放出的大量 X 射线对人体也有害。电子枪的灯丝也容易氧化烧断，而且还可能污染样品。信号收集和图像显示系统首先由信号收集器将二次电子信号收集起来，然后成比例转换成光信号，放大后转换成电信号输出。收集二次电子时，为了提高收集率，会在收集器前段栅网上加上一定电压，使得二次电子在离开样品后走弯曲的路径。信号收集器输出的信号被等比例地转换为显示器上的强度信号，就是我们看见的黑白图像了，将图像以"照相"的方式保存下来，就能得到文献中所见的扫描电镜图像。越高清的照片意味着越多的扫描点，扫描速度越慢，保存所需的时间越长。所以在寻找样品时我们会选用扫描速率较快的模式，节约时间，保存图像时才切换到较慢的扫描速率。

相对于很多精密仪器，扫描电子显微镜的样品制备并不复杂。一般扫描电子显微镜的样品的制备要求是：能显露出所需观察的位置，没有水分、油脂等挥发物，没有松懈的粉末或碎屑，物化性质稳定，耐热无熔融，没有腐蚀性、放射性和强磁性等。磁流变颗粒通常具有良好的软磁性，却不一定有着优异的导电性。比如具有优良磁性的铁和镍能导电，但是远不及银的电阻小而且磁性会影响聚焦。直接把磁性颗粒送入扫描电镜虽然也能获得图像，但是清晰度就比不上纯金或纯银的材料了。为了获得较为清晰的扫描电镜图像，可以用离子溅射仪或者较旧的是真空镀膜仪，给样品镀上一层强导电材料。材料表面镀金、镀碳的原因主要有两个，一个是避免材料荷电。荷电是入射电子的量大于产生的二次电子或者背散射电子的数量，从而导致在材料表面形成电子的富集产生负电势。由于负负相斥的原理，后面的入射电子不能在材料表面汇聚，产生一系列的后果。例如，不太容易聚焦清楚，表面形成一道一道白色的线 (二次电子突然放电的现象)。另外，由于可以及时导电，也能避免一定程度的热损伤。因此要得到满意的形貌，应该在材料表面形成一个有效的电子通路，即在样品台和材料表面有导电通路。最佳办法就是在表面镀膜，这就是扫描电镜要镀膜的原因。另一个原因是增加二次电子发射率，使图像信噪比增大，看上去更漂亮，有利于呈现。导电材料仅需几纳米的很薄一层足矣，因为连续成膜太厚会掩盖细节，不利于形貌复形。常用的材料是金和碳，如果是做表面形貌的图像，推荐使用金，因为金对电子的散射能力最强；如果是做能谱分析，最好用碳，因为金的谱峰高，可能会干扰其他元素，所以喷碳可以避免干扰。有人会问为什么不选择镀银和铜，它们的导电也很好。这主要是考虑镀层元素的纯净问题，金和碳可以保证镀层不会出现氧化物，但是镀银和铜可能出现氧化物，氧化物的导电性太差反而不利于观察，而且镀膜上有氧化物立马会在能谱图上出现氧的特征峰，可能会干扰成分分析。这些也适用于不导电的其他材料研究，尤其是生物方面的表征。比如要研究一个蚂蚁头的扫描电镜图像，首先需要冻干蚂蚁头，然后给其镀金才能在扫描电镜中观察细节。对于磁流变液颗粒而言，普遍利用扫描电镜观察形貌，所以在送入扫描电镜前推荐镀金。因此，一般制备磁性颗粒的样品，一定要去磁。事先用水或乙醇清洗干净颗粒，去除其表面的杂质，然后制成分散在水或乙醇的低浓度悬浮液，仅仅取少量滴在事先切好的硅片上 (少数人考虑到之后会镀金，为节约硅片购买成本，也会直接使用玻璃片)。然后样品需要干燥，这一步通常是放在氮气室中完成的，一些简陋的研究室也会直接把样品放在不会落尘的地方阴干。这时有心急的初学者会想使用热板等烘干样品，这是极其错误的，因为这样会大大增加样品被氧化的风险。一般在氮气室中静置 24 h 能基本保证完全干燥，当磁性颗粒在硅片上完全干燥后，两者应该会贴合得比较紧密了，可以用洗耳球吹去没有粘稳的颗粒。这时再把载有样品的硅片贴在粘在铜样品台座的导电胶带 (通常是碳胶带) 上，固定后进行镀金，样品便能送入扫描电镜了。

透射电镜的全称是透射电子显微镜 (transmission electron microscope，TEM)。它跟扫描电镜类似，是利用高能电子束进行放大成像的大型显微分析设备，并且精度一般更高，可见清晰的原子。根据扫描电镜部分介绍过的理论知识，世界上第一台透射电镜在 1933 年由德国科学家 Ruska(1986 年获得诺贝尔物理学奖) 实现电子显微成像，并在 1939 年实现了量产，从此历经多代发展，成为研究者特别是晶体结构相关研究者的得力助手。比较值得注意的是，在 1931 年西门子公司就已经提出过利用静电透镜和磁透镜制造电子显微镜的专利，这也是第一次提出电子显微镜这个名词，所以 Ruska 并不是因为 "发明" 透射电镜获得诺贝尔奖的，他本人也只是自称引路人而非发明人。如果以专利优先，我们可以认为透射电镜是在 1931 年由 Rudenberg 发明的。透射电镜与扫描电镜结构相似，不过采集的是透射电子或衍射电子所形成的图像，即使用 50~200 keV 的高能电子束穿透样品后，根据样品不同位置的电子穿透强度的不同或者电子的穿透方向的不同而进行的分析。简而言之，就是扫描电镜需要的是样品 "弹回来" 的电子，而投射电镜要的却是 "穿过了" 样品的电子。透射电镜跟扫描电镜一样可以分为三部分，但是它的显像原理更接近于传统的光学显微镜。扫描电镜的电子光学系统中除了聚光的磁透镜之外多了包含物镜、中间镜和投影镜的成像部分，显像则用的是荧光屏。一般我们所说的透射电镜的可调倍率就是通过调节中间镜来实现的，中间镜还能控制所呈现的图像种类。如果中间镜的物平面和物镜的像平面重合了，那么成像就是放大的材料投影，叫做成像操作；如果中间镜的物平面和物镜的背焦面重合了，得到的是衍射花样，叫做电子衍射操作。

荧光屏可以使得"投影"下来的电子击打荧光材料后，把肉眼不可见的电子形成的图像变成人眼可见的荧光，透过铅玻璃窗我们可以直接观察。如果需要保存照片，则把荧光屏切换成照相底片，不过现在多使用电荷耦合器件 (charge coupled device, CCD) 相机拍照了，CCD 相机位于荧光屏下方，拍照时需要揭开荧光屏。透射电镜的样品台跟扫描电镜的在电子光学系统中的位置是不同的，并不是在整个系统的最下端，而是位于物镜之上。此时承载样品使用的也不是铜制样品座，而是直径 3 mm 的圆形小铜网，孔径有数十微米。

由于磁流变液中的颗粒研究多数满足于表面形态的表征，使用透射电镜这种更为昂贵的设备没有必要，更较少使用透射电镜最有特色的衍射功能。所谓电子衍射，指的是入射电子束照射并透过样品后，与扫描电镜类似的材料会对电子进行散射，由此样品上的每一个点会向不同方向散射电子。透过样品的电子束由物镜汇聚，方向相同的光束在物镜后焦平面上汇聚于一点，这些点就是电子衍射花样。利用衍射花样可以对材料进行微区物相分析。透射电镜成像分为明场成像和空心束暗场成像。明场成像就是保留透镜中心的投射束，图像有强烈的背景光，是透射电子成像；空心束暗场成像需要放置光阑挡住中心透射电子束，图像背景是暗场，这是衍射电子成像。对于一般的磁流变液中颗粒的分析，选择明场成像；如果需要衍射图案分析晶体结构，则推荐使用暗场成像。在明场成像中，同种材料如果颜色越暗则区域越厚；对于不同种材料，原子序数越大的颜色越暗，这是因为它对电子的散射能力越强。密度也能造成反差，但是这种反差一般比较弱。

总而言之，由于透射电镜成像功能对一般磁性颗粒的表征分析意义不大，价格比扫描电镜更高，而且对材料磁性的容忍度极低，笔者推荐使用以扫描电镜图像为主的磁流变颗粒形貌分析。

3.5.1.2 振动样品磁强计

振动样品磁强计 (vibrating sample magnetometer，VSM) 是检测材料内禀磁特性的标准通用设备。所谓"内禀"磁特性，主要是指材料的体积磁化强度 M(单位体积内的磁矩) 和质量磁化强度σ(单位质量的磁矩)。设被测样品的体积为 V(或质量为 m)，由于样品很小，如直径 1 mm 的小球，当被磁化后，在远处，可将其视为磁偶极子。振动样品磁强计的工作原理是电磁感应原理，足够小的样品在探测线圈中振动所产生的感应电压与样品磁矩、振幅和振动频率成正比。将样品按一定方式振动，如此就等同于磁偶极场在振动。放置在样品附近的检测线圈内就有磁通量的变化，因此产生感生电压。将这个电压放大变成直流并加以记录后，预先标定感应信号与磁矩的关系，就可根据测定的感应信号的大小而推知被测磁矩值，因此，在测出样品的质量和密度后，计算出被测样品的磁化强度，再通过电压磁矩的已知关系即可求出被测样品的 M 或 σ。$M = \rho\sigma$，ρ 为材料的密度。在磁流变液的磁性颗粒研究中，我们使用振动样品磁强计来获得颗粒磁性的磁滞回线 (图 3.2)，由此得到饱和磁化强度 (M_s)、剩磁 (M_r)、矫顽力 (H_c) 等表征数值，用来描述和分析材料的磁性。

3.5.2 磁流变液的流变性表征

磁流变液的流变性能主要由流变仪检测，流变仪是检测磁流变效应必不可少的测量仪器。流变仪是一个大家族，主要分为四大类：挤出式流变仪、拉伸流变仪、转矩流变仪和旋转流变仪。其中，挤出式流变仪包括毛细管流变仪 (恒速型测压力) 和熔体指数测量仪 (恒压型测流速)；拉伸流变仪通过拉伸形成流体细丝；转矩流变仪测量和实际高聚物加工过程相仿，因为它是在实验型挤出机的基础上配合不同模块，模拟材料在加工过程中的一些参数，非常接近实际生产，所以主要用于与实际生产接近的研究领域。毛细管流变仪的工作原理是，在料桶里把物料通过电加热熔融，而料桶的下部安装有一定规格的毛细管口模。当温度稳定后，料桶上部的料杆以一定的速度把物料从毛细管口模中挤出来。而在挤出的过程中，我们可以测量出毛细管口模入口处的压力，再结合已知的各种参数和流变学模型计算出在不同剪切速率下熔体的剪切黏度。所以这种流变仪通常用于高聚物材料熔体流变性能的测试，有着非常广泛的应用，然而因为与磁流变液相差较远，故不赘述。

3.5.2.1 旋转流变仪的基本分类

在磁流变液的检测中多使用旋转流变仪，下面我们来详细了解一下。旋转流变仪可以分为锥平板式 (也称锥板式)、平行平板式 (也称平板式)、同轴圆筒式和双间隙等，在磁流变液的检测中，以锥板式和平板式旋转流变仪的使用为主流。这是因为同轴圆筒式适用于测量中低黏度的样品，而双间隙测量系统适用于超低黏度 (黏度低于 10 mPa·s) 的液体。帕斯卡秒 (Pa·s) 是黏度的国际单位，1 Pa·s=1 mm²/S。而锥板式和平板式的夹具 (图 3.8) 则能适用于磁流变效应发生时产生的巨大黏度变化引起的强大力矩。越是强大的力矩，对应使用的夹具的相对面积就越小，以求得更准确的数据。

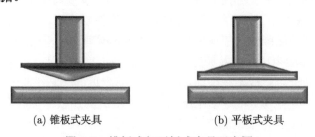

(a) 锥板式夹具   (b) 平板式夹具

图 3.8 锥板式与平板式夹具示意图

旋转流变仪通过旋转运动产生剪切流动，由此来测量材料的流体性能。旋转运动往往是驱动一个夹具 (锥板或者平板)，造成一对夹具的相对运动，由此使得处于一对平板或锥板之间的磁流变液发生流动。驱动的方式分两种：一种是应变控制型，1888 年由 Couette 提出，以一定的转速驱动一个夹具，通过夹具给样品施加应变，样品上部通过夹具连接到扭矩传感器上，测量材料由此产生的力矩。目前只有单纯的控制应变型流变仪只能做控制应变实验。因为扭矩传感器在测量扭矩时产生形变，需要一个再平衡的时间，反应时间就比较慢，无法通过回馈循环来控制应力。另一种是应力控制型，1912 年由 Searle 提出，一个夹具以一定的力矩旋转，测量材料影响下的旋转速度，这也是最常用的磁流变液检测驱动模式。下面我们分别细致地介绍一下锥板式夹具和平板式夹具。

(1) 锥板式夹具：实际锥板的夹角非常小，通常小于 3°，我们用 α 表示。下侧平板固定，如果此时我们选择应变控制型驱动，则锥板的旋转角速度为 ω，剪切速率 r 为

$$r = \frac{\omega}{\alpha} \tag{3.18}$$

当样品填充满间隙即半径为 R 时，黏度测量的表达式为

$$\eta = \frac{3\alpha M}{2\pi R^3 \omega} \tag{3.19}$$

其中，M 是测得的扭矩，R 是锥板的半径。由此便可以算出黏度，不过现在的流变仪多含有智能模块，可以自动给出黏度数值。

锥板式夹具的优点是可以直接测量法向应力差，测试需要的样品量少，节约样品，这也使它适合测量实验室合成的聚合物或者生物流体等样品量少的对象。由于量少，体系有极佳的传热和温度控制。特别是在样品量少，旋转速度低的情况下可以忽略末端效应。剪切速率稳定，若能确定流变学性质，则不需要对流动动力学做任何假设。缺点是边缘效应大，剪切速率不能过大，只能局限在很小的变化范围，因为高速旋转下材料由于惯性不会留在锥板与平板之间，换言之就是高转速下材料会被甩出来。对于磁流变液这种多相体系，如果悬浮物也就是磁性颗粒的大小和板间距离相差不够大，会引起阻塞造成很大误差。并且由于热膨胀的影响，锥板式夹具不适宜用来做温度扫描，除非仪器有自动热膨胀补偿系统。

(2) 平板式夹具：样品在夹板间铺展的半径是 R_0，R_0 小于等于同心圆盘的半径 R。圆盘的间距为 h。下侧平板固定时，如果我们选择应变控制型驱动，则平板的旋转角速度为 ω，剪切速率为

$$r = \frac{\omega R_0}{h} \tag{3.20}$$

样品填充满间隙即 R_0 等于平板半径 R 时，对应的黏度测量的表达式为

$$\eta = \frac{M(3+n)}{2\pi R^3 r} \tag{3.21}$$

其中，M 是测得的扭矩，n 是牛顿指数。由此便可以算出黏度，不过现在的流变仪多含有智能模块，可以自动给出黏度数值。

平板式夹具的优点是平行板间的距离可以调节到很小，也可以直接测量法向应力。在极小的间距下，二次流动被抑制，减少了惯性校正，同时更好的传热也减少了热效应。平的表面比锥形表面更容易进行精度检查，也更容易清洁，有利于快速换样。通过改变圆盘的半径和间距，能系统地研究表面和末端效应。平板式夹具适合磁流变液的检测的原因主要有三点：一是磁流变液这种多相体系中含有的颗粒大小问题，平板式的板间距可以根据颗粒大小进行调整，使其适合测量更多种的多相体系；二是在磁流变液的检测中，我们往往会把剪切速率作为一个重要的独立变量，这就意味着平行板中剪切速率的径向分布可以使剪切速率的作用在同一个样品中得到表现；三是平行板结构比较容易安装光学设备和电磁场，这一点最为重要，因为磁流变液的独特性质，磁流变效应必须要有磁场施加才能体现，所以平板式夹具是检测磁流变液流变性能的最佳选择。以安东帕为例，流变仪与磁流变模块 (magneto-rheological device，MRD) 配套使用，便可以分析磁场对磁流变液和铁磁流体的影响。安东帕可以进行实时磁场测量，数据直接传输到流变仪软件中，模块可施加最大为 1 T 的均匀磁场，不过出于安全考虑一般不会施加这么高的磁场。当然平行平板转速过大还是有可能把材料甩出来，剪切应变速度会随径向变化，不过这些缺点就无法避免了。同轴圆筒式和双间隙等夹具由于跟磁流变液的检测关系较小，故不赘述。

3.5.2.2　测量模式的基本分类

为了更加精准而有效地表征样品，除了选择合适的流变仪和相关的搭配板块，测量模式的不同也意味着获得的数据信息的不同。检测磁流变液，合理选择测量模式也是重要的环节，接下来我们来介绍一下旋转流变仪的测量模式。一般我们根据施加应变或者应力的方式把这些测量模式分为三大类，分别是稳态测试、瞬态测试以及动态测试。稳态测试是用连续旋转来施加应变或者应力来得到恒定的剪切速率，剪切流动达到稳态的时候，测量的是材料形变产生的扭矩。瞬态测试则是瞬时改变应力或者旋转速率 (应变)，测量的是材料随着时间变化的响应。动态测试里变量有很多，控制几个变量不变，系统地变化其中一种参数。

我们首先从瞬态模式谈起。瞬态模式分为阶跃应变速率扫描、应力松弛和蠕变三种。阶跃应变速率扫描是通过施加阶跃变化但在每个区间恒定的剪切速率，测量恒定温度下应力的增长和松弛，还有稳态剪切后的松弛过程；应力松弛是通过施加阶跃应变，测量维持这个应变所需的应力随时间的变化；蠕变是通过施加恒定应力，测量应变随时间的变化，可以预测材料在长期负载下的行为。通常蠕变曲线之后还会跟着恢复曲线。蠕变可以得到比动态或稳态模式更加低的剪切速率，方便测量材料的零剪切黏度。

动态模式主要用到的三种扫描方式分别是应变 (应力) 扫描、时间扫描和频率扫描，其他还有动态单点、瞬态单点、复合波单点测试，任意波形扫描，等变绿温度扫描等。应变 (应力) 扫描在这里被归为一大类，指的是通过恒定的频率施加的应变或者应力，测量材料的储能模量、损耗模量和复数黏度与之的变化关系。临界应变具有一定的频率依赖性，所以这种扫描应该在不同的频率之下完成。应变 (应力) 扫描可以用来确定线性黏弹性的范围。动态时间扫描检测的是材料的稳定性，即在恒定温度下和预设时间段内，施加给样品一定频率的正弦形变，样品测得的模量曲线越水平则说明稳定性越好。频率扫描则是以一定的温度和应变幅度对材料施加不同频率的正弦形变，测量材料的模量。由频率扫描可以得到的信息包括从损耗模量求得零剪切黏度，从储能模量中求得平衡可恢复柔量以及平均松弛时间，由分子量数据和获得的黏度数据求得高分子的长支链含量等。

我们在磁流变液检测中常用到的稳态模式又分成稳态速率扫描和触变循环。稳态速率扫描通常在应变控制型流变仪上进行，可以得到材料的黏度和法向应力差与剪切速率的关系。如果流变仪的灵敏度足够高，则能得到极高的剪切速率的响应，从而得到材料的零剪切黏度。触变循环指的是对材料施加改变大小的稳态剪切速率，获得材料在不断变化的剪切速率中的黏度变化，进而反映材料结构随着剪切速率变化的规律。这里需要介绍 "剪切变稠" 和 "剪切变稀" 两个术语。剪切速率越大，黏度越大的流变性称为剪切变稠。有研究者发现，在发生剪切变稠现象时，流体的体积略有膨胀，所以也叫胀流型流体。这类材料的典型代表有沥青、混凝土浆、聚氯乙烯塑料溶胶等。剪切变稀指的是剪切速率增大时，材料的黏度会降低，流动性会增大。磁流变液通常体现为剪切变稀，所以过大的剪切速率没有必要施加在磁流变液的检测中。简单地记忆就是剪切速率 (旋转速度) 为设定参数时，剪切应力 (或扭矩) 为测量参数；剪切应力为设定参数时，剪切速率为测量参数。

一般而言，对于设定参数，有恒定与变化两种选择。除了之前提过的正弦变化，各种变量也可以进行线性变化或者对数变化等。以剪切速率为例，可以设定为恒定的剪切速率、线性变化的剪切速率或者对数变化的剪切速率。

3.5.2.3　商业流变仪简介

接下来我们来简单介绍一下实际研究测试中使用的流变仪。现在商业流变仪功能的发展已经足够一般的科研或者质检使用，不必自己动手搭建流变仪和编写程序了。一般我们会直接购买商业流变仪，所以这里简单介绍一下相关知识，方便入门。

国内虽然有流变仪厂家，但都只针对混凝土流变的测试，并不适合实验室的磁流变液基础研究。国际知名的流变仪厂家包括英国马尔文 (Malvern)、美国赛默飞

世尔 (Thermo Fisher Scientific) 的赛默科技品牌 (Thermo Scientific)、奥地利安东帕 (Anton Paar) 等。以安东帕公司的流变仪为例，Physic 系列产品覆盖了从质量控制到顶级流变学基础研究的所有领域，流变仪包括 MC 1、MCR 51、MCR 101、MCR 301、MCR 501 等系列产品。Physica 流变仪的马达属于同步直流马达 (不平行瞬时响应的同步电子整流电机 (也称 EC 电机) 或者无刷直流电机马达)，相对于其他托杯式异步电机 (异步交流马达) 具有很高的瞬时响应能力，甚至可以在同一个实验中实现真实的应力控制和应变控制，所以优点是响应速度快、控制应变能力强。由于人工设定参数可能会产生人为错误，加上人工智能的飞速发展，现在流变仪的智能化程度很高，操作比旧版流变仪更简易，仪器都能自动识别每套测量系统和环境系统 (ToolMaster 功能)，并自动把系统的各个参数信息都输入软件中。2016年，安东帕 MCR 高级流变仪家族又添新丁，MCR 72 和 MCR 92 流变仪。据悉这两款流变仪提高了测量结果的重现性和易操作性，其中 MCR 72 是机械轴承马达，而高配的 MCR 92 是空气轴承马达，其他配置也更为精细。空气轴承马达需要配套压缩空气设备，而且相对于机械轴承马达，容易因为不规范操作而损坏，使用前须进行更为细致的培训。现在的流变仪为了适应多种检测对象与更多类型的数据采集，会配备各种附件系统，可以像 “乐高” 积木一样加载到流变仪上，实现附加功能。安东帕有二十多种扩展附件系统，比如界面流变系统、沥青流变系统、淀粉流变系统、高压密闭系统、显微可视流变系统 (MicroScope)、动态光学分析 DORA(流动双折射与二向色性)、小角激光散射系统 (SALS)、小角/广角 X 射线散射系统 (SAXS/WAXS)、小角中子散射系统 (SANS)、粒子成像测速系统 (PIV)、UV 引发反应测试系统、电流变系统、介电流变附件等，自然也包括我们所需的磁流变系统。安东帕流变仪的配套磁流变模块由一个水浴控温底盘和内置于底盘内的线圈组成，线圈最大可以产生 1 T 的磁场。导磁罩与底盘共用水浴进行温度控制，可实现的最高温度为 70 ℃，如果需要测试更高温度的环境，也可选配最高可达 170 ℃的高温型号。对于我们一般的基础研究，通常推荐使用空气轴承马达的流变仪，比如 MCR 301/302 电磁流变仪，因为空气轴承马达阻力小，可以进行更精确的数据采集，适合进行深入的分析。安东帕流变仪控温系统包括电加热系统、帕尔帖 (Peltier) 加热系统、对流加热炉、水浴控温系统等，如果我们是研究新型磁流变液，一般不会设置过于严苛的温度条件。所以大部分研究组所使用的磁流变液的控温系统一般是相对简易的水浴，温度通常设置为室温 (25 ℃)。

3.5.3　磁流变液的沉降表征

磁流变液作为一种悬浮体系，其应用的一项基本要求就是保持零场状态下的各向同性。为了保证磁流变液相关器械的长时间运转，尤其是抗震阻尼器这种长期待机的应用，保证高沉降稳定性 (也包括再分散性) 是关键问题，所以沉降稳定性的表征是非常重要的。造成磁流变液沉降的根本原因是分散相与连续相巨大的密度，比如载液的密度通常约为 1 g/mL，而最常用的羰基铁粉的密度大约是 7.8 g/mL。

下面我们来介绍一下沉降体系的基本知识。我们常使用柱形容器，比如试管或者量筒等，进行沉降表征。整个磁流变液的上表面叫做液体顶端 (fluid top)，最底面叫做液体底端 (fluid bottom)。因为重力的作用，羰基铁颗粒必然会持续向容器底部下沉，而容器上部则会出现只含有载液的上清液区 (supernatant zone)。上清液区往下是一条清晰的分界线，被称为泥线 (mudline)，再往下是初始浓度区 (original concentration zone)，这段区域内的颗粒浓度在开始一段时间内基本没有变化，但时间一长，初始浓度区会消失变成可变浓度区 (variable concentration zone)。再往下是凝胶线 (gelline)，凝胶线往下是可变浓度区，这段区域的颗粒浓度越往下越大，浓度也会随着时间的变化而变化。之后则是沉积线 (cakeline)，向下是最底部的部分，称为沉积区 (sediment zone)。沉积区位于容器的底部，浓度最大而且分布均匀，持续堆积的颗粒受到重力作用相互挤压进而硬化板结。所以整体看上去如图 3.9 所示。

图 3.9 磁流变液的沉降示意图

磁流变液的沉降表征一般非常简单，仅需要长时间地记录沉降情况即可。一般我们使用肉眼观察的方式，但也可以使用科技含量更高的方式，比如竖直轴电感监测系统 (vertical axis inductance monitoring system，VAIMS)。第一种方法的正规称呼叫做泥线目视观测法，其仅限于对上清液区进行观测。在一定的时间内，目测或自动跟踪泥线的位置，再计算泥线下移的速度和上清液区在总高度的占比，由此作为对磁流变液分散稳定性的表征。不过这种仅凭借泥线的下降来评估的方式有其局限性，它忽略了上清液区下面的其他所有沉降区，而且由于初始浓度区会消失，泥线观测并不适合长时间的沉降表征。第二种方法是对整个容器中的磁流变液进行无损扫描, 利用电感传感器获得容器内大部分区域的颗粒浓度与时间的关系。但这种方法又不能完整包括液面与底部区域, 也有一定局限性。

3.5.4　磁流变液表征的实例

在实际表征中, 以上介绍过的各种仪器应合理组合, 根据自己的研究目的进行型号的筛选和条件的设置。下面我们来看一个实际的例子。笔者将实验室合成的镍颗粒分散在硅油中制得简单的磁流变液 [24], 为了进一步对相关数据进行表征, 用到了以下仪器, 其中也包含了对检测用仪器的科学表达法, 各种期刊文献对仪器的表述有不同的格式要求, 但总体而言必须包含仪器型号和表征时的设置条件, 初学者可以参考。

首先是扫描电子显微镜 JEOL JEM6390 SEM, 这是一款版本相对比较旧的扫描电子显微镜, 钨丝电子枪发射。清晰度和放大倍数并不是特别高, 但是由于笔者仅打算对合成出的镍颗粒进行粗略的形貌表征与颗粒尺寸统计, 而非深入分析颗粒表面的细节。选择这款低版本的扫描电子显微镜一来可以节约资源; 二来由于精度不高, 这款电镜的扫描存取速度较快, 可以在同样的时间内尽可能多地取得照片, 从而更有利于统计数据。更何况镍颗粒本身带磁性, 而扫描电子显微镜的电磁透镜自身的磁场可能会把颗粒直接 "吸入" 扫描电子显微镜内部, 从而造成电磁透镜工作不准确, 甚至也有例子直接把整个操作台吸上去打坏电子枪, 造成高昂的维修费和较长的维修时间。一般磁性颗粒并不被允许使用非常高级的扫描电子显微镜观察, 因为万一样品受电磁透镜的影响被吸上去了, 后果非常严重, 而且推荐去磁。低配版扫描电子显微镜维修费用相对能被接受, 而且一般电磁透镜的功率也不大, 样品受力相对较小, 降低了风险。尽管如此, 损坏仪器的事情还是应该防患于未然, 笔者建议使用者如果没有去磁设备, 应该在样品放入扫描电子显微镜之前先用小块磁铁在其上方靠近一下, 然后把磁铁这个表面放在显微镜下观察是否有样品颗粒被吸附, 如果没有则证明可以安全放入。在测量时, 笔者也建议样品台不易抬得过高使得工作距离太短, 要保证样品与电磁透镜有足够的距离, 避免受力过大发生意外。由于磁性材料的特殊性质, 除了这些需要注意的地方, 具体的规范也请大家咨询仪器管理人员, 在征得许可和指导后再进行测量。笔者根据得到的扫描电镜照片统计了 50 个颗粒的尺寸, 并以此作为尺寸表征的数据。这些合成出的镍颗粒的振动样品磁强计测量则由 LakeShore 7300 VSM 完成, 因为在这里磁滞回线的相关分析并不是研究重点, 所以一切条件设置相对简单。笔者设定的操作温度是室温, 避免使用更多复杂的控温设备, 而磁体加上最大 10 kOe 的磁场, 扫描出磁滞回线, 之后再对磁滞回线进行简单分析。作为磁流变液表征的 "重头戏", 流变仪的使用就要细致很多。首先需要使用水浴系统 (Viscotherm VT2, Anton Paar Companies, Germany) 附加在流变仪上, 将样品的温度控制在室温 (25 ℃)。流变仪的种类上，选择了与磁流变液测量相匹配的旋转流变仪 (MCR 301, Anton Paar Companies, Germany)，以及相应的合适的平行平板式夹具 (PP-20, 20 mm plate, Anton Paar Companies, Germany)。在磁流变液样品混合均匀后，取适量磁流变液放置在流变仪的下方平板上，注意要均匀覆盖完全以保证最佳测量条件。然后通过软件将上方平板下降至两极板间距 1 mm 处。作为简单的信息收集，在温度恒定的情况下，笔者主要测量了两类数据。第一类是固定剪切速率为 $0.1\ \mathrm{s}^{-1}$，对磁流变液施加 $0\sim660$ mT 的外加磁场，测量此时的黏度和剪切应力随磁场的变化，借以比较不同样品的磁流变效应；第二类是固定磁场强度分别为 0 mT，110 mT，220 mT 和 330 mT，对磁流变液施加从 $0.1\ \mathrm{s}^{-1}$ 到 $200\ \mathrm{s}^{-1}$ 对数变化的剪切速率，测量的黏度和剪切应力随着剪切速率变大的变化并相互比较，这里也能明显看到磁流变液作为剪切变稀材料的行为。最后的沉降性实验非常简略，只是用尺子作为参照大致观察了一下磁流变液样品的沉降情况，并非数据分析的重点，故不赘述。

3.6　磁流变液的实际应用

磁流变液研究经过多年发展，已经获得很多有价值的理论、实验和应用的成果。以阀模式、剪切模式和挤压模式三大基本工作模式为基础，将其中一种或几种结合应用于系统的运行中。对于任何的磁流变液设备，必须同时考虑所使用的磁流变液本身的化学物理性质、磁流变效应、工作模式、运行结构、电路布置等。比如合适的磁流变液种类可以有效地减小座椅悬架的共振和过高频率的振动 [1]。而在实际的应用中，需要考虑的除了磁流变液颗粒、载液和添加剂种类的选择，其他影响磁流变液效果的因素都应该纳入考虑范围。因为磁流变液在整个使用过程中必须保持良好的分散性，不仅是在长期使用中保持物理化学性质稳定，而且现实中并不会在使用前还进行混合再注入机器。

磁流变液的制备是工程应用的基础，磁流变液在最初应用过程中遇到了稠化、沉降及磨损等难题，提高包括再分散性和沉降稳定性在内的性能指标对工程应用将产生重要意义。当前应在以下几个制约工程应用的问题上开展深入研究：如何提高磁流变液的再分散性、如何利用表面改性技术提高磁流变液的沉降稳定性、如何制备出高性能的磁流变弹性体以及如何利用纳米级添加剂改善磁流变液的综合特性等。比如磁流变液中磁性颗粒的浓度，根据斯托克斯定律 (Stokes' law)，磁性颗粒在磁流变液体系中的沉降速度与液体的黏度成反比。当磁性颗粒浓度增大时，磁流变液整体的黏度是增大的，由此可见，颗粒浓度越高的磁流变液的抗沉降性越好。但是黏度太大的磁流变液的应用又会受到限制而且成本很高，这就需要研发团队找到一个最优的平衡点了。但随着稠化等问题的解决，各工业国竞相展开了对磁流变液及器件的研究，加速了磁流变液的进展。在电流变液应用越发成熟的今天，磁流变液的发展也备受瞩目。相比于电流变液，磁流变液的耗能明显更小，例如，仅需要 1~2 A 的电流或 12~24 V 的低电压便能控制，在各种触电致死意外频发的今天，这无疑是极大的安全优势。相比电流变效应，磁流变效应在同等条件下屈服应力可以高出一个数量级，有潜力被应用于更高强度的机械体系之中，或者在同一体系中提供更高效的工作强度。磁流变液对其体系中混入的多数杂质不敏感而且磁极化不受电化学反应影响，所以磁流变液相比于电流变液可以选择更多种类的添加剂 [3]。磁流变液能够在极大的温度区间，比如 190 ℃的巨大温度区间中，有着稳定的数值 [4]，这样极大地拓宽了磁流变液的应用范围，相比于电流变液可以应用到更多种工作环境中。磁流变液的工程应用本质是将工程上的某个物理作用的过程与磁流变效应结合，而磁流变液是目前的磁流变材料中研究与商用最广泛的。常能见到的所谓高黏度磁流变液、双分散相磁流变液、磁流变脂等格式称谓的材料都能归于磁流变液，不同的名称只是为了突出其特性。这些琳琅满目的商业种类的工作形态都是控制黏度或屈服应力，并作为液体产生剪切流。

　　磁流变液目前最成功的应用就是机械减震方面，尤其是汽车的半主动悬架方面，在仅需要电池电力的情况下可以实现可控的阻尼力 (damping force)。相较于目前被广泛使用的动力缓冲 (mitigating the effects of dynamic loadings) 的但兼容性和多元性不足的被动控制元件 (passive control devices)，也不同于需要特别提供能源的主动控制元件，半主动控制元件同时具有前两者的优势，既提供了被动元件的可靠性，又保持了全主动系统的适应性和多用途，而且大多数仅需要少许能耗便能运作甚至达到全主动系统的效能。机械振动往往会对设备造成磨损、精度降低、寿命变短等问题，也会对乘坐的人造成不适或影响其健康，所以削弱或消除振动是很有必要的。除了从振动源本身进行改良，也可以对振动能量的传递采取措施，这就是磁流变液登场的机会了。磁流变液减震之所以发展起步早、进化快，得益于磁流变液阻尼器的简易结构。简单记忆的话，只需要将传统的减震液换成磁流变液，然后再在相应的阻尼通道上配备提供磁场的电磁铁即可。传统阻尼器使用的是多级节流阀结构，然而磁流变液阻尼器因为是电磁铁控制磁流变液的屈服应力，可以轻松实现连续无级控制阻尼力，大大简化了机械结构。除了替换传统的阻尼器，磁流变液还能做成制动器和离合器。在磁场下的磁流变液内部会形成链状结构，这个结构可以成为输入级与输出级之间的传递介质，链状结构在剪切过程中的断裂还能产生摩擦力，是替代传统的接触式机械刹车片的一大选择。磁流变液的首次商业应用是 1998 年的 Motion Master 的卡车座椅减震器，不过之后的发展进入了一段停滞期。在 2002 年的时候，Delphi 公司推出相对成熟的 MagneRide 悬架系统产品，再次把磁流变液阻尼器推向商业前沿。汽车商家发现良机后开始逐步将磁流变液阻尼器的应用推广开来，比如雪佛莱汽车将 Lord 公司生产的磁流变液减震器应用于它们的汽车悬挂系统中。Rabinow 最初提出的磁流变液应用便是离合器和减震设备,而现今的大多数商业应用也多是减震器、离合器与刹车装置。美国 Lord 公司的 Carlson 在磁流变液性能研究和应用开发方面取得了较为突出的成就,他曾指出首要的两个目标是 "高剪切" 与 "零沉降" 并以此为研发核心,该公司先后报道了多种合金制备的磁流变液并有多种商品化磁流变液产品上市。之后的十几年中,随着日新月异的技术改良和创新,越来越多的高档轿车纷纷使用磁流变减震器 (如 Ferrari、Audi 等),它的优点是能耗低、反应迅速和连续可调。

除了在汽车减震中的应用,磁流变液在直升机中还有多种应用。比如在直升机的座椅悬浮系统中避免乘客在坠落时受到垂直冲击,还有直升机起落架的液压系统、直升机的主旋翼轴的磁流变减摆阻尼系统等。此外,大型建筑的减震和抗震也有磁流变液的应用,利用磁流变阻尼器在建筑物与地面之间建立减震的屏障从而隔离地震波向建筑的传播。在桥梁建设方面,可以使用磁流变阻尼器对斜拉桥的钢索进行减振。磁流变阻尼器应用非常广泛,甚至还能应用到枪炮的后坐力控制和太空的桁架结构中。

时至今日,有多种磁流变阻尼器结构被推出,也有众多关于磁流变阻尼器的模型被建立,例如,广受引用的 Spencer 基于 Bouc-Wen Hysteresis Model 建立的描述磁流变阻尼器行为的模型。此模型常被应用于磁流变阻尼器在机械制动方面的建模,是由 7 个等式组成的方程组,如下所示,其中各项在此不做赘述。

$$f_d = c_1 \dot{y}_d + k_1(x_d - x_0)$$

$$\dot{y}_d = \frac{1}{c_0 + c_1}[\alpha z_d + c_0 \dot{x}_d + k_0(x_d - y_d)]$$

$$\dot{z}_d = -\gamma_d |\dot{x}_d - \dot{y}_d| z_d |z_d|^{n-1} - \beta(\dot{x}_d - \dot{y}_d)] |z_d|^n + A_d(\dot{x}_d - \dot{y}_d) \qquad (3.22)$$

$$\alpha = \alpha_a + \alpha_b \nu$$

$$c_0 = c_{0a} + c_{0b}\nu$$

$$c_1 = c_{1a} + c_{1b}\nu$$

$$\dot{\nu} = -\eta(\nu - u)$$

此模型揭示了磁流变阻尼器的非线性动力学特征,所以对其设计直接控制系统较为困难。最近有研究组利用 TS 模糊模型 (Takagi-Sugeno fuzzy model) 做出了对磁流变阻尼器的直接线性控制器。

磁流变阻尼器除了广泛应用于汽车工业,也有诸多其他领域的应用。如在航空工业中,磁流变阻尼器应用于直升机起落装置。在土木工程方面,磁流变阻尼器可应用于大型结构的减震,因为磁流变阻尼器耗能极低,当地震造成主能源失效的时候,也能保障运作。目前已经可以建造的 20 t 的大型磁流变阻尼器的实验结果表明其可提供可控且巨大的阻尼力，近期的实验包括具体的桥梁抗震以及高层建筑支架抗震。我国的磁流变液阻尼器研究也努力在向国际前沿进发，并结合本土需求进行探索，比如轨道车辆的减震应用。例如，中国科学技术大学的研究团队提出了9000N 的双管式旁路型结构铁路车辆磁流变阻尼器，重庆大学的研究团队对轨道车辆悬架的磁流变缓冲器进行深入研究，西南交通大学的研究者在中国高速列车CRH380B 上对磁流变阻尼器进行试验等。

另一方面，在 20 世纪 80 年代晚期，磁流变抛光 (magnetorheological finishing)技术由白俄罗斯的 William Kordonski 发明，QED 科技公司 (QED Technologies) 在1998 年首次推出商品化的磁流变抛光机。磁流变抛光的基本原理是利用磁场使磁流变液形成具有可控尺寸和硬度的 "磨头"，其作用于工件的法向力远小于化学机械抛光的法向力，以代替传统的刚性抛光盘对工件进行抛光。在经过研磨和预抛光处理后，磁流变液可用于球面、非球面、平面等玻璃射流抛光，甚至是核聚变的石英玻璃的光学抛光。在抛光过程中，磁流变液主要是在切向去除材料，所以并不会引入亚表面损伤。由于磁流变抛光的去除函数经实验证明符合 Preston 方程，磁流变抛光的材料去除率 r 可以表示成

$$r = Kpv = K\frac{W}{\mu} = K\frac{\tau v}{\mu} \tag{3.23}$$

其中，K 为 Preston 系数，p 为抛光区域内所受压力，v 为 "磨头" 与工件的相对速度，W 为功率，μ 为 "磨头" 与工件之间的摩擦系数，τ 为 "磨头" 对工件的剪切力。由于去除函数是磁流变抛光加工的关键，在 Preston 方程的基础上，各个研究团队相继推导出各种材料去除模型以寻求高去除率的最佳工艺参数。

磁流变抛光技术面形精度小于 50 nm(PV) 且表面粗糙度小于 1 nm(Rq)，且具有 "磨头" 参数高度可控、无磨损、去除效率高、适用于纳米级精加工等优势，主要应用于精密加工领域，如大口径非球面光学加工 [27]。国内也有包括中国科学院长春光学精密机械与物理研究所和国防科学技术大学等机构对磁流变抛光技术有一定研究，但由于国外对关键技术的严格保密，我国的磁流变抛光技术离实际工程应用仍有一定差距。

至于在医学上，磁流变液的应用相比而言要少很多。比如有研究者提出在肿瘤治疗中利用血管中的磁流变液阻止血液流向病灶，借以切断肿瘤的营养。不过现在以生物技术为基础的精准医学发展迅猛，各国均加大对生物方面的医疗研发的投入，磁流变液的医疗潜力尚不具备足够吸引力。除了医疗方面，由于磁流变液还被发现了其他方面的有趣性质，比如磁场方向的样品热传导率提高了 100 %，磁流变液中声音的传播率也能受磁场控制等。

其他与磁流变液相关的技术，如磁流变弹性体 [28]，跟磁流变液不同的是磁流变弹性体利用的是变刚度控制，使系统频率远离目标的共振频率。但因其流动性极

小，与普通磁流变液物理性质差距较大，在此不再赘述。磁流变胶作为一种新兴的材料，研究较少，有待于进一步探索。

3.7 磁流变液的前景展望

磁性材料作为一种古老的材料已经服务人类数千年，如今磁流变液的研究与应用让它又加入了现代的活力与未来的梦想。磁流变液的应用发展中，首要的两个目标是"高剪切"与"零沉降"。高剪切指的是强大的磁流变效应，零沉降则是期望磁流变液的沉降稳定性好。其他诸如工作寿命、耐受温度、成本控制等也在各个研究团队的密切关注之下，这将会产生更多的磁流变液变种而细化磁流变液的分类。在未来，会有更多种类的磁流变液及其变种出现，各自的特性将能更加贴合具体的应用需求。随着研究者们的不断探索和工程师们的实践，磁流变液作为新型智能材料将会越发融入生活的各个方面。今后的磁流变液研究，除了在当下热门的机械传动领域继续大放光彩，更会凭借其他特性在声音热能传播控制、人工智能、精准信息控制、医疗行业有巨大潜力。

参 考 文 献

[1] de Vicente J, Klingenberg D J, Hidalgo-Alvarez R. Magnetorheological fluids: a review. Soft Matter, 2011, 7(8): 3701-3710.

[2] Rabinow J. The magnetic fluid clutch. Electrical Engineering, 1948, 67(12): 1167.

[3] Spencer Jr B F, Dyke S J, Sain M K, et al. Phenomenological model for magnetorheological dampers. Journal of Engineering Mechanics, 1997, 123(3): 230-238.

[4] Weiss K D, Carlson J D, Nixon D A. Viscoelastic properties of magneto-and electrorheological fluids. Journal of Intelligent Material Systems and Structures, 1994, 5(6): 772-775.

[5] Xia Z, Wen W. Synthesis of nickel nanowires with tunable characteristics. Nanomaterials, 2016, 6(1): 19.

[6] Ashtiani M, Hashemabadi S. An experimental study on the effect of fatty acid chain length on the magnetorheological fluid stabilization and rheological properties. Colloids and Surfaces A: Physicochemical and Engineering Aspects, 2015, 469: 29-35.

[7] Hong S R, John S, Wereley N M, et al. A unifying perspective on the quasi-steady analysis of magnetorheological dampers. Journal of Intelligent Material Systems and Structures, 2008, 19(8): 959-976.

[8] de Vicente J, Segovia-Gutiérrez J P, Andablo-Reyes E, et al. Dynamic rheology of sphere-and rod-based magnetorheological fluids. The Journal of Chemical Physics, 2009, 131(19): 194902.

[9]　Bossis G, Marins J A, Kuzhir P, et al. Functionalized microfibers for field-responsive materials and biological applications. Journal of Intelligent Material Systems and Structures, 2015, 26(14): 1871-1879.

[10]　Morillas J R, Carreón-González E, de Vicente J. Effect of particle aspect ratio in magnetorheology. Smart Materials and Structures, 2015, 24(12): 125005.

[11]　Bossis G, et al. Yield behavior of magnetorheological suspensions. Journal of Magnetism and Magnetic Materials, 2003, 258: 456-458.

[12]　Olabi A G, Grunwald A. Design and application of magneto-rheological fluid. Materials & Design, 2007, 28(10): 2658-2664.

[13]　Carlson J D, Catanzarite D, St Clair K. Commercial magneto-rheological fluid devices. International Journal of Modern Physics B, 1996, 10: 2857-2865.

[14]　Keun-Joo K, Chong-Won L, Jeong-Hoi K. Design and modeling of semi-active squeeze film dampers using magneto-rheological fluids. Smart Materials and Structures, 2008, 17(3): 035006.

[15]　Zhang X Z, Gong X L, Zhang P Q, et al. Study on the mechanism of the squeeze-strengthen effect in magnetorheological fluids. Journal of Applied Physics, 2004, 96(4): 2359-2364.

[16]　Goncalves F D, Carlson J D. An alternate operation mode for MR fluids-magnetic gradient pinch. Journal of Physics: Conference Series, 2009, 149(1): 012050.

[17]　Abel E. Ludwig Mond-father of metal carbonyls-and so much more (7 March 1839–11 December 1909). Journal of Organometallic Chemistry, 1990, 383(1): 11-20.

[18]　Mond L, Langer C, Quincke F. Action of carbon monoxide on nickel. Journal of the Chemical Society Transactions, 1890, 57: 749-753.

[19]　Mond L, Langer C. XCIII.–On iron carbonyls. Journal of the Chemical Society Transactions, 1891, 59: 1090-1093.

[20]　金志和. 羰基铁粉的制造工艺和特殊性能. 粉末冶金工业, 1995, 5(5): 169-173.

[21]　胡斌, 封帆, 张嬛. 羰基铁粉产业化. 高科技与产业化, 2011, 7(4): 67-68.

[22]　Shah K, Choi S B, Choi H J. Thermorheological properties of nano-magnetorheological fluid in dynamic mode: experimental investigation. Smart Materials and Structures, 2015, 24(5): 057001.

[23]　López-López M T, Vertelov G, Bossis G, et al. New magnetorheological fluids based on magnetic fibers. Journal of Materials Chemistry, 2007, 17(36): 3839-3844.

[24]　Xia Z Z L, Wu X X, Peng G R, et al. A novel nickel nanowire based magnetorheological material. Smart Materials and Structures, 2017, 26(5): 054006.

[25]　Skjeltorp A. One- and two-dimensional crystallization of magnetic holes. Physical Review Letters, 1983, 51(25): 2306.

[26]　Ganguly R, Gaind A P, Sen S, et al. Analyzing ferrofluid transport for magnetic drug targeting. Journal of Magnetism and Magnetic Materials, 2005, 289: 331-334.

[27] Sidpara A. Magnetorheological finishing: a perfect solution to nanofinishing require-ments. Optical Engineering, 2014, 53(9): 092002.

[28] Zhang X Z, Peng S L, Wen W J, et al. Analysis and fabrication of patterned magne-torheological elastomers. Smart Materials and Structures, 2008, 17(4): 045001.

第4章　光响应软物质材料

4.1　光响应性软物质材料及其研究进展

光响应性软物质材料属于刺激响应性材料的一种。刺激响应性材料是指在环境因素的刺激下，自身的某些物理或者化学性质发生某些变化的材料，这些刺激包括光、温度、pH、磁场强度、电场强度等。光响应性软物质材料是一类在光的刺激下会发生一些物理化学变化的软物质材料。由于光源安全、清洁、易于使用、易于控制，因此与其他环境响应性材料相比，光响应材料无论是在工业领域还是在生物医学领域都将具有广阔的应用前景。而光响应软物质材料结合了二者的优势，成为现代科研工作者的研究热点。

4.2　光刺激响应高分子凝胶

水凝胶是一种能显著地溶胀于水，但在水中并不能溶解的亲水性聚合物凝胶，是由高聚物的三维交联网络结构和介质共同组成的多元体系。在凝胶体系中，除了传统意义上的水凝胶，还有微凝胶体系，微凝胶是一种尺度在微米或纳米间的被溶剂溶胀的交联网状聚合物粒子，其粒径可以通过外界刺激进行调控。在凝胶网络中，可以通过永久性的化学或可逆的物理交联来实现，其中通过物理交联的凝胶被称为超分子凝胶。

通过化学交联形成的凝胶中，强的共价键构筑了整个固相网络结构。在加热时凝胶不会再溶解于溶剂中，所以凝胶的形成过程通常都是不可逆的，但可以通过移除或添加溶剂、改变压力、改变温度、改变 pH 等方式实现凝胶的膨胀或收缩。氢键作用、金属配位作用、主客体相互作用、离子相互作用、π-π 堆积等一系列较弱的非共价键作用力可以应用于凝胶体系形成超分子凝胶 [1]，为凝胶的设计和调控提供了多种选择性。通过超分子作用作为交联点可以得到动态的凝胶交联网络结构，在合适的外界环境条件下，通过超分子作用，凝胶链段因子可以自组装为性能优良的超分子凝胶材料。当水凝胶所处的环境刺激因素发生变化时，水凝胶的形状、相力学、光学、渗透速率和识别性能随之发生敏锐响应，即突跃性变化，并随着刺激因素可逆性变化，水凝胶的突跃性变化也具有可逆性。具有上述性质的水凝胶统称为环境敏感性水凝胶 (environmentally sensitive hydrogel)[2-5]。

光响应高分子凝胶作为高分子凝胶中的一类，也是近年来光感应高分子材料中的又一新兴分支，是一类在光作用下能通过迅速发生化学或物理变化而作出响应的智能型高分子材料。通常情况下，光响应高分子凝胶是由于光辐射 (光刺激) 而发生体积相转变。如在紫外线辐射时，凝胶网络中的光敏感基团发生光异构化、光解离，基团构象和偶极距的变化可使凝胶发生溶胀 [6,7]。

光响应高分子凝胶的最大特点是响应过程具有可逆性，离开光的作用，凝胶会恢复到原来的状态。有关光响应高分子凝胶的响应机理，目前正处于研究阶段，已经形成较为完善理论体系的有以下几种。

4.2.1 光响应基团体系

4.2.1.1 光致异构化分子

光致异构化分子可以在光激发下从一种构象转变为另一种构象，许多分子都可以发生光致异构化，如偶氮苯、二苯乙烯基、螺吡喃及其衍生物等。光致异构化过程一般是可逆重复的，因而光致异构化基团在水凝胶的构筑中，具有广阔的应用价值。偶氮苯基团是一种被人们所熟知的光致异构化基团，在紫外线照射下，偶氮苯从反式转变为顺式结构，在可见光照射或加热条件下，顺式偶氮苯可以恢复到反式结构 [8-10]，如图 4.1(a) 所示。不同结构的偶氮苯基具有不同的极性和亲疏水性，因而可以调控疏水作用，此外，偶氮苯基顺反异构的转变导致空间结构的改变可以影响其络合物的形成，因此偶氮苯基被用于修饰水凝胶侧链 [11-13]，以及基于多肽 [14]、寡核苷酸 [15]、牛血清白蛋白等 [16] 的生物大分子体系中，也可以通过与环糊精 (CD) [11,17,18] 形成超分子络合物得到光响应性水凝胶。此外，二苯乙烯基具有与偶氮苯类似的化学结构，具有光致顺反异构化过程 [19]，且光异构化所需的波长比偶氮苯短，热稳定性更高，在水凝胶中可以起到可逆调控的作用。螺吡喃基团在蓝光照射下，可发生从亲水 (两性离子) 花菁态 (开方式) 到疏水 (中性) 螺吡喃

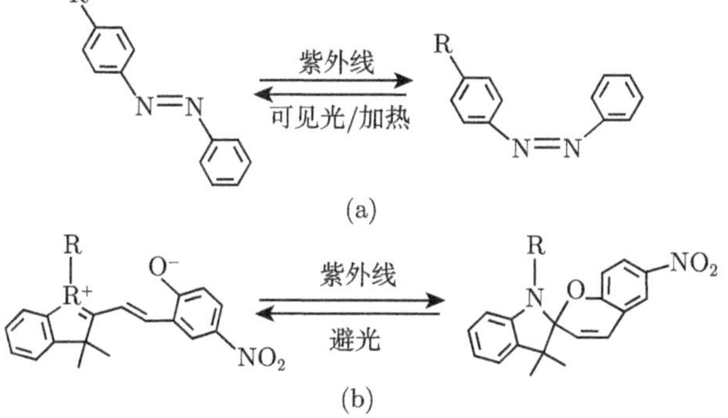

图 4.1 水凝胶中典型的光致异构化分子偶氮苯 (a) 及其螺吡喃 (b) 衍生物

态 (封闭式) 的异构化转变, 如图 4.1(b) 所示。螺吡喃性质的变化可用于水凝胶的
功能化 [20]。

4.2.1.2　光降解性分子

光降解性分子可以在光照下发生解离, 在凝胶体系中可以用来破坏聚合物网
络 [21-23], 或因分子化学性质的改变来调控超分子作用, 改变凝胶性质 [24]。

邻硝基苄基具有良好的生物相容性, 光降解前后的残留物以及降解过程对蛋
白质、DNA 和 RNA 等生物大分子都是惰性的, 且光照射后邻硝基苄基分子可以
发生分解, 从而在生物医药中被用于光降解性水凝胶, 如图 4.2 所示。三苯甲烷衍
生物在辐照下分解成离子对, 产生颜色强烈的三苯基甲基阳离子, 可与反阴离子结
合 [25]。三苯基甲烷衍生物在光辐照下可逆电离, 从而可以被用于控制水凝胶的溶
胀性 [26]。偶磺酸盐、二苯并咪唑 -2- 羧酸盐和吡喃甲基酯等光降解性分子 [27] 也
适用于光响应性水凝胶体系。

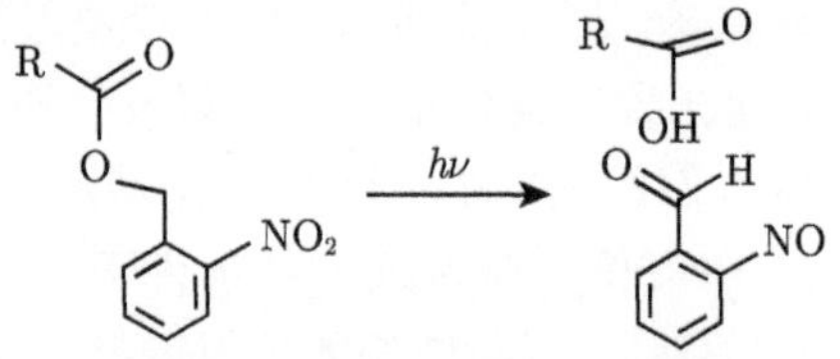

图 4.2　邻硝基苄基的光降解

4.2.1.3　光二聚分子

光二聚反应指在光的作用下, 两个相同的有机化合物分子聚合成该分子的二
聚体的反应。香豆素基团可以在光引发下聚合成二聚体, 改变光刺激可以使其解聚
合, 因而香豆素基团可以作为可逆的交联点应用在水凝胶中 [28], 如图 4.3 所示。其
他以肉桂酸酯、硝基苯酸、蒽和聚肉桂酸为基础的光二聚反应 [27,29] 也可被用于水
凝胶的制备。

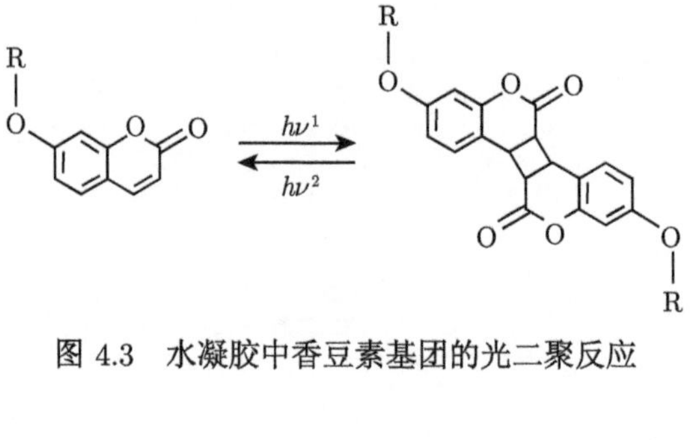

图 4.3　水凝胶中香豆素基团的光二聚反应

4.2.2 间接光响应体系

将感光性化合物添加入水凝胶中,如叶绿酸、重铬酸盐类、芳香族叠氮化合物与重氮化合物、芳香族硝基化合物和有机卤素化合物、氧化还原石墨烯、金纳米颗粒等,在光的作用下导致凝胶内温度等发生变化[30-32],凝胶进而对所改变环境因素做出响应,因而可以通过光照间接改变凝胶的物理化学性质。

在外界光刺激下,感光性化合物可将光能转化为热能,致使材料内部的温度局部升高。当凝胶内部温度变化达到相转变温度时,凝胶就会作出相应的响应。Suzuki和 Tanaka[33] 就是按此机理合成了聚异丙基丙烯酰胺 (PNIPA) 与叶绿酸 (chloro-phyllin) 的共聚凝胶。凝胶中叶绿酸为吸光产热分子,PNIPA 则是一种热敏型凝胶材料。实验表明,当温度控制在 PNIPA 相转变温度附近 (31.5℃) 时,随着光强的连续变化,凝胶可在某光强处产生不连续的体积变化。

在凝胶材料中引入感光化合物,利用其遇光分解产生离子化作用来实现响应性。在光的刺激下,光敏分子内部产生大量离子,高分子凝胶中的离子进入凝胶的内部使凝胶中的渗透压发生突变,外界溶液会向凝胶内部扩散,促使凝胶发生溶胀形变,作出光响应。例如,Mamada 和 Tanaka 将 bis[4-(dimethyl-lamino)phenyl] (4-vinylphenyl) methylleucocyamide 的紫外线敏感分子引入 PNIPA 凝胶中。当无紫外线照射时,凝胶随温度升高,体积连续缩小;用紫外线照射时,凝胶中发生离子反应,形成大量离子,对凝胶溶胀产生影响,出现不连续的体积变化[34]。

Zhang 等 [32] 将少量金纳米颗粒加入以化学交联剂 N,N-亚甲基双丙烯酰胺和结晶化疏水硬脂基丙烯酸酯链段物理交联点共存的聚 N,N-二甲基丙烯酰胺水凝胶中,当凝胶被切断后置于激光下照射,金纳米粒子可以发出热量导致凝胶内温度上升,使物理交联点硬脂基丙烯酸酯链段熔融并在损坏区域扩散;当光照关闭时,随温度降低,疏水性硬脂基丙烯酸酯链段发生结晶,物理交联点在破坏区域重新建立,水凝胶可以修复,如图 4.4 所示。通过此方法制备的自修复水凝胶克服了自修复水凝胶机械强度一般较差的不足,其拉伸强度可以大于 2 MPa。

Ninh 等 [30] 将感光性黑色素纳米粒子添加入以聚 (L-丙交酯-乙交酯)-聚 (乙二醇)-聚 (L-丙交酯-乙交酯) 三嵌段共聚物 (PLGA-PEG-PLGA) 胶束形成的水凝胶中,在紫外线照射下,黑色素纳米粒子发生光子–声子的转变,使凝胶内温度上升,温敏性链段 (PLGA-PEG-PLGA) 收缩,物理交联点解离,从而使凝胶变为溶胶溶液,如图 4.5 所示。通过光照实现了凝胶溶胶转变的过程。

将光致生热性基团与温敏性聚合物结合,可以实现光学信号到温度响应性的转变。Sun 等 [35] 将光致生热的纳米晶体 CuS 与温敏性的聚 (N-异丙基丙烯酰胺)(PNIPAM) 相结合,制备了以纳米晶体 CuS 为核,以接枝有壳聚糖的 PNIPAM 微凝胶为壳的纳米粒子。该纳米粒子可以负载抗生素,当纳米晶体 CuS 在近红外区域的波长下受照射时，可以产生热量，导致微凝胶收缩，抗生素被释放出来。Lee 等 [36] 采用微流控技术得到了包埋有石墨烯 (Go) 的 PNIPAM 微凝胶。在可见光照射下，氧化石墨烯产生热量，粒径减小，如图 4.6 所示。

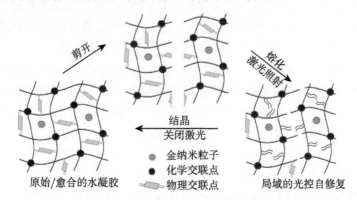

图 4.4　通过光致热效应引起物理交联熔融结晶相转变实现光控自修复的高强度水凝胶示意图

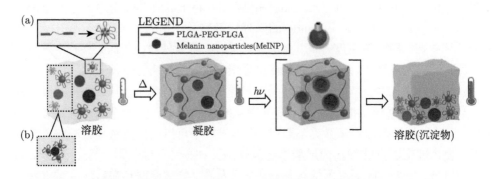

图 4.5　光控水凝胶网络相变原理图 (经英国皇家化学学会许可，转载自文献 [30])

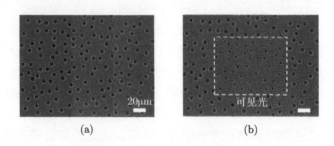

图 4.6　可见光照射前 (a) 和后 (b)，PNIPAM/GO 微凝胶的形态图 (经 AIP Publishing 许可，引用自文献 [36])

4.2.3　直接光响应体系

凝胶分子链上含有感光基团后, 感光基团一旦吸收了光, 在相应波长光能作用下就会引起电子跃迁而成为激发态。处于激发态的分子通过分子内或分子间的能量转移发生异构化作用, 引起分子构型的变化, 促使材料内部发生某些物理或化学性质的改变, 进而产生一定的响应性。引入的感光基团种类很多, 主要有: 光二聚型感光基团 (如肉桂酸酯基)、重氮或叠氮感光基团 (如邻偶氮醌磺酰基)、丙烯酸酯基团以及其他具有特种功能的感光基团 (如具有光色性、光催化性和光导电性的基团等)。

偶氮苯及其衍生物就是一类典型的光致异构分子, 具有良好的环境稳定性和容易与聚合物键合等优点。它在光照下会发生可逆顺反异构, 改变大分子链间的距离从而使凝胶表现出膨胀-收缩。如 4.7 图所示, 反式的偶氮苯在吸收紫外线后变成顺式偶氮苯, 顺式偶氮苯在可见光的照射下又可以回到反式结构。

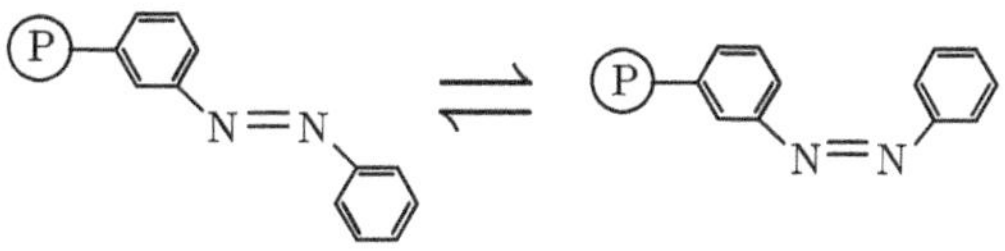

图 4.7　偶氮苯型聚合物的光致互变异构反应

在这一过程中, 偶氮苯分子结构从棒状变成 “V” 字形, 分子尺寸发生很大的变化。陈莉等用对氨基偶氮苯和丙烯酰氯合成了侧链上含有偶氮苯基的单体, 并用此单体与丙烯酸 (AA) 共聚制备了一种新型的 pH 和光响应性高分子及其共聚凝胶。结果表明, 共聚高分子显示出较好的 pH 和光响应性, 且响应性随共聚比例不同而改变。这种双重响应性分别与共聚高分子结构中的羟基解离和偶氮苯基发生顺反异构有关。

Ishihara 等 [37] 将偶氮苯引入甲基丙烯酸 2-羟乙酯 (2-羟乙酯) 水凝胶的侧链中, M. Moniruzzaman 等将反式 -4- 异丁烯酰基偶氮苯与丙烯酰胺共聚设计制备了光响应性丙烯酰胺水凝胶, 因偶氮苯可以在光照下发生顺反异构的转变, 紫外线照射后凝胶膨胀, 可见光诱导下可以可逆调控收缩。此类光响应溶胀-收缩水凝胶已被成功应用于智能光活性微悬臂梁中 [38]。Liu 等 [39] 分别在紫外线和可见光下用光聚合法制备了两种不同的光响应性水凝胶, 因聚合过程偶氮苯结构不同, 最终得到水凝胶具有不同交联网络结构, 水凝胶在紫外线和可见光下的体积溶胀与收缩率具有较大差异。Zhu 等 [40] 制备了含有偶氮苯基团的 PNIPAM 微凝胶, 其粒径可以通过光刺激导致偶氮苯构型的变化进行可逆控制。且侧基偶氮苯可以通过主客体作用与 α-CD 形成络合物, 在紫外线照射下, 偶氮苯基团由疏水性反式结构变为顺式结构, 络合物解离, 亲水性 α-CD 脱落, 粒径收缩, 如图 4.8 所示。可见光照射, 络合物可以重新络合, 具有亲水性外壁的 α-CD 的络合和解离可以对粒子溶胀能力进行可逆调控, 从而实现通过光控的主客体作用对微凝胶的体积相转变行为进行可逆调控。

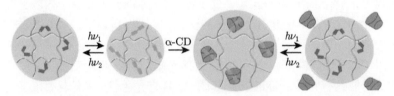

图 4.8　偶氮苯-PNIPAM 微凝胶及与 α-CD 络合物的光响应性原理

　　Satoh 等 [41] 将螺吡喃衍生物、N-异丙级丙烯酰胺、MBA 溶于二氧六环和水的混合物中 (体积比为 4:1), 加入过硫酸铵和 N,N,N,N- 四甲基乙二胺 (TEMED), 引发单体聚合成胶。然后将其浸入甲醇进行溶液交换后置于 5 mM HCl 溶液中, 得到含有螺吡喃基团侧链的水凝胶 p(Sp-NIPAAm)。螺吡喃基团在可见光照射下可以由开环结构变为闭环结构, 其分子偶极矩减小, 疏水性增加, 导致凝胶收缩, 在黑暗条件下, 闭环结构的螺吡喃可以自发转化为开环结构, 分子偶极矩变大, 链段微凝胶的溶胀度增加, 水凝胶体积变大。研究表明, 凝胶体积溶胀恢复率随螺吡喃开环率的增加而增加, 如图 4.9(a) 所示。利用水凝胶的光响应性, 可以通过对棒状凝胶实行局部光照发生不对称收缩, 实现凝胶的智能弯曲运动, 如图 4.9(b) 所示。

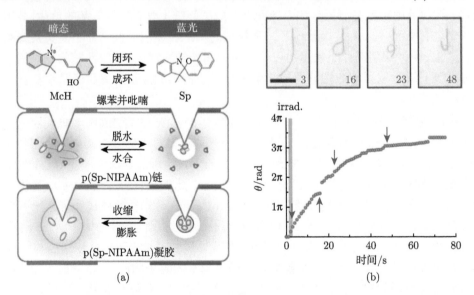

图 4.9　p(Sp-NIPAAm) 凝胶溶胀–收缩机理图 (a) 和智能弯曲运动示意图 (b)(经英国皇家化学学会许可引用)

Yu 等 [28] 设计制备了光响应性化合物甲基丙烯酸香豆素 (coumarin methacry-late)，将其与丙烯酰胺单体、含有聚氨基酰胺的化学交联剂 (PAA) 共聚得到了聚丙烯酰胺水凝胶。凝胶切断后，其断面在 365 nm 紫外线照射下，二聚成环丁烷环，因而损坏的水凝胶可以自修复，修复后的凝胶拉伸模量可以达到原始凝胶的88.6 %。修复后的凝胶在 240 nm 的紫外线照射下，因香豆素基团二聚体发生解离导致交联点降低，其断裂应力和应变下降，自修复效果变差，且随着照射时间的延长，自修复能力降低。实验结果表明：将香豆素基团引入凝胶体系，可以通过光照使其具有自修复能力，且可以通过光照进行可逆控制。

4.2.4 由多种组分构成的光响应体系

有些高分子凝胶体系中可同时含有多种对不同环境响应因素有响应性的组分，在光的作用下，各种组分协同作用，使材料在宏观上发生明显改变，作出响应。此类光响应凝胶材料可视用途不同而设计和改变组分与配方，从而拓宽光响应凝胶的品种。

4.3 含偶氮苯光响应基团的光致形变液晶弹性体

液晶分子具有各向异性排列和协同运动的特点，在外场刺激下，会产生液晶相到各向同性相的转变，分子的排列也因此出现有序–无序的变化 [42](图 4.10(a))。在含有偶氮苯的液晶体系中，反式偶氮苯在热力学上处于稳定构象，呈棒状结构，其形状与液晶分子相似，对整个液晶体系有着稳定化作用；而经过光异构化反应产生的顺式偶氮苯则是弯曲结构，倾向于使整个液晶体系发生取向紊乱 (图 4.10(b))。因此，在紫外线照射下，当偶氮苯分子发生反式到顺式的光异构化反应时，由于液晶基元的协同运动，部分液晶基元的排列方向紊乱，引起液晶相到各向同性相的转变，并且分子取向的变化将进一步使整个高分子网络产生各向异性的宏观形变。这种由液晶体系的相变所产生的形变一般都是双向可控的，因此很大程度上扩展了材料的应用范围。

Finkelmann 等 [43] 率先报道了以聚硅氧烷为主链、偶氮苯基团位于交联部分的单畴向列相液晶弹性体在紫外线照射下由偶氮苯异构引发的光致收缩行为。因为液晶分子通过共价交联形成了三维的高分子网络结构，偶氮苯的顺反异构与交联网络的偶合导致了液晶弹性体沿着取向轴的单轴收缩。

Terentjev 等 [44] 进一步将很多不同种类的偶氮苯衍生物作为光响应基团引入液晶弹性体中，考察它们在紫外线照射下的形变行为。

Keller 等 [45] 通过光聚合合成了含有偶氮苯基团的腰挂型向列相液晶弹性体薄膜，该薄膜在紫外线的照射下快速收缩，收缩率可达 18 %，在黑暗环境下缓慢恢复。

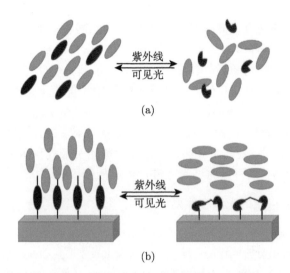

图 4.10　(a) 以偶氮苯为溶剂的向列相混合物的光致相变；(b) 指挥层化合物中偶氮苯部分异构化引起的向列相混合物的光诱导取向变化

　　相比于收缩和膨胀的二维形状变化，三维弯曲的形式更便于应用在多种不同的实际操作中。Ikeda 等 [46,47] 发现具有平行取向偶氮苯介晶基元的薄膜在 360 nm 紫外线的照射下会沿着液晶基元的排列方向朝着入射光发生弯曲，用 540 nm 的可见光照射后，薄膜恢复到最初的平展状态。这是因为在 360 nm 附近，偶氮苯的摩尔吸光系数较高，99 % 的光子都被表面厚度小于 1 μm 的偶氮苯层所吸收，也就是说，只有薄膜的表面发生了光致收缩，而薄膜其余部分因为基本上没有感应到紫外线而未发生任何变化，因此薄膜在内应力的驱动下发生了弯曲。当弯曲的薄膜受到可见光照射后，顺式偶氮苯恢复到反式状态，薄膜又恢复到原来的平整状态。反之，垂直取向的液晶弹性体薄膜则是背着入射光方向弯曲的 [33]。这是因为该薄膜中的偶氮苯液晶基元的排列方向是垂直于薄膜表面的，紫外线照射后产生的弯曲状的顺式偶氮苯使膜表面发生各向同性的膨胀，导致薄膜向完全相反的方向弯曲。这个结果表明液晶基元的排列方向对液晶弹性体的形变方式有很大影响。

　　借助于分子取向在宏观上无序微观上有序的液晶弹性体薄膜选择性吸收线偏振紫外线的特点，Ikeda 和俞燕蕾等 [48] 进一步精确有效地控制了膜的弯曲方向。他们用热聚合的方法制备了一种多畴的液晶弹性体薄膜，偶氮苯液晶基元在微观上形成有序排列，而宏观上则是无序状态。由于长棒状的偶氮苯液晶基元对线性偏振光的吸收很大程度上与偏振光的偏振方向有关，因此，当用线性偏振紫外线照射该液晶弹性体薄膜时，液晶基元排列方向与线性偏振光偏振方向一致的会发生光致收缩，于是整个薄膜沿着偏振光的偏振方向发生了弯曲形变。通过改变入射光偏振方向即可简单地实现对薄膜弯曲方向的精确控制。

有文献报道了偶氮苯发色团的浓度和位置会对液晶弹性体的光致形变性质产生影响[49]。将交联剂的摩尔浓度比率固定在 60 % 时，随着偶氮苯发色团浓度的变化，薄膜产生的光致形变应力的大小在 0.37~2.50 MPa 变化。随后，俞燕蕾等[50]证明了制备薄膜的单体和交联剂中间隔基的长度也是影响光致形变性质的另一个重要因素。

在制备液晶弹性体的过程中，为诱导液晶基元取向，通常是采用机械摩擦的方法在聚酰亚胺层表面朝着一个方向摩擦出平行的沟槽。但是这种方法往往存在着杂质和静电积累等对材料不利的因素。最近，一项新的研究结果表明，通过取向碳纳米管诱导液晶基元排列的方法，可以制备出高性能的液晶弹性体/碳纳米管复合膜[51]。这种诱导方法克服了传统摩擦取向的缺点，并且该碳纳米管复合膜首次实现了直接的光响应形变，具有更好的可控性和操作性；而且该复合膜具有优良的力学性能和电学性能，最大拉伸应力和最大电导率分别达到 31.2 MPa 和 270 S/cm，进一步扩展了液晶弹性体的应用范围。

从实际操作角度来看，由于紫外线的强扩散效应，其在生物体上的穿透能力受到限制，而且紫外线对细胞和组织都有严重的危害[38]，所以利用更安全有效的光作为驱动刺激源，可以拓宽光驱动有机执行器在生物体系中的应用，如开发可见光或近红外线驱动的含偶氮苯基团的液晶弹性体。

俞燕蕾等[52,53]利用含有偶氮二苯乙炔长共轭基团的液晶高分子开发出可见光 (甚至是太阳光) 直接驱动的光致弯曲新材料。其驱动波长大于 430 nm，实现了太阳能到机械能的直接转换。通过滤光片调节来自太阳光的入射波长，可以调控偶氮二苯乙炔液晶薄膜产生可逆的弯曲形变。这种对可见光响应的薄膜对于太阳能的开发和利用具有重要意义。

进一步，俞燕蕾等[54]成功地将稀土上转换发光纳米粒子与含偶氮二苯乙炔的液晶弹性体复合，得到在连续波 980 nm 近红外线照射下可产生快速弯曲形变的复合薄膜。近红外线具有更强的细胞和组织穿透力，并且大大降低了对生物体的伤害，使得这种新颖的光致形变液晶高分子体系在生物领域具有广阔的应用前景，如可应用于人工肌肉执行器、全光驱动开关等。

近年来，一些与液晶弹性体刺激响应形变相关的有趣实验结果也相继有所报道。Palffy-Muhoray 等[55]报道了小分子偶氮苯掺杂的液晶弹性体在波长为 514 nm 的激光照射下的快速弯曲行为，当用可见光照射浮在水面上的液晶弹性体薄膜时，薄膜会像鱼一般发生远离光源方向的游动。van Oosten 等[56]制备出了类似纤毛功能的微型执行器。利用 "喷墨打印" 技术将两种不同的偶氮苯衍生物连接起来，其中一种固定在纤毛根部，另一种连接在纤毛的自由端。通过选择性波长控制不同部位的弯曲动作，实现对纤毛运动幅度大小的调控。若将其放在水中，则能够产生扰动，促进液体的混合。最主要的是这种构件的制备可以选择不同的喷涂液进行喷涂打印, 成本较低, 有利于大面积地制备响应性的执行器件, 将来有望替代传统的电驱动执行器。

最近, 俞燕蕾等 [57] 利用液晶弹性体薄膜弯曲的性质将其制作成泵膜, 设计出一种光驱动微泵。他们还进一步利用可见光响应的液晶弹性体膜与聚乙烯薄膜复合, 设计出由 "手爪" "手腕" 和 "手臂" 等部件构成的柔性微机器人。与传统的电控制的机器人相比, 这种光驱动的微型机器人具有组装简单、容易控制等优点 [58]。

4.4　表面活性离子液体与偶氮苯衍生物构筑的光响应黏弹性蠕虫状胶束

作为智能型胶体材料和软物质, 智能型蠕虫状胶束引起了全球学术界的广泛重视。随着外界条件的微小变化, 智能型蠕虫状胶束的宏观性质会产生急剧的变化 [59]。光响应蠕虫状胶束体系由于无外界添加剂、操作简单和应用范围广等特点, 近年来成为胶体与界面化学领域研究的重要课题 [60]。

毕研慧等 [61] 研究了表面活性离子液体 1-十六烷基 -3-甲基咪唑溴 (C16mimBr) 和光响应小分子偶氮苯羧酸钠 (AzoCOONa) 在水溶液中的光响应自组装行为。发现 C16mimBr 和 AzoCOONa 在物质的量比为 2:1 时可以形成蠕虫状胶束。起初黏弹性蠕虫状胶束的黏度为 0.65 Pa·s; 紫外线照之后, 形成的聚集体仍为蠕虫状胶束, 但伸直长度变长且缠绕程度变大, 黏度增至 6.9 Pa·s。而传统表面活性剂/光响应小分子体系在紫外线照前后容易发生聚集体种类的变化。这主要是由偶氮苯分子的光异构化引起的。光照后, 由于 AzoCOONa 分子异构化, C16mimBr 分子与 AzoCOONa 之间产生额外的 cation-π 作用, 两者之间结合得更加紧密, 有利于蠕虫状胶束的生长。该光响应蠕虫状胶束体系在纳米材料制备、生物化学、三次采油等领域有着潜在的应用前景。

4.5　小结与展望

由于光源安全、清洁、易于使用、易于控制, 因此与其他环境响应性材料相比, 光响应材料无论是在工业领域还是在生物医学领域都将具有广阔的应用前景。目前, 关于光响应软物质材料的研究处于起步阶段, 相对于温敏、pH 敏感性材料来说, 软物质的光响应机理有待于进一步研究, 种类有待于进一步拓宽, 应用研究有待于进一步加强。近年来, 世界各国对光响应软物质材料的研究日益重视, 对具有更强光响应能力的光响应高分子材料的研究工作正在进一步加强。当然, 要将这些材料应用于日常生活中还面临着诸多的挑战, 为实现其应用, 科研工作者需要进一步探索，制备出具有更高的光机械转化率、更精确的光致形变调控、更复杂的形变设计以及低循环疲劳等特性的软物质材料。

参 考 文 献

[1] Noro A, Hayashi M, Matsushita Y. Design and properties of supramolecular polymer gels. Soft Matter, 2012, 8(24): 6416-6429.

[2] Bae Y. Controlled drug delivery: challenge and strategies. ACS: Washington DC, 1997: 147-162.

[3] Huffman A S, Afrassiabi A, Dong L C. Thermally reversible hydrogels: II. Delivery and selective removal of substances from aqueous solutions. Journal of Controlled Release, 1986, 4(3): 213-222.

[4] Khare A R, Peppas N A. Swelling/deswelling of anionic copolymer gels. Biomaterials, 1995, 16(7): 559-567.

[5] 张海璇, 孟旬, 李平. 光和温度刺激响应型材料. 化学进展, 2008, 20(5): 657-672.

[6] 姚康德, 成国祥. 智能材料. 北京: 化学工业出版社, 2002.

[7] 张玉欣, 陈莉, 赵义平. 光响应高分子凝胶的研究与进展. 材料导报, 2006, 20(5): 47-49, 53.

[8] Zheng P, Hu X, Zhao X, et al. Photoregulated sol-gel transition of novel azobenzene-functionalized hydroxypropyl methylcellulose and its α-cyclodextrin complexes. Macromolecular Rapid Communications, 2004, 25(5): 678-682.

[9] Luoxin W, Wang X. Progress of the trans-cis isomerization mechanism of azobenzene. Chemistry Bulletin/Huaxue Tongbao, 2008, 71: 243-248.

[10] Beharry A A, Woolley G A. Azobenzene photoswitches for biomolecules. Chemical Society Reviews, 2011, 40(8): 4422-4437.

[11] Tamesue S, Takashima Y, Yamaguchi H, et al. Photoswitchable supramolecular hydrogels formed by cyclodextrins and azobenzene polymers. Angewandte Chemie International Edition, 2010, 49(41): 7461-7464.

[12] Yamaguchi H, Kobayashi Y, Kobayashi R, et al. Photoswitchable gel assembly based on molecular recognition. Nature Communications, 2012, 3(1): 603.

[13] Sakai T, Murayama H, Nagano S, et al. Photoresponsive slide-ring gel. Advanced Materials, 2007, 19(15): 2023-2025.

[14] Hoppmann C, Seedorff S, Richter A, et al. Light-directed protein binding of a biologically relevant β-sheet. Angewandte Chemie International Edition, 2009, 48(36): 6636-6639.

[15] Hachikubo Y, Iwai S, Uyeda T Q P. Photoregulated assembly/disassembly of DNA-templated protein arrays using modified oligonucleotide carrying azobenzene side chains. Biotechnology and Bioengineering, 2010, 106(1): 1-8.

[16] Pouliquen G, Tribet C. Light-triggered association of bovine serum albumin and azobenzene-modified poly(acrylic acid) in dilute and semidilute solutions. Macromolecules, 2006, 39(1): 373-383.

[17] Takashima Y, Nakayama T, Miyauchi M, et al. Complex formation and gelation between copolymers containing pendant azobenzene groups and cyclodextrin polymers. Chemistry Letters, 2004, 33(7): 890-891.

[18] Peng K, Tomatsu I, Kros A. Light controlled protein release from a supramolecular hydrogel. Chemical Communications (Cambridge, England), 2010, 46(23): 4094-4096.

[19] Kuad P, Miyawaki A, Takashima Y, et al. External stimulus-responsive supramolecular structures formed by a stilbene cyclodextrin dimer. Journal of the American Chemical Society, 2007, 129(42): 12630-12631.

[20] ter Schiphorst J, van den Broek M, de Koning T, et al. Dual light and temperature responsive cotton fabric functionalized with a surface-grafted spiropyran—NIPAAm-hydrogel. Journal of Materials Chemistry A, 2016, 4(22): 8676-8681.

[21] Kim M S, Gruneich J, Jing H, et al. Photo-induced release of active plasmid from crosslinked nanoparticles: o-nitrobenzyl/methacrylate functionalized polyethyleneimine. Journal of Materials Chemistry, 2010, 20(17): 3396-3403.

[22] Park C, Lee K, Kim C. Photoresponsive cyclodextrin-covered nanocontainers and their sol-gel transition induced by molecular recognition. Angewandte Chemie International Edition, 2009, 48(7): 1275-1278.

[23] Kloxin A M, Kasko A M, Salinas C N, et al. Photodegradable hydrogels for dynamic tuning of physical and chemical properties. Science, 2009, 324(5923): 59.

[24] Woodcock J W, Wright R A E, Jiang X, et al. Dually responsive aqueous gels from thermo- and light-sensitive hydrophilic ABA triblock copolymers. Soft Matter, 2010, 6(14): 3325-3336.

[25] Duxbury D F. The photochemistry and photophysics of triphenylmethane dyes in solid and liquid media. Chemical Reviews, 1993, 93(1): 381-433.

[26] Irie M, Kunwatchakun D. Photoresponsive polymers. 8. Reversible photostimulated dilation of polyacrylamide gels having triphenylmethane leuco derivatives. Macromolecules, 1986, 19(10): 2476-2480.

[27] Hao Y, Meng J, Wang S. Photo-responsive polymer materials for biological applications. Chinese Chemical Letters, 2017, 28(11): 2085-2091.

[28] Yu L, Xu K, Ge L, et al. Cytocompatible, photoreversible, and self-healing hydrogels for regulating bone marrow stromal cell differentiation. Macromolecular Bioscience, 2016, 16(9): 1381-1390.

[29] Tomatsu I, Peng K, Kros A. Photoresponsive hydrogels for biomedical applications. Advanced Drug Delivery Reviews, 2011, 63(14): 1257-1266.

[30] Ninh C, Cramer M, Bettinger C J. Photoresponsive hydrogel networks using melanin nanoparticle photothermal sensitizers. Biomaterials Science, 2014, 2(5): 766-774.

[31] Wang E, Desai M S, Lee S. Light-controlled graphene-elastin composite hydrogel actuators. Nano Letters, 2013, 13(6): 2826-2830.

[32] Zhang H, Han D, Yan Q, et al. Light-healable hard hydrogels through photothermally induced melting—crystallization phase transition. Journal of Materials Chemistry A, 2014, 2(33): 13373-13379.

[33] Suzuki A, Tanaka T. Phase transition in polymer gels induced by visible light. Nature, 1990, 346(6282): 345-347.

[34] Mamada A, Tanaka T, Kungwatchakun D, et al. Photoinduced phase transition of gels. Macromolecules, 1990, 23(5): 1517-1519.

[35] Sun J, Gui R, Jin H, et al. CuS nanocrystal@microgel nanocomposites for light-regulated release of dual-drugs and chemo-photothermal synergistic therapy in vitro. RSC Advances, 2016, 6(11): 8722-8728.

[36] Kim D, Kim D, Lee E, et al. Piezoelectrically-driven production of sub 10 micrometer smart microgels. Biomicrofluidics, 2016, 10(1): 14127.

[37] Ishihara K, Hamada N, Kato S, et al. Photoinduced swelling control of amphiphilic azoaromatic polymer membrane. Journal of Polymer Science: Polymer Chemistry Edition, 1984, 22(1): 121-128.

[38] Iwaso K, Takashima Y, Harada A. Fast response dry-type artificial molecular muscles with [c2]daisy chains. Nature Chemistry, 2016, 8: 625.

[39] Liu J, Nie J, Zhao Y, et al. Preparation and properties of different photoresponsive hydrogels modulated with UV and visible light irradiation. Journal of Photochemistry and Photobiology A: Chemistry, 2010, 211(1): 20-25.

[40] Zhu L, Zhao C, Zhang J, et al. Photocontrollable volume phase transition of azobenzene functionalized microgel and its supramolecular complex. Rsc Advances, 2015, 5: 84263-84268.

[41] Satoh T, Sumaru K, Takagi T, et al. Fast-reversible light-driven hydrogels consisting of spirobenzopyran-functionalized poly(N-isopropylacrylamide). Soft Matter, 2011, 7(18): 8030-8034.

[42] Bossi M L, Aramendía P F. Photomodulation of macroscopic properties. Journal of Photochemistry and Photobiology C: Photochemistry Reviews, 2011, 12(3): 154-166.

[43] Finkelmann H, Nishikawa E, Pereira G G, et al. A new opto-mechanical effect in solids. Physical Review Letters, 2001, 87(1): 15501.

[44] Tajbakhsh A R, Terentjev E M, Hogan P M. UV manipulation of order and macroscopic shape in nematic elastomers. Physical Review E, 2002, 65(4): 41720.

[45] Li M H, Keller P, Li B, et al. Light-driven side-on nematic elastomer actuators. Advanced Materials, 2003, 15(7-8): 569-572.

[46] Ikeda T, Nakano M, Yu Y, et al. Anisotropic bending and unbending behavior of azobenzene liquid-crystalline gels by light exposure. Advanced Materials, 2003, 15(3): 201-205.

[47] Wang L, Wang X. Progress of the trans-cis isomerization mechanism of azobenzene. Chemistry, 2008, 71(4): 243-248.

[48] Yu Y, Nakano M, Ikeda T. Directed bending of a polymer film by light. Nature, 2003, 425(6954): 145.

[49] Kondo M, Sugimoto M, Yamada M, et al. Effect of concentration of photoactive chromophores on photomechanical properties of crosslinked azobenzene liquid-crystalline polymers. Journal of Materials Chemistry, 2010, 20(1): 117-122.

[50] Zhang Y Y, Xu J X, Cheng F T, et al. Photoinduced bending behavior of crosslinked liquid-crystalline polymer films with a long spacer. Journal of Materials Chemistry, 2010, 20(34): 7123-7130.

[51] Wang W, Sun X, Wu W, et al. Photoinduced deformation of crosslinked liquid-crystalline polymer film oriented by a highly aligned carbon nanotube sheet. Angewandte Chemie International Edition, 2012, 51(19): 4644-4647.

[52] Yin R, Xu W, Kondo M, et al. Can sunlight drive the photoinduced bending of polymer films? Journal of Materials Chemistry, 2009, 19(20): 3141-3143.

[53] Cheng F, Zhang Y, Yin R, et al. Visible light induced bending and unbending behavior of crosslinked liquid-crystalline polymer films containing azotolane moieties. Journal of Materials Chemistry, 2010, 20(23): 4888-4896.

[54] Wu W, Yao L, Yang T, et al. NIR-light-induced deformation of cross-linked liquid-crystal polymers using upconversion nanophosphors. Journal of the American Chemical Society, 2011, 133(40): 15810-15813.

[55] Camacho-Lopez M, Finkelmann H, Palffy-Muhoray P, et al. Fast liquid-crystal elastomer swims into the dark. Nature Materials, 2004, 3(5): 307-310.

[56] van Oosten C L, Bastiaansen C W M, Broer D J. Printed artificial cilia from liquid-crystal network actuators modularly driven by light. Nature Materials, 2009, 8(8): 677-682.

[57] Chen M, Xing X, Liu Z, et al. Photodeformable polymer material: towards light-driven micropump applications. Applied Physics A, 2010, 100(1): 39-43.

[58] 刘玉云, 俞燕蕾. 光致形变液晶弹性体的研究进展. 自然杂志, 2013, 35(2): 127-134.

[59] Chu Z, Dreiss C A, Feng Y. Smart wormlike micelles. Chemical Society Reviews, 2013, 42(17): 7174-7203.

[60] Wang D, Dong R, Long P, et al. Photo-induced phase transition from multilamellar vesicles to wormlike micelles. Soft Matter, 2011, 7(22): 10713-10719.

[61] 于丽, 毕研慧. 表面活性离子液体与偶氮苯衍生物构筑的光响应粘弹性蠕虫状胶束//中国化学会第十五届胶体与界面化学会议论文集 (第三分会). 2015.

第 5 章 温度响应软物质材料

生活中，温度因素影响着方方面面。以扩散为例，我们会发现，温度越高，扩散得越快。观察布朗运动时也会发现，温度越高，悬浮微粒的运动就越明显。这些现象表明分子的无规则运动与温度有关系，温度越高，这种运动就越激烈。因此，我们把分子永不停息的无规则运动叫做热运动 (thermal motion)。分子的运动与温度、分子质量有关，比如在一个烧杯中装半杯热水，在另一个同样的烧杯中装等量的凉水，用滴管分别在两个杯底注入一滴墨水，发现装热水的烧杯的颜色变化得快，说明分子的热运动与温度有关。分子的热运动也可以在气体和固体间进行。

同时，温度也是与能量直接相关联的参数。通俗地说，吸热会升高温度，放热会降低温度。与温度相关的能量概念有很多，比如自由能 (free energy)。自由能指的是在某一个热力学过程中，系统减少的内能中可以转化为对外做功的部分。自由能在物理化学中，分为亥姆霍兹的定容自由能 F 与吉布斯的定压自由能 G。每一个热力学行为、化学变化过程中，温度的改变几乎对每种材料都有影响。第一，温度的变化会引起材料能量的改变，从而影响物理性能，引起分子的热运动改变；第二，温度改变了反应热力学，引起物质系统在各种条件下的物理和化学变化中所伴随着的能量变化，从而影响对化学反应的方向和进行的程度作出准确的判断；第三，温度影响化学动力学 (也称反应动力学、化学反应动力学)，即化学过程进行的速率和反应化学动力学。

5.1 温度响应软物质材料概述

材料是人类生活和生产的基础，1989 年，日本高木俊宜教授将信息科学融于材料构性和功能，首先提出智能材料概念。智能材料是指对环境具有感知、可响应功能，并具有功能发现能力的新材料，被称为 "21 世纪的新材料"。

软物质材料是受温度影响非常明显的一类材料，对其研究已经成为一个非常重要的交叉性学科。软物质材料的应用无处不在，与人们生活休戚相关。日常生活中常用的橡胶、墨水、洗涤液、饮料、乳液及药品和化妆品等，工程技术中广泛应用的液晶、聚合物等，以及生物体的细胞、体液、蛋白、DNA 等，都属于软物质。而温度敏感的软物质材料也逐步成为生活中的基本组成部分，比如水凝胶、温敏窗膜、相变材料等 [1-4]。从物理学角度来看，固体的组成结构是长程有序的，而软物质可以总结为短程有序而长程无序。造成这一区别的根本原因在于两者内部原子动能的不同：软物质中的基本单元 (原子或者分子) 的动能接近热运动能量 $K_b T$；而固体的基本单元的动能远小于热运动能量。温度对热运动的影响是最直接的，也是最有效的，当温度升高时，基本单元的热运动增强，会引起热涨落和熵变，导致软物质体系复杂物相的变化，表现为结构变化甚至物理性能变化等。这些驱动作用比原子或分子间键能弱得多，表现为微弱的刺激，但能引起整个软物质系统量的乃至质的改变。

随着时代的发展和科技进步，人类不再满足于简单地使用原始材料，而是想根据自己的意愿合成制备具有功能或者智能特性的材料。智能材料是指具有可感知外部刺激如压力、温度、湿度、pH、电场或磁场等的改变，继而判断并处理这些外部刺激的新型功能特性的材料。软物质 "小作用，大响应" 的特点预示着它对外部刺激可以具有特定而显著的响应，它属性中的一个显著特点就是可通过一个外部条件的改变而改变，并且这种变化是可逆的、可以重复多次的。所以，如果将软物质的这些特殊性质加以研究和利用，就能制备出具有某些功能甚至智能特性的软物质材料。温度响应的智能材料主要用来制造各种功能元器件从而被广泛应用于各类高科技领域。智能材料是功能材料高级的形式，是一种新型功能材料，它不仅能够感知环境变化，还能根据这些属性做出相应的响应，以达到某种智能控制的目的。智能材料拥有传感功能、反馈和响应功能、信息识别和积累功能、自诊断能力、自修复能力和自适应能力六大功能。温度响应的软物质材料里，温度敏感材料是最典型的智能材料，也是近些年研究的热点 [5]。

近年来，软物质科学迅速发展，研究领域横跨化学、生物和物理三大学科，化学和生物学构成了软物质科学的实验基础，物理学为软物质科学提供理论依据和发展的方向。软物质材料更是成为化学、物理、材料和生物等学科交叉融合的重要领域和天然桥梁，同时又与许多技术和工程问题密切相关。温敏智能软物质材料的响应规律和机理、合成制备、表征、测量及应用，都是软物质智能材料的研究范围，本章将对温敏软物质智能材料进行详细介绍。

5.2　温度响应软物质材料种类、机理与应用

5.2.1　材料种类

温度响应智能材料是智能材料中的一大类，从材料结构是否改变的角度划分为结构发生改变的无机材料、有机高分子软物质材料、复合材料。

5.2.1.1　结构发生改变的无机材料

例如，随着组成成分的不同，VO_2 的晶体结构发生变化，相变温度也随之改变，一般在 68 ℃，它会发生可逆的半导体–金属相变，但是这一类材料并不属于软

物质范畴。

5.2.1.2 有机高分子软物质材料

例如聚 (N-异丙基丙烯酰胺) (PNIPAM)，它会在温度升至 32 ℃ 时发生相变，由均相体系转变成非均相体系，原因在于化学交联的 PNIPAM 水凝胶在升温至 32 ℃ 左右时，会骤然收缩。

5.2.1.3 复合材料

例如相变功能材料，即随温度变化而改变物质状态并能提供潜热的材料。转变物理性质的过程称为相变过程，这时相变材料将吸收或释放大量的潜热。

软物质智能材料本身的体系相对复杂，在改变温度的条件下，体系中对能量的感知不同而产生不同的温度响应，这类材料种类繁多，并且在生活中占有举足轻重的地位。

5.2.2 热致材料普遍原理及性质

作为热致材料的之一的热致调光材料，是一类可以依靠环境温度的变化来改变自身对入射光线透过或吸收特性的热光功能材料，通常由透明聚合物基体和掺杂在其中的热致相分离组分组成，在最低临界相容温度 (LCST，即相分离温度) 附近，聚合物基体和相分离组分的相容或分离能够使材料表现出可逆的透明–浑浊转变，原理如图 5.1 所示。因为这类材料具有可逆的透明度和颜色转变特性，近年来逐渐成为智能窗 [6,7]、温度传感器 [8]、热可逆记录 [9] 等热光学领域的一个研究热点。

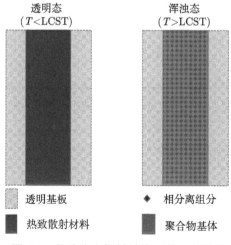

图 5.1 热致聚合物材料的可逆调光原理

作为热致材料的另一大类的热致变色材料，是一类在物质受热或冷却时发生颜色转变现象的材料。热致变色材料通常是由热致变色组分和透明聚合物基体组成的。所使用的热致变色组分，主要是由一些具有潜在热致变色特性的染料与质子给体 (显色剂) 组成的复配体系 [10-13]。随着温度变化，由于染料与质子给体之间的质子迁移作用，染料分子会发生可逆的结构转变，其在可见光吸收光谱上表现为吸收带的迁移或吸收强度的变化，即颜色转变。从热力学角度可将热致变色材料分为不可逆热致变色材料 (irreversible thermochromic materials) 和可逆热致变色材料 (reversible thermochromic materials) 两大类 [14]。

5.2.2.1　不可逆热致变色材料机理

不可逆热致变色材料是指加热到一定温度颜色发生变化的物质，这种颜色变化是单方向的，冷却后无法恢复原色，因此能记录经受过的最高温度。不可逆热色性主要是由于材料的热分解产生氨、二氧化碳、水之类的物质，以及发生升华、熔融、化合反应、氧化还原反应而引起颜色的变化，其变色温度一般较高 [15]。这类材料有铅、镍、铬、锌、钴、铁、镉、锶、镁、钡、钼、锰等的磷酸盐、硫酸盐、硝酸盐、氧化物、硫化物以及甲基紫，苯酚化合物，酸性白土、偶氮颜料、芳基甲烷颜料等 [16]。根据材料随温度变化所出现颜色的多少分为单变色不可逆热致材料和多变色不可逆热致材料。

不可逆热致变色材料随温度升高发生物理、化学反应，产生不可逆转变生成新物质，机理如下：

(1) 氧化反应：某些物质在氧化气氛下加热，发生氧化反应，生成了新物质，产生颜色变化。

(2) 热分解反应：化合物受热一般都能发生分解反应，破坏原来的物质结构，分解产物的化学结构呈现新的颜色，同时放出 H_2O、CO_2、SO_3、NH_3 等气体。

(3) 固相反应：两种或两种以上的混合物，在特定温度范围内发生固相间的化学反应，生成物具有与原物质截然不同的颜色。其原理与陶瓷釉料的烧成原理相同。

(4) 升华反应：具有升华性质的物质，在加热到一定温度 (一定压力下) 时，发生升华反应，由固态分子直接变成气态分子逸出，产生颜色变化。

(5) 熔融变色：结晶有机化合物具有固定熔点，在某一固定温度下可发生熔融反应，化合物晶架被破坏，晶体质点做无规则的运动，从不透明的固态转变为透明的熔态 (液态)，熔融前后可以产生较大的色差。该类材料在很小温度间隔内瞬时反映出温度变化，不受加热时间、升温速度等外界因素影响。

5.2.2.2　可逆热致变色材料机理

可逆热致变色材料是指材料加热到某一温度 (或温度区间)，颜色发生变化，呈现出新的颜色, 而当温度恢复到初温后又能恢复到原来的颜色, 颜色变化具有可逆性。这种材料具有颜色记忆功能, 可以反复使用 [17]。自从 1871 年 Houston 观察到 CuI 等无机物的热致变色现象以来, 人们对热致变色进行了不断的研究, 具有可逆热致变色性质的化合物范围已从简单的金属、金属氧化物、复盐、络合物发展到各种有机物、液晶、聚合物以及生物大分子等 [18,19]。这些材料性质的不同, 决定了它们具有各自的特点及不同的变色机理 [20]。20 世纪 80 年代以来, 可逆热致变色材料成为研究的热点。其中有机可逆类热致变色材料在各类热致变色材料中综合性能最优, 成为目前热致变色材料研究和应用的热点。同金属无机盐和液晶材料相比, 这种热致变色材料变色温度可选性较大、变色区间窄、颜色组合自由、色彩鲜艳、变色明显, 是目前最引人注目的材料。液晶可分为三种类型: 近晶液晶, 向列液晶和胆甾相液晶。前两者主要使用其电气特性, 并广泛用于计算机等高级领域的显示。胆甾相液晶主要使用的是热性能 [21]。胆甾相液晶具有层状结构, 分子的长轴在层中彼此平行, 但相邻层之间的分子轴的方向偏移, 从而形成螺旋结构。层之间的周期间隔称为间距。温度变化将改变间距, 不同的间距将反射不同波长的光, 从而产生颜色变化 [22]。过去, 胆甾相液晶是用作变色的主要材料, 液晶油墨是通过微胶囊化和添加连接材料制成的, 其特点是低变色温度 (23~42 °C) 和连续多级可逆变色, 如图 5.2 所示 [23]。然而, 颜色少、耐久性差、保质期短和成本高限制了它的广泛推广和应用。

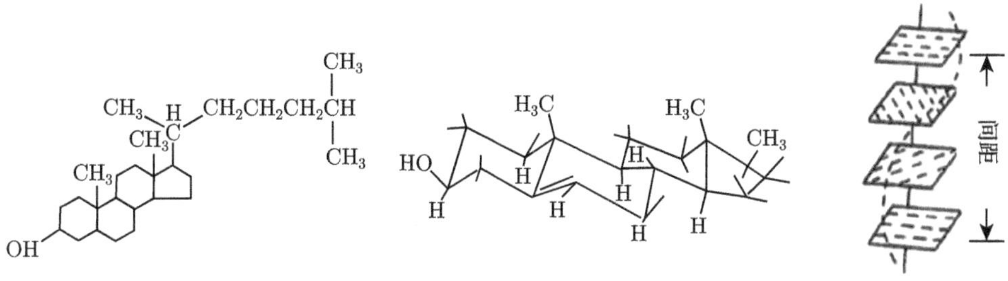

图 5.2 胆甾相液晶的几种结构: (a) 结构式; (b) 构型式; (c) 胆甾相液晶的螺旋结构

无机可逆热致变色材料是可逆热致变色材料的一大类, 其变色的原因有很多种, 但主要是温度变化导致晶型转变、得失结晶水、电子转移、配位体几何构型变化。

(1) 晶型转变: 可以分为重建型晶型转变和位移型晶型转变。重建型晶型转变指破坏原子键合, 改变次级配位使晶体结构完全改变原样的转变; 位移型转变是指虽有次级配位的转变, 但不破坏键, 只是结构发生畸变或晶格常数改变的转变。无机可逆热致变色材料是指物质在一定的温度作用下其晶格发生位移, 即由一种晶型转变为另一种晶型而导致颜色改变；当冷却到一定温度后晶格恢复原状，颜色也随之复原 [24,25]。大多数无机可逆热致变色材料都具有均匀的多晶现象，其晶体相变可分为重构相变和位移相变。

(2) 得失结晶水：这类物质多数是带结晶水的 Co、Ni 的无机盐。含有内结晶水的物质加热到一定温度时，失去结晶水引起颜色变化；冷却时重新吸收环境中的水汽，逐渐恢复到原来的颜色。

(3) 电子转移：有些可逆热致变色材料是电子在不同组分中的转移引起氧化还原反应，从而导致颜色的变化。

(4) 配位体几何构型变化：物质在温度变化时，配位体的几何构型发生可逆变化，从而导致颜色发生变化。这类可逆材料变色性状稳定，耐热性好，色差较大。

有机可逆热致变色材料是可逆热致变色材料的另一大类，其变色的原因也有很多种。有机可逆热致变色材料的机理可大致分为两类：

(1) pH 变化引起：这类有机可逆热致变色材料由酸碱指示剂、一种或多种使pH 变化的羧酸类及胺类的熔化性化合物组成。当组成物中导致 pH 变化的可熔性化合物随着温度变化而熔化或凝固的时候，pH 的变化引起可逆而迅速的变色。

(2) 电子得失引起：具有这一变色机理的有机可逆热致变色材料，由电子给予体、电子接受体及溶剂性化合物三部分组成，通过电子的转移而吸收或辐射一定波长的光，表观上反映为物质颜色的变化。电子给予体和电子接受体的氧化还原电势接近，但温度变化时，二者氧化还原电势相对变化程度不同，这使氧化还原反应的方向随着温度改变而改变；同时，通过电子给予体和电子接受体之间电子的给予和接受，分子结构发生变化，从而导致体系的颜色发生可逆变化。在反应中电子给予和接受随温度呈可逆变化。其中，电子给体决定颜色变化，电子受体决定颜色深度，溶剂化合物决定颜色变化温度。

5.2.3　热致材料的应用

据测算，建筑、工业、交通运输能耗是当今中国三大主要能耗，其中建筑能耗占社会总能耗的 40% 以上 [26]，而通过门窗流失的能耗占到建筑能耗的近一半，换言之，通过门窗流失的能耗约占社会总能耗的 20% [27]。尤其在北方，冬季集中供暖大量燃煤已成为雾霾天气的主要成因之一。而一扇好的门窗，冬季可减少室内热量流失，夏季可阻滞室外热量向室内传导，保持室内制冷效果，节省大量能源。然而现实中，我国的节能门窗使用情况却不容乐观。市场占有率最高的铝合金门窗，除了保温性能差外，铝合金采掘、生产、加工过程中本身就是不环保、高能耗的工业运作。到目前，门窗节能在中国依旧没有得到应有的重视，高能耗建筑的数量随着房地产开发飞速上升，带来的是更大的能源浪费和日益严重的环境及大气污染。中国门窗节能标准一直无法提高主要归结于国人对门窗保温节能的概念及其重要性缺乏认知。提到建筑节能，人们想到的更多是墙体保温，却不知门窗才是建筑能耗的大漏斗。

随着科学技术的发展，人们在不断寻求具有新特性、新功能的智能材料，热致聚合物材料已日益引起人们的注意。其广泛地应用于现在的纺织[28]、印刷、医疗保健、诊断、机械、能源利用[29]、交通、建筑[30]、日用装饰、化学防伪、航空航天[31]和科学研究[32]等各个领域，并已开发出相应的部分产品。当前，由建筑能耗所引起的能源紧张越来越制约着社会经济的发展。特别是在夏季，热辐射光线无屏蔽直接进入室内，增加的制冷能耗占室内制冷能耗的50%以上。所以，在建筑采光处适当地增加遮阳等节能手段是十分必要的。常用普通玻璃窗、低辐射玻璃窗都无法实现辐射透过率随环境而改变，与传统的遮阳手段如百叶窗、窗帘等相比，智能遮阳窗户不需要人为地施加外力，进入室内的光热强度就可以随环境温度的变化自动进行调节，从而达到遮阳、调节光线以及降低制冷能耗的目的。由此可知，需要研究出一种在寒冷的冬季即低温下具有高透光率，炎热的夏季即高温下具有低透光率，且该转变温度接近建筑物热舒适温度的热致调光材料才能同时满足冬、夏两季的应用要求，从而满足人类对建筑物舒适环境的需求[33-35]。例如，新加坡最近生产的一种智能玻璃，透明导电薄膜夹在两层玻璃之间，通电后导电薄膜发挥作用，阳光强时呈蓝色，20%光线透过，95%的热辐射被反射回去；阳光比较弱时，光线100%通过。近年来用于建筑和汽车上的智能窗，在夏季光强时自动调成深色，吸收大部分日光，从而保持室内与车内凉爽；在冬季白天时，智能窗将调成透明，让可见光和红外线辐射进入室内与车内而取暖；但在冬季夜间时，智能窗将调成深色，不让室内与车内热量通过红外辐射扩散到室外与车外，从而起到保暖作用[36]。

作为智能材料的一个重要组成部分，高分子智能材料(又称智能聚合物、机敏性聚合物、刺激响应型聚合物、环境敏感型聚合物)是一种能感知周围环境变化的材料，其因自身具有独特的感知能处理并响应外界环境的微小变化，表现出了良好的应用前景。目前高分子智能材料研究的内容主要集中在以下几方面[37-39]：① 记忆功能高分子材料；② 智能高分子凝胶，包括光敏性、温敏性、电磁敏感性、压力敏感性和pH敏感性等单一响应性高分子凝胶及温度与pH敏感性、热与光敏感性等双重或多重响应性高分子凝胶等；③ 智能药物释放体系；④ 聚合物电流变流体；⑤ 智能高分子膜；⑥ 智能纺织品；⑦ 智能橡胶材料；⑧ 生物材料的仿生化、智能化。

智能热致聚合物是一种能够对外界温度的变化产生预定响应的高分子材料，即外界温度的变化促使聚合物的微观结构发生预定的响应，从而使聚合物特定的宏观性能随之发生相应的变化。根据光学性能随着温度的变化，主要将其分为热致调光、热致变色以及双功能三种类型[40]。其中热致调光型聚合物材料随着温度的变化呈现出可逆的透过率转变，即所谓的透明–浑浊转变；热致变色型聚合物材料随着温度的变化，可以改变自身对某一可见光波段的吸收特性并保持较高的透过率，产生可逆的颜色转变 [41,42]；而双功能型聚合物材料集上述两类材料的功能于一身，随着温度的变化同时发生透明度转变和颜色转变。在热致材料的研究、制备和应用方面，美、日等国处于领先地位，我国尚处于起步阶段，产品研制较少。随着热致材料应用面的不断扩大，其需求量日益增大，将逐渐显示出潜在的巨大经济效益和社会效益。

5.2.3.1　智能窗

智能窗是一种能够感知和响应外部刺激 (如光、热或电) 的系统。它通过玻璃控制光通量，有望将室内光和温度的可逆控制应用于下一代家用或工业多用途窗户。多年来各种系统都经过了测试。在这些系统中使用的材料一般可分为以下三类：电致变色、热致变色和光致变色材料。电致变色智能窗通常由夹在铟锡氧化物涂层的玻璃或塑料板之间的液晶组成，是一种透明导电材料。当电流通过这个窗口时，粒子改变了它们的方向，从而允许或阻止光线通过。热致变色智能窗，典型地为二氧化钒 VO_2 型窗口，在临界温度 T_c 时从半导体结构转变为金属。这种转变伴随着光学性质的突变，这种突变可以阻挡光线。通常情况下，这些异色材料要么是具有特定接枝基团的有机分子，要么是金属过渡氧化物。虽然由这些材料构成的智能窗具有高的颜色对比度、灵活的开关速度和低响应时间等优点，但材料合成成本较大地限制了它们的实际应用。

5.2.3.2　传感器

传感器是一种物理装置或生物器官，能够探测和感受外界的信号及物理条件 (如光、热和湿度) 或化学组成 (如烟雾)，并将探知的信息传递给其他装置或器官。现代传感器制造业的进展取决于用于传感器技术的新材料。近年来，热致变色薄膜在传感器方面的应用引起了人们的广泛关注 [43]。例如，液晶热致变色薄膜变色灵敏，具有鲜艳的自然色彩，被称作自然界中色彩变幻的颜料。

Abdullah 等 [44] 制备了一系列液晶热致变色薄膜，该薄膜的颜色亮度和变色灵敏度都很高，是一种很好的传感器材料。Baron 等 [45] 用 Nafion(杜邦公司生产的全氟磺酸离子交换树脂) 做聚合物基体，添加一些 pH 指示剂 (如酚酞和番红精-O 等) 制备了一系列热致变色薄膜。该薄膜可逆变色温度可覆盖 2~70 ℃。Leger 等 [46] 借助自喷涂工艺制备了聚苯乙炔基热致变色薄膜，在 25~100 ℃ 范围内，随温度的变化，该薄膜的聚合物骨架发生扭曲，使得共轭的链长减小，引起材料吸收蓝移，薄膜颜色由红色变为黄色。该薄膜变色范围更大，颜色变化明显，复色时间快，同时其相态和体积未发生明显变化，因而在传感器领域有很大的应用前景。

5.2.3.3 可擦重写光盘

随着信息时代的发展，研究开发大容量信息储存技术迫在眉睫。光盘信息存储具有高存储密度、长存储寿命、高数据传输速率及低信息位价格等优点，受到研究者的高度重视，是信息工业中最为活跃的领域之一。以前的记录光盘主要是只读光盘和一次写入光盘，这严重阻碍了信息储存技术的发展。而近年来出现的可擦重写光盘能对已写入文件进行改写，比以前的光盘具有更大的灵活性和实用价值。Seredyuk 等 [47] 合成了室温热致变色液晶 $[Fe(C_n trz)_3]$ $(4\text{-}MeC_6\text{-}H_4SO_3)_2 \cdot H_2O$ (n 是烷基链的碳原子数)，并进一步制备了自旋转交联热致变色液晶薄膜，该薄膜兼具自旋交联材料和液晶材料的性质，有灵敏的光、热响应性，在 60 °C 附近实现可逆转变，颜色由紫红色变为灰白色，在可擦重写光盘领域有很大的应用前景。

5.2.3.4 医疗方面

医疗中常用液晶热致变色薄膜对某些疾病进行诊断 [48,49]，将热致变色薄膜紧贴在病变部位皮肤上，根据颜色的分布和温差可诊断病变部位和种类。还可对胚胎进行定位检查，由于胎盘比周围组织更热，知道了它的位置就可判断婴儿能否顺产或剖腹是否合适。此外，液晶热致变色薄膜还有显示人体的穴位和经络图的作用。

5.2.3.5 农业方面

设施农业中常用农用薄膜或玻璃温室大棚。在一定范围内，光合速率随着光强和温度的增加而增加，当超过一定的光强和温度后，光合速率并不随着光强的增加而增加，反而下降了。热致调光玻璃在高温下变成雾化状态，降低温室内温度，提高高温下植物的光合作用，同时阳光透过玻璃，由直射光变为散射光，可以降低太阳光的辐照强度，减少植物的光抑制效应，使温室内无阴影，也会减少对植物的灼伤。研究表明植物在散射光线的作用下生长得更好。

5.3 典型温度响应软物质材料

1956 年开始出现关于聚 (N-异丙基丙烯酰胺) 即 PNIPAM 研究的报道，1960 年 Wichterle 和 Lim 合成第一个交联的聚羟乙基丙烯酸甲酯 (PHEMA) 水凝胶，此后水凝胶优良的溶胀性、透过性、生物相容性等得到证实，1967 年 Scarpa 等首次观察到线型 PNIPAM 水溶液在较低温度时发生的相变，1978 年 Tanaka 通过对聚丙烯酰胺水凝胶的研究，首次提出 PNIPAM 具有温度敏感性及凝胶相转变热力学理论。自从 1984 年 Hirokawa 和 Tanaka 等首次报道了 N-异丙基丙烯酰胺 (N-isopropylacrylamide, NIPAM) 具有低温溶解、高温相分离的特性以来，PNIPAM 以及 N-烷基取代丙烯酰胺已逐渐成为国际上高分子领域温敏型聚合物研究的一个新热点。

5.3.1　NIPAM 类凝胶材料及应用

温度敏感型微凝胶 [50] 是随着外界环境温度的变化而发生体积收缩或溶胀行为的聚合物胶体粒子，它是目前研究最为广泛的一类智能微凝胶。温度敏感型微凝胶分子结构中含有一定比例的亲水基团及疏水基团，外界环境温度的变化会影响这些基团的亲/疏水性，也会影响大分子链间及大分子链与水之间的氢键作用，从而引起网络结构的变化，使微凝胶体积发生收缩或溶胀行为。通常将微凝胶体积发生变化时的温度叫体积相转变温度 (volume phasetransition temperature, VPTT) 或低临界溶解温度 (lower critical solution temperature, LCST) [51]。通常根据微凝胶体积随着温度变化趋势的不同可以分为负温度敏感性智能微凝胶及正温度敏感性智能微凝胶两大类，其中负温度敏感性智能微凝胶中研究最多的是 PNIPAM 微凝胶 [52,53]。

PNIPAM 的单体是 N-异丙基丙烯酰胺，如图 5.3 所示，为白色片状晶体，分子量为 113.16，熔点为 60~63 ℃，沸点为 89~92 ℃，含有碳碳双键，可以很容易打开双键进行自由基聚合，同时具有亲水性的酰胺基和疏水性的异丙基，但自身存在机械强度差、伸展状态下较柔软难以从溶液中彻底分离等缺点，尤其在遇水体积相变时，基本丧失支撑自身的能力，在很大程度上限制了其应用范围。但是同丙烯酰胺单体相比，N-异丙基丙烯酰胺单体只是把丙烯酰胺单体 N 上的一个 H 换上了异丙基，正是由于这一点差别，两者在单体性能以及所形成聚合物的性能上存在巨大的不同。PNIPAM 微凝胶基于其具有最低临界溶解温度和共聚物温度响应的特点，与其他聚合物的共聚物是典型的负温度敏感性智能凝胶，并且可以与其他亲或疏水单体共聚或基材接枝获得新的材料特性，如将 PNIPAM 与疏水性链段共聚可以降低相转变温度、与亲水性链段共聚可以提高相转变温度、与光敏感性材料共聚可以得到多重响应性的共聚物、与具有良好力学性能的材料共聚可以改善机械性能等。

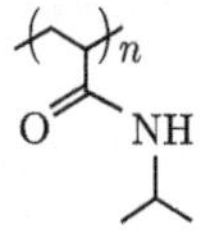

图 5.3　PNIPAM 结构式

当使用适当交联剂时，反应聚合物是三维水凝胶。当其在高于 32 ℃ 的水中加热时，会经过 LCST，从膨胀的水合状态转变到收缩脱水状态，这一过程损失约 90% 的体积，并引起相应物理性质的变化，如亲疏水性、粒径 [54,55]、胶体稳定性 [56,57] 及流变学行为 [58,59]。由于 PNIPAM 可以在接近人体体温下排出其液体的内容物，因此许多研究人员已经研究了 PNIPAM 在组织工程 [60,61] 和控制药物递送 [62,63] 中的可能性。

5.3.1.1 NIPAM 类凝胶的原理及性质

PNIPAM 微凝胶是一种三维的交联网络，在以水为溶剂的条件下，将会发生溶胀。溶胀过程实际上是两种相反趋势互相平衡的过程：溶剂想进入网络内部使其体积膨胀，致使三维网络发生伸展；交联点之间分子链的相互伸展会降低它的构象熵值。目前较容易被人接受的观点是：PNIPAM 分子内具有一定比例的疏水和亲水基团，它们与水在分子内、分子间会产生相互作用。在低温时，PNIPAM 与水之间的相互作用主要是酰胺基团与水分子间氢键的作用。PNIPAM 分子链在 LCST 以下溶于水时，由于氢键及范德瓦耳斯力的作用，大分子链周围的水分子将形成一种由氢键连接的、有序化程度较高的溶剂化壳层。随着温度上升，PNIPAM 与水的相互作用参数突变，其分子内及大分子间疏水相互作用加强，形成疏水层，部分氢键被破坏，大分子链疏水部分的溶剂化层被破坏，水分子从溶剂化层的排出表现为相变，产生体积收缩即温度响应性的体积变化。从而网络间的弹性收缩力使分子网络收缩，当这两种相反的倾向互相抵消时，就达到了溶胀平衡。如图 5.4 所示。

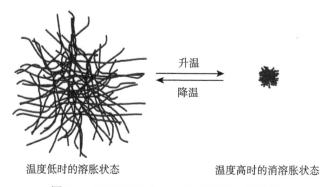

温度低时的溶胀状态 温度高时的消溶胀状态

图 5.4 PNIPAM 微凝胶随温度变化示意图

在 PNIPAM 微凝胶大分子结构中，其侧链上同时含有亲水性的酰胺基团 (—CONH—) 和疏水性的异丙基基团 (—CH(CH$_3$)$_2$)。造成体积相转变的主要驱动力是侧链的疏水相互作用以及高分子网络间氢键的突然增强 [64,65]。通常来看，当温度低于 32 ℃ 时，亲水性基团与水分子之间的氢键作用较强，使高分子链呈现出较好的亲水状态，微凝胶表现为伸张的线团并发生体积膨胀；随着温度的逐渐上升，亲水性基团与水分子之间的这种氢键作用逐渐削弱，而高分子链中疏水性基团之间的相互作用逐渐增强。当温度高于 32 ℃ 时，高分子链通过疏水缔合作用互相聚集，微凝胶表现为收缩的线团并发生体积收缩，发生相转变，同时伴有吸热现象。由此可知，PNIPAM 微凝胶的 VPTT 为 32 ℃，并且不会随着聚合物分子量大小的变化而改变。体积相转变是凝胶态物质的普遍现象，正是因为可以发生体积相转变，它们才具有某种智能行为。

　　也有人从热力学角度来分析 PNIPAM 微凝胶发生体积相转变和在聚合物中发生溶胀的过程：根据 Nemethy-Scheraga 的疏水相互作用理论，当氢键形成以后，聚合物的溶解过程中焓变 $\Delta H < 0$，是放热溶解过程。同时在溶解过程中，分子链的疏水部分被水分子包裹住形成具有一定规则的笼子结构，致使熵变 $\Delta S < 0$。根据公式 $\Delta G = \Delta H - T\Delta S$，当温度较低时，在焓和熵共同作用下，$\Delta G < 0$。由此可见，升高温度对聚合物的溶解过程不利，然而温度较高时会导致 $\Delta G > 0$，从而发生相转变。Tanaka 等 [66−69] 通过测定聚合物链的持续长度 (b) 和有效半径 (a) 之比 (即代表聚合物链刚性的度量) 与温度敏感性之间的关系，提出了下面的半经验参数 S 作为有无温度敏感性的判定依据：

$$S = \left(\frac{b}{a}\right)^4 \times (2f + 1)$$

式中，f 表示单位有效链上可进行离子化基团的数目。$S > 290$ 时，聚合物微凝胶就会由于敏感性而发生体积相转变。虽然在这一理论的半经验公式中提及了影响交联网络结构的因素，但依然没能清楚地解释敏感性机理。目前，人们已经对敏感性的机理有了一定程度的了解。微凝胶敏感性的机理研究仍处在不断的发展和完善过程中，但这一问题的解决将会为温度敏感性聚合物拓展到研究分子设计层面打下良好的基础。

　　以水为溶剂，将温度敏感性微凝胶分散其中，形成的胶体分散体系会具有与普通聚合物胶乳不同的性质。通常在水中，普通聚合物胶乳不具有表面活性，而 PNIPAM 微凝胶胶粒具有可以使水的表面张力降低的能力 [70]。一方面，当温度高于 VPTT 时，PNIPAM 微凝胶胶粒使水表面张力降低的能力会更强一些；另一方面，粒子交联度越低，粒子形态会越不规整，达到表面张力稳态所需要的时间就越短。通过环境扫描电镜可观察到 PNIPAM 微凝胶在水/空气界面呈现规整有序的排列，这能直接证明 PNIPAM 微凝胶具有降低水表面张力的能力。将 PNIPAM 微凝胶分散在水中，其体积随着温度的升高变小，有效体积分数也变小，因此可知分散体系的流变性质会受到温度的影响而发生改变。Kiminta 等 [71] 通过研究发现，均相 PNIPAM 微凝胶的流变行为受到温度、剪切速率和粒子浓度的影响，当温度在 28~50 ℃ 时，微凝胶的弹性模量会下降一个数量级，由此可知分散体系中凝胶相有效体积分数会随着温度的升高而下降。

5.3.1.2　NIPAM 类凝胶的制备

　　PNIPAM 微凝胶的制备主要有无皂乳液聚合法和反相悬浮聚合法，1986 年，Pelton [72] 和 Chibante [73] 等首次采用无皂乳液聚合法成功制备出单分散性良好的亚微米级 PNIPAM 微凝胶。具体操作方法是：将 NIPAM 单体及交联剂 N′, N′-亚甲基双丙烯酰胺 (BIS) 充分溶于水中，通入足量的氮气将溶液中的氧气排尽，然后加入引发剂过硫酸盐，控制反应温度在 70 ℃ 下，如图 5.5 所示。在 70 ℃ 较高温度下进行反应的原因主要有两方面。一方面，由于引发剂过硫酸盐的分解温度在 70 ℃ 以下，加入过硫酸盐后，过硫酸根会迅速分解产生自由基，引发聚合反应。和传统乳液聚合相比，无皂乳液聚合产物具有以下特点：无需使用乳化剂，制得的乳胶粒表面洁净、粒径单分散性好，可以通过粒子设计使粒子表面带有各种功能基团从而广泛用于生物、医学、化工等领域。另一方面，70 ℃ 远高于 PNIPAM 微凝胶的 VPTT，微凝胶会迅速缩成球状继续生长，使产生的 PNIPAM 链发生相分离，形成胶体颗粒，这也是 PNIPAM 微凝胶具有良好的单分散性的主要原因。这种方法也被称为 "沉淀聚合法"，其聚合机理包括引发剂的分解、链引发、链增长、成核和聚并[74]，直至长成大得足够稳定的胶体粒子。纳米凝胶的大小主要是由聚合过程中胶体的稳定性决定的。提高粒子稳定性的方法是使用离子型引发剂且连续相拥有较高的介电常数条件，需要时还应加入离子型的共聚单体提高 VPTT，但是温度不能高于聚合反应的温度。加入带电的聚合物分子链可以起到表面活化剂的作用，会在微凝胶周围形成双层电荷结构，使胶体粒子间受到静电斥力的作用无法并聚。因此，加入硫酸根粒子能够引入电荷，使聚合反应更加稳定。

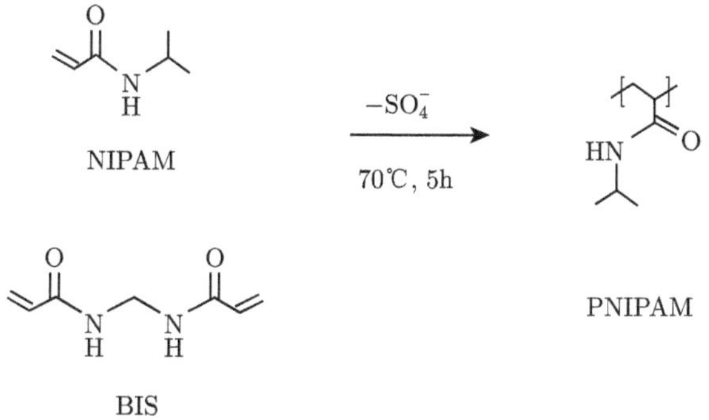

图 5.5　PNIPAM 微凝胶合成方法：过硫酸盐引发的自由基沉淀聚合

自 Pelton 等通过无皂乳液聚合法成功制备微凝胶以后，科研人员不断将制备方法进行改进，通过对微凝胶的结构进行修饰，大大地扩充了 PNIPAM 微凝胶的应用范围。通常采用 NIPAM 单体与其他单体发生共聚反应，在聚合物链中引入弱电解质官能团的方法，从而使 PNIPAM 共聚微凝胶具有温度/pH 双重敏感性。这些共聚单体的引入不仅使微凝胶具有良好的稳定性，给予微凝胶新的环境敏感性，也具有调节微凝胶的体积相变行为、提供官能团作为后续修饰的反应位点等多重作用。

近年来常把 PNIPAM 水凝胶制成微球，常用的方法是采用十二烷基磺酸钠、氯化三甲基十八烷基铵、聚丙烯酸钠盐等作为乳化剂，在强烈搅拌下进行乳液聚合而成。还有一种方法是采用带正电荷的自由基引发剂改变凝胶的表面电荷性质，制备出阳离子型 PNIPAM 凝胶。将 NIPAM 单体与阳离子型单体聚乙烯亚胺 (PEI) 共聚，然后采用带有正电荷的叔丁基过氧化氢 (TBHP) 为引发剂制备具有温度敏感性的 PNIPAM/PEI 共聚凝胶。

5.3.1.3　PNIPAM 微凝胶的应用

在过去的 20 多年中，控释给药已成为一个重要的医药研究领域，如糖尿病患者使用胰岛素、心律不齐病人用抗心律失常药、胃酸抑制剂控制胃溃疡、避孕药、癌症的化疗等；此外，时辰药理学的研究表明，某些疾病的发作显示出生理节奏的变化。但是长期以来，有关控制释放给药系统的研究主要集中于控制药物在体内的缓慢恒速释放，以便延长药物作用时间，减少给药次数，产生稳定的血药浓度。最理想的给药方式应该是在需要的时刻，以合适的速率，将所需剂量的药物释放到人体所需要的部位，即药物定点、定时、定量地释放，才能充分利用药物的疗效，同时减轻药物的毒副作用。一类新的给药系统 —— 智能水凝胶给药系统，能对外界的某种刺激信号作出响应，根据刺激信号的性质、强弱调整药物的释放。温度敏感型水凝胶属于智能水凝胶的一种，近年来有关温度敏感型水凝胶在给药系统的应用研究，受到越来越多的研究人员关注，并成为功能性高分子研究领域的一大热点。其中，PNIPAM 作为一种典型的温度敏感性高分子，无论是在药物控制体系，还是在柔性执行元件、人造肌肉、微机械、分离膜、生物材料等领域，均有着诱人的应用前景。

1. 在生物医学领域中的药物控释载体

在生物医学工程中，PNIPAM 最常见的应用是：由于水凝胶具有多孔结构、较好的生物相容性和仿生特点等，将其与具有生物活性的分子 (生物分子) 形成结合物，从而使生物分子具有温敏性、环境响应性，成为水溶性的智能聚合物–生物分子结合物。生物分子能够结合到 PNIPAM 的侧链上及一端或两端的端基上，而 PNIPAM 的存在方式可以是水溶性聚合物、接枝在固体载体上的聚合物、以物理方式吸附于固体载体上的聚合物或水凝胶的某个聚合物链片段。把生物分子连接到聚合物上形成结合物的一个重要方面是它预示了将多种生物分子结合到一个聚合物分子上的可能性，这样就会对生物活性起到明显的增效作用。水凝胶在创伤敷料、药物释放载体、组织工程等方面有重要应用。例如，常用聚乙二醇、聚乙烯醇、海藻酸、纤维素、多聚糖等人工合成或天然高分子材料制备水凝胶敷料，该水凝胶敷料具有更好的亲水性，而且弹性好、柔软服帖、透水透气，换药时对创面的影响很小。若在制作水凝胶敷料时加入一定的药物，让药物在创口处缓释，还可以实现局部抗菌的功能。又如，药物的控释：最理想的给药方式应该是在需要的时刻，以合适的速率，将所需剂量的药物释放到人体所需要的部位。利用 PNIPAM 凝胶对药物进行控制释放的方式有挤压模式和皮壳结构模式。对于挤压模式，PNIPAM 水凝胶低温放入药物溶液中溶胀吸附药物，当达到一定温度时，PNIPAM 凝胶突然收缩，将药物分子连同溶剂一块挤出，释放出药物；而对于皮壳结构模式，材料在低临界溶解温度以上时，水凝胶的表面会收缩形成薄致密皮层，阻止水凝胶内溶剂及药物向外释放，当温度低于低临界溶解温度时，皮层溶胀消失，处于水凝胶内部的药物以自由扩散的形式向外恒速释放。凝胶在体积溶胀时内部会变成空腔，空腔内可携带药物或活性组分。活性组分与载体凝胶的结合方式主要有三种：贮存式、基体式和化学结合式。凝胶的药物释放方式主要有温度控制、pH 控制、静电控制、磁场控制及降解控制释放等。目前多数研究集中于通过修饰凝胶，研究凝胶与药物的相互作用，从而精准地控制药物的包载及释放行为[75]，如图 5.6 所示。PNIPAM 在药物控制释放上的应用，极大地提高了药物作用的持续性和专一性，从而提高了药物的药效和安全性，给药物制剂带来了很大的变革。

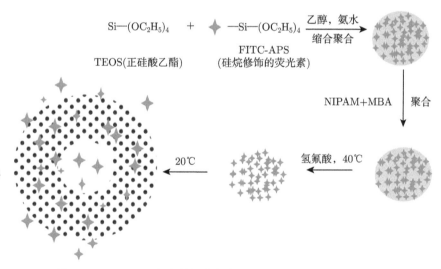

图 5.6　PNIPAM 空腔微凝胶相应温度变化释放药物的示意图

2. 环境保护

随着生活环境的日趋恶化，人类的环保意识越来越强，重金属所带来的污染也越来越严重，电镀厂及采矿等企业努力寻求在生产过程中能廉价且有效去除重离子的方法。研究发现，微凝胶的溶胀变化可以将分离物集中在凝胶中或留存在水溶液中，以此达到分离的目的，主要原因是微凝胶的比表面积较大且其一般都带有反应性的基团或可以经过化学修饰使微凝胶带上反应性基团[76]。活性基团一般包括羧基、羰基、羟基、氨基等,这些基团大多和过渡金属元素起到较强的配位作用,会经过离子交换或者螯合作用将金属元素去除,因此会具有较快的吸附速度,并且可以进行重复利用。

3. 膜分离

膜分离是指通过特定的膜所具有的渗透作用,在外界能量或者化学位差的推动下,将混合在一起的气体或液体进行分离、分级、提纯和富集,这种技术具有环保、高效节能、操作过程简单、投资小等优点 [77]。在智能微凝胶具有可控构象的变化基础上,科研人员成功设计出具有不同分子量截止值的可控分离膜,使对高温度比较敏感的物质如食品、药品等与热隔离的同时也防止了混入杂质,具有很好的经济效益。Chibante 等通过水相分散聚合制备了一系列具有不同物质的量比的聚(N-异丙基丙烯酰胺)/甲基丙烯酸 (PNIPAM/MAA) 微凝胶,通过乙醇作为溶剂将微凝胶与乙烷基纤维素混合在一起并干燥制备成膜,研究在不同温度和 pH 条件下,维生素、胰岛素等模型溶质的透过率。结果表明,透过率随着温度和粒子浓度增加而升高,随 pH 和模型溶质分子大小增加而降低。干燥膜中 PNIPAM 含量越多,其温度敏感性越明显;同样,MAA 越多,则其 pH 敏感性也越明显。通过配制适当的凝胶粒子复合组分,可以制成各种各样的膜,应用在不同的药物输送或分离不同分子量的物质上。

4. 胶体晶体

胶体晶体是具有较好单分散性的胶体粒子形成的一种具有三维有序周期结构的材料。胶体晶体在滤光片、光控制开关以及光子带隙材料等领域具有良好的发展前景。当单分散性较好且粒径尺寸较小的微凝胶粒子经过高速离心后,会得到具有高黏度的聚合物微球,并且在可见区域中,颜色也将随着温度的变化而改变。这是因为离心或沉降后的单分散微凝胶颗粒将在颗粒之间形成有序排列,温度的变化会引起晶格常数的变化,导致衍射波的长度也发生改变。

5. 装饰材料

若将不同浊化温度的 PNIPAM 夹膜覆盖在一有底色的衬板上,因为温度敏感性,材料随着温度的变化会呈现不同的图案。例如,在涂有暖色的墙壁上覆盖一层PNIPAM 透明–白浊热可逆性高聚物,当气温较低时,热敏高聚物呈透明状态,当气温较高时,热敏高聚物呈白浊状态,而墙壁则是冷时呈暖色热时呈冷色的变色墙。若将 PNIPAM 溶液灌入透明的细塑料管内,盘绕在一有底色的玻璃杯上,当加水产生温度变化时则形成了所谓的变色杯。

PNIPAM 还具有很多方面的应用。用 PNIPAM 固定化酶,制备出对温度敏感的溶解 - 非溶解固定酶,易于分离和重复使用,增加酶的稳定性;将 PNIPAM 用于免疫分析,可以提高相免疫反应的快速性和异相免疫分析的灵敏度;利用 PNIPAM水凝胶对生物分子溶液进行浓缩分离,实现生化物质的分离,降低耗能,实现萃取的高效性、反复性；又如，在水凝胶中引入亲水性基团、抗菌基团，如聚乙二醇、两性离子等，可合成具有抗菌、生物相容性好、改善药物的温度酸度敏感性的特殊作用类型的水凝胶，作为药物输送载体。在药物输送载体水凝胶中，纳米水凝胶是目前的研究热点。纳米水凝胶具有与宏观水凝胶相似的性质和优点，包括良好的生物相容性、理想的理化性质和机械强度等。此外，纳米水凝胶还有更多的优点，如静脉注射时纳米水凝胶能抵达宏观水凝胶难以抵达的人体部位，还可以被细胞摄入，作为小分子药物的载体。

5.3.2 其他温敏型水凝胶材料及应用

5.3.2.1 原理及性质

水凝胶是一种能显著地溶胀于水但在水中并不能溶解的亲水性聚合物凝胶，是由高聚物的三维交联网络结构和介质共同组成的多元体系。其大分子主链或侧链上含有离子解离性、极性或疏水性基团，当水凝胶所处的环境刺激因素 (光、温度、电场等) 发生变化时，水凝胶的形状、相力学、光学、渗透速率和识别性能随之产生敏锐响应，即突跃性变化，并随着刺激因素可逆性变化，水凝胶的突跃性变化也具有可逆性。具有上述性质的水凝胶统称为智能水凝胶，根据外界响应刺激不同，智能水凝胶可以分为温度、光、化学和电响应水凝胶。智能水凝胶在药物控释、物质分离、化学传感器、化学反应开关等领域有重要的应用价值。因此，智能水凝胶的研究备受关注。含有醚键、取代的酰胺、羟基等官能团的高分子凝胶是温度响应软物质中最具代表性的一种，如聚 (N-异丙基烯酰胺)、聚氧化烯醚 (PEO)、聚乙烯吡咯烷酮 (PVP) 等。

5.3.2.2 水凝胶的制备

传统方法制备 PNIPAM 水凝胶，主要是使用引发剂和交联剂以实现 NIPAM 单体的引发、聚合和交联。常用交联剂有 N, N-亚甲基双丙烯酰胺 (BIS)、二甲基丙烯酸乙二酯 (EGD-MA)、二甲基丙烯酸二甘醇酯 (DEGDMA) 等。这种方法的不足之处在于水凝胶中的引发剂残基和交联剂会对水凝胶的性质造成影响。近十年来，人们对温度敏感的可逆热致变色水凝胶进行了广泛的研究，除了聚 (N-异丙基丙烯酰胺) 水凝胶外，最近，Yang 等研究了一种新型的热响应超分子水凝胶，该水凝胶由葫芦尿酸和 4- 甲基苯磺酸丁烷-1-胺组成，它们共同影响凝胶 (不透明)–溶胶 (透明) 转变与温度的关系 [78]。Seeboth 和 Chung 开发了一种水凝胶，这种水凝胶通过嵌入在聚乙烯醇/硼砂/表面活性剂凝胶网络中，以可逆的颜色转换响应温度变化 [79,80]。

琼脂糖是一种常见的水凝胶基，它是由重复的琼脂糖单体组成的线性聚合物。这种多糖的分子结构是由左旋三重螺旋构成的双螺旋，具有非常强的凝胶能力，即使在低浓度下也是如此。这些双螺旋是稳定地存在于其内部的结合水分子 [81,82]。外部的氢氧基团允许 10000 个这样的螺旋聚集形成超分子，从而形成稳定的水凝胶。所有的热致水凝胶都具有许多优点，包括高透明性、不受有机溶剂的影响、不可燃性、生物降解性等，但它们往往成本高、制造难度大、体积相变大、过渡温度范围窄。为了解决这些问题，我们用廉价的和现成的工业材料制备了一种稳定、无毒、易调节和可完全生物降解的水凝胶。基于两种非离子表面活性剂的热诱导聚合：三嵌段共聚物聚 (环氧乙烷)-聚 (环氧丙烷)-聚 (环氧乙烷)(EPE) 和 4-辛基酚聚氧基酯 (TX-100)，设计了一种新型的热响应水凝胶。在水凝胶的制备中，使用琼脂糖作为水表面活性剂分子的载体，使其在其固有的网络结构中自由移动。为了研究它，EPE 分子被荧光罗丹明 B 标记，在不同温度下的聚集现象通过荧光显微镜成像。为了实现对不透明/透明转变温度 (OTTT) 的灵活控制，通过添加离子表面活性剂或盐来改变表面活性剂的聚集性。

基质琼脂糖，这种由重复的琼脂糖单体组成的线性聚合物不溶于冷水，但在沸水中溶解，产生随机线圈。据报道，使用 0.5 w/v% 的琼脂糖溶液作为水凝胶基底，凝胶化遵循一个相分离过程和冷却过程 (~35 ℃)，形成高达 99.5% 的水凝胶，在 85 ℃ 左右仍然保持固体状态 [83]。琼脂糖是目前最受欢迎的电泳介质，其体积大、扩散快、背景能见度低 [84]。琼脂糖凝胶的孔径与其浓度和温度有关，在浓度为 0.5 w/v% 的不同温度下，其孔径范围为 400~1200 nm。因此，表面活性剂、添加剂或荧光分子可以在琼脂糖凝胶网络中均匀分布，如图 5.7(b) 和 (c) 所示。

在制备热诱导水凝胶时，我们将非离子表面活性剂并入琼脂糖网络中。热致可逆水凝胶的原理很简单，在制备 EPE 水凝胶时，将热的非离子表面活性剂 EPE 溶液 (浊度) 与热的琼脂糖溶液混合，然后将均匀溶液冷却至室温，搅拌 20 min 以上，凝固成水凝胶。在低温下，非离子表面活性剂作为单个分子完全溶解在水凝胶的水中，如图 5.7(b) 所示。当水凝胶被加热时，由于疏水基团的脱水，表面活性剂分子开始在水凝胶基质中形成均匀分散的胶束并进行相分离 [85,86]。如果将水凝胶加热到不透明/透明转变温度，相邻的胶束则聚集成较大的团簇，如图 5.7(c) 所示，其形态是产生浑浊外观的原因。整个过程包括加热在半分钟内完成。在较高和相等的 OTTT 下，水凝胶完全不透明，从而阻挡阳光等辐射。为了验证胶束更大的团簇形成，在制备过程中将微量的罗丹明 B(红色荧光) 溶解到水凝胶的水中，然后在倒置荧光显微镜下对荧光成像。罗丹明 B 是水凝胶对表面活性剂分子亲和力的来源，这也是其用于表面活性剂相标记的基本原理 [87]。水凝胶被放置在与加热电极相连的 ITO 玻璃上，在低温和高温下拍摄了三维水凝胶图像 (200 μm×200 μm×20 μm)。在 OTTT 以下，没有检测到明显的荧光点，如图 5.7(e) 所示。在 55 ℃ 的 OTTT 以上，当单个表面活性剂变成胶束团簇时，如图 5.7(d) 所示，在 1 s 内迅速观察到许多不同的微米荧光团簇，最终产生浊度。如果温度变化相反，这种现象是可逆的。当整个样品冷却到 25 ℃ 时,这些荧光团簇在 1 s 内消失。

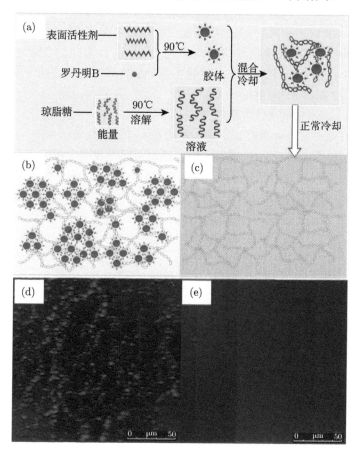

图 5.7 (a) 琼脂糖基热敏水凝胶的制备方法:将琼脂糖溶解于热水中形成水溶液,加入热表面活性剂和罗丹明 B 胶体悬浮液搅拌,冷却后静置;(b) 55 ℃ 下含有罗丹明 B 的水凝胶轮廓 (高温);(c) 含有罗丹明 B 的水凝胶在 25 ℃ 下的轮廓 (低温);(d) 在聚合表面活性剂胶束中,罗丹明 B 分子的密度在高温下有荧光点 (55 ℃);(e) 表面活性剂胶束在低温下没有聚集,罗丹明 B 分子在该区域均匀,无荧光点 (25 ℃)

为实现灵活的浊点控制,通过添加离子表面活性剂或盐来改变非离子表面活性剂的电荷。众所周知,水溶液中非离子表面活性剂在 CP[88] 处相分离,这一过程涉及溶液浊度的急剧增加,从而影响光的透过率。非离子表面活性剂 CP 对分子间的相互作用非常敏感,同时也受到其他化学物质的影响[89-92]。EPE 和 TX-100 作为非离子表面活性剂,分子中同时含有疏水基团和亲水基团,由于疏水基团在一定温度下脱水,可以在水溶液中自组装成胶束,我们使用两种添加剂来调节这两种表面活性剂的 CP, 从而控制水凝胶的热传递系数。阴离子表面活性剂 (SDS) 可以提高 EPE 的 CP 温度 [93], 而盐 Na_2SO_4 可以降低 TX-100 的 CP 温度。

　　为了确定水凝胶透明度控制的可行性, 对于 EPE 水凝胶, 使用 1 w/v%EPE, 在 0.5 w/v%琼脂糖溶液基础上添加不同浓度的 SDS, 作为控制光通过 2 mm 厚水凝胶膜的介质。没有 SDS 的 EPE 水凝胶在 25 ℃ 时保持完全透明, 在 30 ℃ 时完全不透明, 如图 5.8(c) 所示。加入 0.6 w/v%SDS 后, 总热传送温度增加到 55 ℃, 如图 5.8(a) 所示。从 25 ℃ 到 48 ℃, 透明度变化不大, 水凝胶与纯琼脂糖水凝胶外观相同。然而, 在 52 ℃ 时, 可以观察到一定的浑浊度, 当温度升高到 55 ℃ 时, 水凝胶变得完全不透光, 如图 5.8(a) 所示。对于 TX-100 水凝胶, 我们使用了 2 w/v%TX-100 溶液, 其中含有不同含量的 Na_2SO_4。纯净的 TX-100 水凝胶 (~70 ℃) 的总热传输值远高于纯净的 EPE 水凝胶 (27 ℃)。与 EPE 型不同, 在 300 nm 以下, TX-100 凝胶的传输完全被吸收所阻断, 如图 5.8(b) 所示。TX-100 凝胶在 68 ℃ 时完全透明,

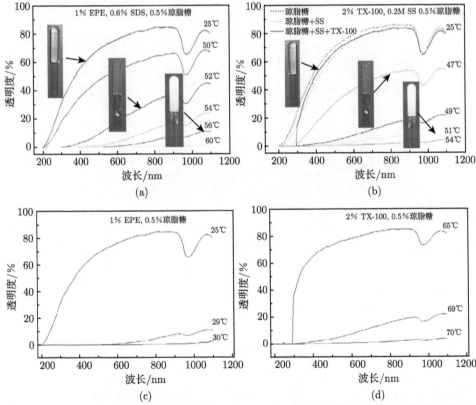

图 5.8　(a), (b) 样品透明度的温度依赖性, (a) 和 (b) 中插图为水凝胶在不同温度下的玻璃管中; (c) 0.5 w/v%琼脂糖水凝胶中加入 1 w/v%EPE; (d) 0.5 w/v%琼脂糖水凝胶中加入 2%TX-100

在 70 ℃ 时完全不透明，如图 5.8(d) 所示。当向水凝胶中加入 0.2 M Na$_2$SO$_4$ 时，其 OTTT 降至 ~54 ℃。随着温度的逐渐升高，水凝胶的透明度逐渐降低，但如果温度再次降低，水凝胶的透明度可以恢复。基于这一特性，水凝胶可以作为控制光通过智能窗户或屋顶的媒介，这是我们研究的用途。

将 0.1 w/v%~0.7 w/v%SDS 分别加入 EPE 水凝胶基底中，0.1~0.6 M Na$_2$SO$_4$ 分别加入 TX-100 水凝胶。如图 5.9 所示，两种水凝胶在 350 nm 处的透明度都低于 50%，远低于 700 nm 和 1100 nm 处的透明度。随着波长的增加 (350 nm < 700 nm < 1100 nm)，从最高透明温度到最低透明温度的区域逐渐增大。为了说明 SDS 和 Na$_2$SO$_4$ 在改善或降低总热负荷中的作用，不透明温度相对于 SDS/Na$_2$SO$_4$ 浓度的函数如图 5.10 所示。随着 SDS 浓度的增加，EPE 水凝胶达到不透明状态的温度明显升高，而随着 Na$_2$SO$_4$ 浓度的增加，TX-100 水凝胶的不透明温度降低。可以看出，两种水凝胶在短波长的总热传送值都较低，而 EPE 水凝胶的两组相邻波长之间的总热传送值差距大于 TX-100 水凝胶。研究表明，OTTT 修饰是一种有效控制光通过水凝胶的潜在手段。通过这种方法，我们可以得到不同水凝胶所需的总热传送率。

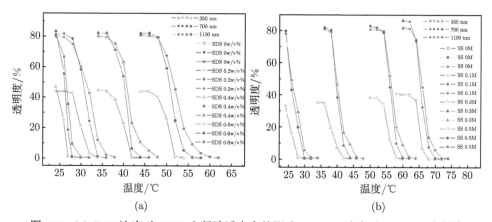

图 5.9 (a) SDS 浓度对 EPE 水凝胶透光率的影响；(b) SS 浓度对 TX-100 水凝胶透光率的影响

5.3.2.3 水凝胶的应用

智能水凝胶的最新进展促使了新材料在许多领域得到了应用 [94-106]。热致变色材料目前正在考虑的新应用包括热可调智能窗、智能屋顶、大面积信息显示和交通工程，以及医疗技术中的温度传感应用 [107,108]。这是所谓的智能水凝胶最有前途的应用之一，基于其对温度或电场的不透明/透明性，可以控制光的通过。

以含非离子表面活性剂和添加剂的琼脂糖凝胶网络为基础，快速构建了一种新型的、热响应性好、可调的水凝胶体系。其他热敏感功能材料在水凝胶网络中可能表现出类似的行为。这种水凝胶有趣的热和光学现象表明，有必要对其物理性质和可能的应用作进一步的研究。在未来，这些高透明水凝胶将作为电致变色和光致变色应用领域的经济替代品，如大型遮阳智能窗或温室屋顶。

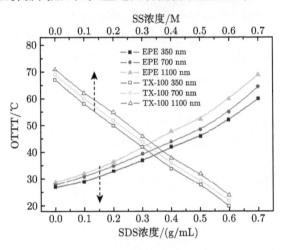

图 5.10   添加物 (SDS、Na$_2$SO$_4$) 浓度对波长分别为 350 nm、700 nm 和 1100 nm 的水凝胶不透明温度的影响

基于以上软物质材料设计的智能膜可以广泛用于智能玻璃。这种玻璃能够感应和响应外部环境的变化，在周围光、热或者电场的作用下，智能玻璃能够从最初完全透明的状态转变为半透明或者不透明的状态。这种透光度改变的过程是可逆的，并且透光度可以随着温度、光强或者电场的变化而变化。由于智能玻璃可以任意可逆地调节光的透过性，所以它在工业和日常生活中的应用正受到越来越多的重视。在水凝胶中引入对光敏感的基团或者分子即可制成光敏感型水凝胶。光响应水凝胶一般有三类: ① 在高分子主链或者侧链引入感光基团，感光基团吸收一定能量的光子后会发生异构化作用，引起分子构型的变化，同时改变了分子链间的距离及体系内亲疏水平衡，导致相变发生；② 将感光性化合物添加到温度敏感型水凝胶中，感光性化合物吸收光子后将光能转化为热能，使得凝胶内部局部温度升高，当温度高于凝胶的相转变温度时引起凝胶相变响应；③ 将遇光能够分解的光敏分子添加到高分子凝胶中，在光刺激作用下，凝胶体系中将产生大量离子引起凝胶内部渗透压的突变，使得凝胶发生相转变。光响应高分子材料 (如液晶高分子、凝胶以及形状记忆高分子材料) 可以产生光致形变或具有形状记忆功能，完成伸缩、弯曲、爬行、转动等一系列复杂的运动，并且可以制作成多种柔性智能执行

器，在人工肌肉、微型机器人、微泵及微阀等领域有着广泛的应用前景。软物质智能材料所包含的内容相当宽广，而在实际中也已经有相当广泛的应用，比如液晶，它在显示器中有着不可取代的作用。从 20 世纪 70 年代开发出第一台液晶显示器开始，它经历了动态散射模式到旋转向列场效应模式的发展。液晶显示器有很多优点，如机身薄节省空间、省电不产生高温、低辐射以及画面柔和不伤眼睛。在软物质中，有一类材料，在光照作用下，分子内或者分子间会发生一系列的物理的或者化学的变化，研究人员称之为光响应软物质智能材料。伴随着分子结构与形态的改变，材料表现出某些宏观性质的变化，最具有代表性的就是光致变色材料和光响应高分子材料。同时，光能具有远程可控性、瞬时性等优异的特性，因此光响应软物质智能材料受到了越来越多的关注。光致变色材料在实际应用中有广泛的用途，可以用来制备低能耗的显示器、可调波长滤光片和智能楼宇的变色玻璃等。最近在光控软物质智能材料方面，利用溶胶–凝胶制备钒系氧化物复合物的方法，提高溶胶–凝胶过程中钒钨氧化物纳米材料的络合能力，可以大大增强电子迁移概率，提高光电转换效率。在光电致变过程中，可产生双氧水。负载有二氧化钛和钒酸盐的氧化物会均匀地分散在溶胶中，其在紫外线照射之前和之后的吸收率变化明显。在可见光照射下表现出高的活性，从而用于抗细菌、抗肿瘤和光催化降解有机污染物方面，功能明显。提高水凝胶的响应速度和力学性能是智能水凝胶应用研究的重要方向之一，且已经研究出具有快速响应特性的智能水凝胶和高强度智能水凝胶。

以聚环氧乙烷–环氧乙烷–聚环氧乙烷三嵌段分子 EPE 的热诱导自组装材料为例，通过分子自组装聚集对光透过率的影响，替代材料化学成分改变或相改变，可以很好地解决该问题。EPE 是一种易得的三嵌段共聚物，由于其在水溶液中的两亲性而被广泛用作非离子表面活性剂。EPE 有多种类型，它们的区别在于它们的总分子量和疏水 PPO 嵌段长度与亲水 PEO 嵌段长度的比值。这些分子在临界胶束化温度以上的水溶液中，由于 PPO 的脱水作用，可以自组装成胶束[109]。疏水性的 PPO 块形成胶束核，胶束核被亲水性 PEO 链组成的膨胀的冠壳层所包围。一种可能的结构如图 5.11(a) 和 (b)[110] 所示，随着温度的升高，胶束可以通过与亲水性的冠状聚氧化乙烯链缠结而进一步形成团簇。也有报道称，如果 PEO 链的分子量远低于临界分子纠缠量 1600，那么在团簇状态下，胶束团簇仍然存在，这仅仅是由于胶束的紧密堆积而不是由于纠缠，如图 5.11(c)[111] 所示，溶解的固体不再是完全可溶的，而是作为第二阶段沉淀并表现为多云的外观。云的出现是由温度升高引起的，如果温度回升，该现象可逆[112]。

为了调节浊点，使用一种替代的两亲分子十二烷基硫酸钠 SDS 作为配合表面活性剂来调节 EPE 共聚物的相分离。在 1 v/v% 的水溶液、EPE 的总平均分子量为 2000、PEO 的分子量为 1600 的条件下，整个研究过程中使用 0.5 v/v% 十二烷基硫酸钠作为介质，以控制光通过智能窗口。首先考察了不同温度下该溶液的性质。制备了无 SDS 的 EPE 溶液，在 23 ℃ 下，溶液保持图 5.12(a) 所示的完全透明；然而，在 30 ℃ 下，溶液完全不透光，如图 5.12(a) 插图所示。然后加入 0.5 v/v% 的十二烷基硫酸钠，可以提高 EPE 的浊点，从 23 ℃ 到 40 ℃，透明度没有太大变化，溶液保持了如图 5.12(b) 所示的纯净水的外观。在 42.5 ℃ 时，可以观察到一些浊度，当温度升高到 45 ℃ 时，溶液变得完全不透光，如图 5.12(b) 所示。在构建智能窗系统时，我们将 EPE 夹在两个间距为 1 mm 的 ITO 溅射玻璃之间，并施加一个电压来实现加热。温度反馈采用热电偶，可以通过调节电流强度来控制。为了演示车窗的 "智能" 功能，我们在车窗后面放置了一辆模型车。在室温下，车窗是透明的，相应地，汽车在图 5.12(c) 中是清晰可见的。但是当玻璃在 43 ℃ 加热到浊点时，产生的浑浊使车窗呈现出浑浊的外观，模型汽车的轮廓变得模糊 (图 5.12(d))。在将玻璃进一步加热到 45 ℃ 后，车窗遮挡了最多的光线，窗口变得完全不透明，没有背景可见，如图 5.12(e) 所示。该过程是可逆的，关闭电流并将系统冷却至室温，玻璃窗将在几分钟内恢复其原始状态，并具有良好的透明性，这取决于温度降低的速度。智能窗口的原理很简单。在低温下，共聚物溶解成单个分子，如图 5.11(a) 所示。当溶液加热到临界胶束化温度时，EPE 分子开始形成胶束，如图 5.11(b) 所示，随着温度的进一步升高，胶束的尺寸变大并最终饱和，这种趋势的部分原因是 PPO 和 PEO 链的疏水性增强。当它们随着温度升高而脱水时，接近浊点，胶束聚集成大团簇，如图 5.11(c) 所示，其形态被认为是产生浑浊的原因。整个过程伴随着透射率的变化，使得在浊点处的溶液完全不透明，从而阻挡诸如阳光这样的辐射，如图 5.13(a) 和 (b) 所示。

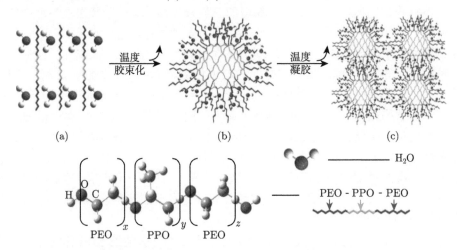

图 5.11   有机热致变色材料示意图：(a) EPE 分子不加热时分散在水中；(b) 温度升高导致胶束形成；(c) 温度的进一步升高导致胶束的堆积形成团簇

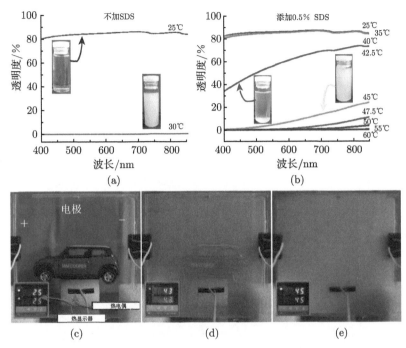

图 5.12 在 400~800 nm 范围内, (a) 在不添加 SDS 的 1 v/v% 的 EPE 水溶液中, (b) 在添加 0.5 v/v%SDS 的 EPE 水溶液中测量颜色的在线透明度, 将 EPE 液体夹在两片 ITO 玻璃之间; (c) 在室温下施加电压; (d) 在 43 ℃ 下施加电压; (e) 在 45 ℃ 下施加电压

为了揭示胶束簇的形成, 将异硫氰酸荧光素 FITC 绿色荧光溶解到 EVE 的 1 v/v% 水溶液中, 并在倒置荧光显微镜 AxiOutt 200 M、蔡司配备有冷却 CCD 相机诊断仪器的情况下对荧光进行成像。FITC 的两亲性是其对 EPE 分子亲和力的来源, 因此也是其用于 EPE 分子标记的基本原理。液体被放置在与电极相连的 ITO 玻璃上进行加热。在 24 ℃ 的浊点以下, 没有检测到图 5.13(c) 所示的荧光点。但是在将液体加热到高于浊点的温度后, 可以观察到微米级的荧光团簇, 如图 5.13(d) 所示。在继续升高温度后, 我们可以检测到由胶束进一步聚集引起的荧光增强, 如图 5.13(e) 和 (f) 所示, 最终导致溶液浑浊。这些微米级的胶束团簇也存在于其他 PEO 分子量低于 1600 的 EPE 溶液中。我们选择 SDS 作为浊点改进剂, 因为它可以在两个方面影响 EPE 胶束的形成和团聚。第一, 乙醚 SDS 单体或胶束与 PPO 链的结合阻止了 PPO 链的脱水, 从而破坏了 EPE 胶束的稳定性; 第二, 除了最初的吸引力外, 还引入了 EPE-SDS 混合胶束之间的静电排斥相互作用。吸引力部分来源于 PEO 链疏水性的增强, 是胶束紧密堆积成团簇的主要驱动力。

为了评价 SDS 对浊点的改性效果, 选择 PEO 平均分子量小于 1600 的 EPE, 以减少 PEO 链的缠结并促进 SDS 的插入。将 0.1 v/v%~0.7 v/v% 的 SDS 混合到 1 v/v% 的 EPE 溶液中，通过测量在可见光范围内作为温度函数的透过率来确定液体的防晒效率，如图 5.14(a) 所示。为了显示 SDS 在改善浊点方面的作用，如图 5.14(b) 所示，根据 SDS 浓度绘制了亚透明温度函数。随着 SDS 浓度的增加，液体达到亚透明状态的温度显著地向更高的区域移动。因此，浊点修正被证明是主动控制光通过溶液的潜在手段。在不添加 SDS 的情况下，浊点向高温的移动防止了溶液在室温下的浑浊。

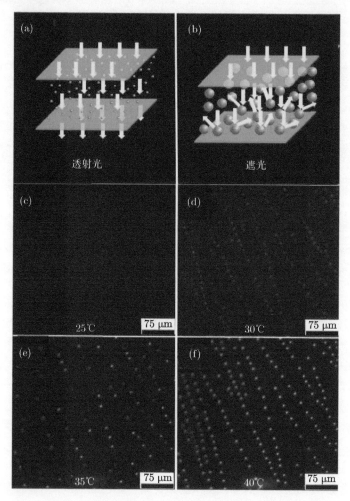

图 5.13   颜色联机 (a) 和 (b) 是演示粒子大小与光通过之间关系的示意图 (在不同温度下检测到 (c)~(f) 荧光点)

因此，安装智能窗，在冬天室内温度低时，红外线进入室内，提高室内温度；在夏天室内温度高时，智能窗自动降低红外线辐射强度，阻止室内温度升高，起到冬暖夏凉的作用。例如，热可调智能窗能在 −20~70 °C 的温度范围内自由设置初始变色温度，当温度超过初始变色温度时，材料温度升高导致胶束形成，温度进一步升高时胶束堆积形成团簇，这一转变引起了光谱系数的变化，特别是近红外区的光谱发生显著变化，而且此种变化是可逆的，温度降低时，恢复到透明状态，因此热可调智能窗是一种很好的节能工具。

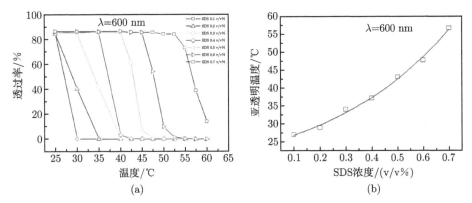

图 5.14　(a) SDS 浓度对 EPE 水溶液在 600 nm 下透过率的影响；(b) SDS 浓度对亚透明温度的影响

5.4　小　　结

本章介绍了温度响应软物质材料的概念、分类及常见的几种软物质智能材料。温度敏感型智能材料作为软物质大家庭中重要的一员，存在于生活的各个角落，它们具有广泛的应用价值和研究潜力，如通过聚合或接枝制备具有特殊性能的材料及进行材料改性、制备新型 PNIPAAM 水凝胶并扩大应用、开发具有快速响应能力的智能窗材料等，并根据 PNIPAAM 独特的生物相容性和温敏性，在药物释放、酶固化、纺织领域也有着广阔的前景。

参 考 文 献

[1]　卓仁禧, 张先正. 温度及 pH 敏感聚 (丙烯酸)/聚 (N-异丙基丙烯酰胺) 互穿聚合物网络水凝胶的合成及性能研究. 高分子学报, 1998, (1): 39-42.

[2]　张先正, 卓仁禧. 快速温度敏感聚 (N-异丙基丙烯酰胺-co-丙烯酰胺) 水凝胶的制备及性能研究. 高等学校化学学报, 2000, 21(8): 1309-1311.

[3]　张仁元. 相变材料与相变储能技术. 北京: 科学出版社, 2009.

[4]　Boehm R. Principles and methods of temperature measurement. Applied Mechanics Reviews, 1988, 41: B224.

[5] Schild H G. Poly(N-isopropylacrylamide): experiment, theory and application. Progress in Polymer Science, 1992, 17(2): 163-249.

[6] Seeboth A, Schneider J, Patzak A. Materials for intelligent sun protecting glazing. Solar Energy Materials and Solar Cells, 2000, 60(3): 263-277.

[7] Bains S. Windows of opportunity [smart windows for light/heat blocking]. IEE Review, 2005, 51(4): 40-43.

[8] Burt M C, Dave B C. An optical temperature sensing system based on encapsulation of a dye molecule in organosilica sol-gels. Sensors and Actuators B: Chemical, 2005, 107(2): 552-556.

[9] Hotta Y, Yamaoka T, Morohoshi K. Morphogenetic study of particle domains in thermoreversible recording media composed of polymeric films with dispersed fatty acids. Chemistry of Materials, 1997, 9(1): 91-97.

[10] White M A, LeBlanc M. Thermochromism in commercial products. Journal of Chemical Education, 1999, 76(9): 1201.

[11] MacLaren D C, White M A. Competition between dye-developer and solvent-developer interactions in a reversible thermochromic system. Journal of Materials Chemistry, 2003, 13(7): 1701-1704.

[12] Zhu C F, Wu A B. Studies on the synthesis and thermochromic properties of crystal violet lactone and its reversible thermochromic complexes. Thermochimica Acta, 2005, 425(1): 7-12.

[13] MacLaren D C, White M A. Design rules for reversible thermochromic mixtures. Journal of Materials Science, 2005, 40(3): 669-676.

[14] Day J H. Thermochromism of inorganic compounds. Chemical Reviews, 1968, 68(6): 649-657.

[15] 王颖然. 示温涂料的现状与发展. 涂料工业, 1991, 4: 36-39.

[16] 陈立军, 沈慧芳, 黄洪, 等. 示温涂料的研究现状和发展趋势. 热固性树脂, 2004, 19(4): 36-40.

[17] 王旭东, 徐伟箭. 可逆热致变色材料的应用新进展. 化工进展, 2000, 19(3): 42-45.

[18] Donia A M, Ebeid E M. Thermochromism in Ni(ii) complexes with schiff base derivatives of 4-aminoantipyrine. Thermochimica Acta, 1988, 131: 1-6.

[19] Inabe T, Hoshino N, Mitani T, et al. Structure and optical properties of a thermochromic schiff Base. Low-temperature structural studies of the N, N′-disalicylidene-p-phenylenediamine and N, N′-disalicylidene-1, 6-pyrenediamine crystals. Bulletin of the Chemical Society of Japan, 1989, 62(7): 2245-2251.

[20] 李文戈, 朱昌中, 王文芬, 等. 可逆热致变色材料. 功能材料, 1997, (4): 337-341.

[21] Farina D J, Hacker J M, Moffat R J, et al. Illuminant invariant calibration of thermochromic liquid crystals. Experimental Thermal and Fluid Science, 1994, 9(1): 1-12.

[22] Hay J L, Hollingsworth D K. A comparison of trichromic systems for use in the calibration of polymer-dispersed thermochromic liquid crystals. Experimental Thermal and Fluid Science, 1996, 12(1): 1-12.

[23] Smith C R, Sabatino D R, Praisner T J. Temperature sensing with thermochromic liquid crystals. Experiments in Fluids, 2001, 30(2): 190-201.

[24] Fernández V, Jaque F, Calleja J M. Raman and optical absorption spectroscopic study of the thermochromic phase transition of Ag_2HgI_4. Solid State Communications, 1986, 59(12): 803-807.

[25] Wendlandt W W, Bradley W S. High temperature reflectance spectroscopy: application to thermochromic compounds. Thermochimica Acta, 1970, 1(6): 529-535.

[26] 班广生. 建筑节能窗的功能化发展趋势. 新型建筑材料, 2004, (5): 57-61.

[27] 梅华, 张蓓, 高苏. 简述国内外节能政策及建筑外窗节能技术发展情况. 资源节约与环保, 2016, (9): 109-111.

[28] 张阿真, 郑瑞平, 柏妍妍, 等. 热致变色材料及其在纺织服装上的应用. 西部皮革, 2017, (18): 9.

[29] Inoue T. Solar shading and daylighting by means of autonomous responsive dimming glass: practical application. Energy and Buildings, 2003, 35(5): 463-471.

[30] 范建熙, 马一平. 温致透光率变化智能遮阳材料的研究进展. 材料导报, 2013, 27(23): 131-134, 138.

[31] 徐栋, 陈宏书, 王结良. 变色材料的研究进展. 兵器材料科学与工程, 2011, 34(3): 87-91.

[32] 符瑞, 胡虔, 吴雄, 等. 热致可逆变色绝缘材料在电力器材中的应用进展. 胶体与聚合物, 2016, 34(1): 36-38.

[33] 姚健, 陶卫东. 绿色纤维素醚类热致调光材料的研制及节能效果. 土木建筑与环境工程, 2009, 31(5): 95-99.

[34] 谢可勇. 建筑节能用调光玻璃. 墙材革新与建筑节能, 2004, (10): 32-34.

[35] 王漻. 有关动态调光玻璃原理、节能效率与应用的研究. 智能城市, 2019, 5(6): 119-120.

[36] 刘锦子. 节能建筑玻璃的研究、应用与发展. 建材发展导向, 2007, 5(3): 35-39.

[37] 沈锋, 杨丽芳, 成国祥, 等. 智能高分子材料的研究进展. 材料研究学报, 2000, 14(1): 1-11.

[38] 梁敏, 李柏峰, 李青山, 等. 智能高分子材料的研究进展. 化工时刊, 2002, 16(5): 16-19.

[39] 李青山, 张钦仓, 谢磊, 等. 智能高分子材料的研究进展. 合成橡胶工业, 2003, 26(5): 265-267.

[40] Seeboth A, Kriwanek J, Lötzsch D, et al. Chromogenic polymer gels for reversible transparency and color control with temperature at a constant volume. Polymers for Advanced Technologies, 2002, 13(7): 507-512.

[41] Seeboth A, Kriwanek J, Vetter R. Novel chromogenic polymer gel networks for hybrid transparency and color control with temperature. Advanced Materials, 2000, 12(19): 1424-1426.

[42] Kriwanek J, Lötzsch D, Vetter R, et al. Influence of a zwitterionic surfactant on the chromogenic behavior of a dye-containing aqueous PVA—polyether gel network. Polymers for Advanced Technologies, 2003, 14(2): 79-82.

[43] Chen X, Yoon J. A thermally reversible temperature sensor based on polydiacetylene: synthesis and thermochromic properties. Dyes and Pigments, 2011, 89(3): 194-198.

[44] Abdullah N, Talib A R A, Saiah H R M, et al. Film thickness effects on calibrations of a narrowband thermochromic liquid crystal. Experimental Thermal and Fluid Science, 2009, 33(4): 561-578.

[45] Baron M G, Elie M. Temperature sensing using reversible thermochromic polymeric films. Sensors and Actuators B: Chemical, 2003, 90(1): 271-275.

[46] Leger J M, Holt A L, Carter S A. Reversible thermochromic effects in poly(phenylene vinylene)-based polymers. Applied Physics Letters, 2006, 88(11): 111901.

[47] Seredyuk M, Gaspar A B, Ksenofontov V, et al. Room temperature operational thermochromic liquid crystals. Chemistry of Materials, 2006, 18(10): 2513-2519.

[48] Butterworth I, Barrie J, Zeqiri B, et al. Exploiting thermochromic materials for the rapid quality assurance of physiotherapy ultrasound treatment heads. Ultrasound in Medicine & Biology, 2012, 38(5): 767-776.

[49] Avella-Oliver M, Morais S, Puchades R, et al. Towards photochromic and thermochromic biosensing. TrAC Trends in Analytical Chemistry, 2016, 79: 37-45.

[50] Shivkumar V G, Ester C, Mark T F T, et al. Structure and dynamics of a thermoresponsive microgel around its volume phase transition temperature. The Journal of Physical Chemistry B, 2010, 32: 114.

[51] Abuin E, Leon A, Lissi E, et al. Binding of sodium dodecylsulfate to poly(N-isopropylacrylamide) microgels at different temperatures. Colloids and Surfaces A: Physicochemical and Engineering Aspects, 1999, 147(1): 55-65.

[52] Duracher D, Elaïssari A, Pichot C. Preparation of poly(N-isopropylmethacrylamide) latexes kinetic studies and characterization. Journal of Polymer Science Part A: Polymer Chemistry, 1999, 37(12): 1823-1837.

[53] Crowther H M, Vincent B. Swelling behavior of poly- N-isopropylacrylamide microgel particles in alcoholic solutions. Colloid and Polymer Science, 1998, 276(1): 46-51.

[54] Saunders B R, Crowther H M, Morris G E, et al. Factors affecting the swelling of poly(N-isopropylacrylamide) microgel particles: fundamental and commercial implications. Colloids and Surfaces A: Physicochemical and Engineering Aspects, 1999, 149(1): 57-64.

[55] Saunders B R, Vincent B. Thermal and osmotic deswelling of poly(NIPAM) microgel particles. Journal of the Chemical Society, Faraday Transactions, 1996, 92(18): 3385-3389.

[56] Snowden M J, Vincent B. Flocculation of Poly(N-isopropylacrylamide) Latices in the Presence of Nonadsorbing Polymer. American Chemical Society, 1993: 153-160.

[57] García-Salinas M J, Romero-Cano M S, de Las Nieves F J. Colloidal stability of a temperature-sensitive poly(N-isopropylacrylamide/2-acrylamido-2-methylpropane-sulphonic acid) microgel. Journal of Colloid and Interface Science, 2002, 248(1): 54-61.

[58] Tanaka T. Phase transitions in gels and a single polymer. Polymer, 1979, 20(11): 1404-1412.

[59] 蒋旭红, 刘展眉, 涂伟萍. 沉淀聚合法 poly(DVB-co-EGDMA-co-MAA) 功能聚合物微球的制备及表征. 高分子学报, 2012, (6): 633-639.

[60] 包来燕. 表面带不同离子基团的温敏性微凝胶的制备及其胶体稳定性的研究. 上海: 东华大学, 2006.

[61] Ilmain F, Tanaka T, Kokufuta E. Volume transition in a gel driven by hydrogen bonding. Nature, 1991, 6308(349): 400-401.

[62] Zhong N, Post W. Self-repair of structural and functional composites with intrinsically self-healing polymer matrices: a review. Composites Part A: Applied Science and Manufacturing, 2015, 69: 226-239.

[63] 郑晓明, 蒋涛, 贺枫. PNIPAM-b-聚碳酸酯温敏胶束的制备及用作药物控制释放载体的研究. 高分子学报, 2011, (8): 895-902.

[64] Senff H, Richtering W. Temperature sensitive microgel suspensions: colloidal phase behavior and rheology of soft spheres. The Journal of Chemical Physics, 1999, 111(4): 1705-1711.

[65] Von Recum H, Kikuchi A, Okuhara M, et al. Retinal pigmented epithelium cultures on thermally responsive polymer porous substrates. Journal of Biomaterials Science, Polymer Edition, 1998, 9(11): 1241-1253.

[66] Tanaka F, Koga T, Kojima H, et al. Preferential adsorption and co-nonsolvency of thermoresponsive polymers in mixed solvents of water/methanol. Macromolecules, 2011, 44(8): 2978-2989.

[67] Tanaka T. Phase transitions in gels and a single polymer. Polymer, 1979, 20(11): 1404-1412.

[68] Hirokawa Y, Tanaka T. Volume phase transition in a non-ionic gel. AIP Conference Proceedings, 1984, 107(1): 203-208.

[69] Ricka J, Tanaka T. Swelling of ionic gels: quantitative performance of the Donnan theory. Macromolecules, 1984, 17(12): 2916-2921.

[70] Lee E L, von Recum H A. Cell culture platform with mechanical conditioning and nondamaging cellular detachment. Journal of Biomedical Materials Research Part A, 2010, 93A(2): 411-418.

[71] Kiminta D, Costello B, Lenon S, et al. Characterization of monodisperse aqueous latex dispersions prepared with N-isopropylacrylamide. MRS Proceedings, 1992, 289: 13.

[72] Pelton R H, Pelton H M, Morphesis A, et al. Particle sizes and electrophoretic mobilities of poly(N-isopropylacrylamide) latex. Langmuir, 1989, 5(3): 816-818.

[73] Pelton R H, Chibante P. Preparation of aqueous latices with N-isopropylacrylamide. Colloids and Surfaces, 1986, 20(3): 247-256.

[74] Senff H, Richtering W, Norhausen C, et al. Rheology of a temperature sensitive core-shell latex. Langmuir, 1999, 15(1): 102-106.

[75] Chung J E, Yokoyama M, Yamato M, et al. Thermo-responsive drug delivery from polymeric micelles constructed using block copolymers of poly(N-isopropylacryla-mide) and poly(butylmethacrylate). Journal of Controlled Release, 1999, 62(1): 115-127.

[76] Yan H, Tsujii K. Potential application of poly(N-isopropylacrylamide) gel containing polymeric micelles to drug delivery systems. Colloids and Surfaces B: Biointerfaces, 2005, 46(3): 142-146.

[77] Antunes F E, Gentile L, Tavano L, et al. Rheological characterization of the thermal gelation of poly(N-isopropylacrylamide) and poly(N-isopropylacrylamide) co-acrylic acid. Applied Rheology, 2009, 42064(19): 1-9.

[78] Chen S, Yang B, Guo C, et al. Spontaneous vesicle formation of poly (ethylene oxide)-poly (propylene oxide)-poly (ethylene oxide) triblock copolymer. The Journal of Physical Chemistry B, 2008, 112(49): 15659-15665.

[79] Seeboth A, Kriwanek J, Vetter R. The first example of thermochromism of dyes embedded in transparent polymer gel networks. Journal of Materials Chemistry, 1999, 9(10): 2277-2278.

[80] Lee S M, Chung W Y, Kim J K, et al. A novel fluorescence temperature sensor based on a surfactant-free PVA/borax/2-naphthol hydrogel network system. Journal of Applied Polymer Science, 2004, 93(5): 2114-2118.

[81] Labropoulos K C, Niesz D E, Danforth S C, et al. Dynamic rheology of agar gels: theory and experiments. Part I . Development of a rheological model. Carbohydrate Polymers, 2002, 50(4): 393-406.

[82] Narayanan J, Xiong J Y, Liu X Y. Determination of agarose gel pore size: absorbance measurements vis a vis other techniques//Journal of Physics: Conference Series. IOP Publishing, 2006, 28(1): 83.

[83] Matsuo M. Reply to the paper 'Comment on Gelation mechanism of agarose and kappa-carrageenan solutions estimated in terms of concentration fluctuation' [Polym 2002; 43: 5299]. Polymer, 2005, 46(10): 3538.

[84] Ivory C F. The prospects for large-scale electrophoresis. Separation Science and Technology, 1988, 23(8-9): 875-912.

[85] Guo C, Wang J, Liu H, et al. Hydration and conformation of temperature-dependent micellization of PEO-PPO-PEO block copolymers in aqueous solutions by FT-Raman. Langmuir, 1999, 15(8): 2703-2708.

[86] Gong X, Li J, Chen S, et al. Copolymer solution-based "smart window". Applied Physics Letters, 2009, 95(25): 251907.

[87] Cho H K, Cho K S, Cho J H, et al. Synthesis and characterization of PEO-PCL-PEO triblock copolymers: effects of the PCL chain length on the physical property of W1/O/W2 multiple emulsions. Colloids and Surfaces B: Biointerfaces, 2008, 65(1): 61-68.

[88] Galera-Gomez P A, Gu T. Cloud point of mixtures of polypropylene glycol and triton X-100 in aqueous solutions. Langmuir, 1996, 12(10): 2602-2604.

[89] Schott H. Effect of inorganic additives on solutions of nonionic surfactants. Journal of Colloid and Interface Science, 1997, 189(1): 117-122.

[90] Schott H. Comparing the surface chemical properties and the effect of salts on the cloud point of a conventional nonionic surfactant, octoxynol 9 (Triton X-100), and of its oligomer, tyloxapol (Triton WR-1339). Journal of Colloid and Interface Science, 1998, 205(2): 496-502.

[91] Schott H. Effect of inorganic additives on solutions of nonionic surfactants—XVI. Limiting cloud points of highly polyoxyethylated surfactants. Colloids and Surfaces A: Physicochemical and Engineering Aspects, 2001, 186(1-2): 129-136.

[92] Sharma K S, Patil S R, Rakshit A K. Study of the cloud point of $C_{12}En$ nonionic surfactants: effect of additives. Colloids and Surfaces A: Physicochemical and Engineering Aspects, 2003, 219(1-3): 67-74.

[93] Chen S, Yang B, Guo C, et al. Spontaneous vesicle formation of poly (ethylene oxide)-poly (propylene oxide)-poly (ethylene oxide) triblock copolymer. The Journal of Physical Chemistry B, 2008, 112(49): 15659-15665.

[94] Lee Y, Chung H J, Yeo S, et al. Thermo-sensitive, injectable, and tissue adhesive sol-gel transition hyaluronic acid/pluronic composite hydrogels prepared from bio-inspired catechol-thiol reaction. Soft Matter, 2010, 6(5): 977-983.

[95] Gong C Y, Qian Z Y, Liu C B, et al. A thermosensitive hydrogel based on biodegradable amphiphilic poly (ethylene glycol)-polycaprolactone-poly (ethylene glycol) block copolymers. Smart Materials and Structures, 2007, 16(3): 927.

[96] Ling Y, Lu M. Thermo and pH dual responsive poly (N-isopropylacrylamide-co-itaconic acid) hydrogels prepared in aqueous NaCl solutions and their characterization. Journal of Polymer Research, 2009, 16(1): 29-37.

[97]　Kim S J, Kim H I, Park S J, et al. Behavior in electric fields of smart hydrogels with potential application as bio-inspired actuators. Smart Materials and Structures, 2005, 14(4): 511.

[98]　Zhang J, Chu L Y, Li Y K, et al. Dual thermo-and pH-sensitive poly (N-isopropy-lacrylamide-co-acrylic acid) hydrogels with rapid response behaviors. Polymer, 2007, 48(6): 1718-1728.

[99]　Yan S, Yin J, Yu Y, et al. Thermo-and pH-sensitive poly (vinylmethyl ether)/carboxymethylchitosan hydrogels crosslinked using electron beam irradiation or using glutaraldehyde as a crosslinker. Polymer International, 2009, 58(11): 1246-1251.

[100]　Moon J R, Kim J H. Biodegradable thermo-and pH-responsive hydrogels based on amphiphilic polyaspartamide derivatives containingN, N-diisopropylamine pendants. Macromolecular Research, 2008, 16(6): 489-491.

[101]　Chen J P, Cheng T H. Preparation and evaluation of thermo-reversible copolymer hydrogels containing chitosan and hyaluronic acid as injectable cell carriers. Polymer, 2009, 50(1): 107-116.

[102]　Chacon D, Hsieh Y L, Kurth M J, et al. Swelling and protein absorption/desorption of thermo-sensitive lactitol-based polyether polyol hydrogels. Polymer, 2000, 41(23): 8257-8262.

[103]　Ueno K, Matsubara K, Watanabe M, et al. An electro-and thermochromic hydrogel as a full-color indicator. Advanced Materials, 2007, 19(19): 2807-2812.

[104]　Taşdelen B, Kayaman-Apohan N, Güven O, et al. Investigation of drug release from thermo-and pH-sensitive poly (N-isopropylacrylamide/itaconic acid) copolymeric hydrogels. Polymers for Advanced Technologies, 2004, 15(9): 528-532.

[105]　Schmaljohann D, Oswald J, Joergensen B, et al. Thermo-responsive hydrogels for controlled cell adhesion and detachment//Abstracts of Papers of The American Chemical Society. 1155 16th ST, NW, Washington, DC, 20036, USA: Amer Chemical Soc, 2003, 226: U484.

[106]　Morimoto N, Ohki T, Kurita K, et al. Thermo-responsive hydrogels with nanodomains: rapid shrinking of a nanogel-crosslinking hydrogel of poly (N-isopropyl acrylamide). Macromolecular Rapid Communications, 2008, 29(8): 672-676.

[107]　Lang Y Y, Li S M, Pan W S, et al. Thermo-and pH-sensitive drug delivery from hydrogels constructed using block copolymers of poly (N-isopropylacrylamide) and guar gum. Journal of Drug Delivery Science and Technology, 2006, 16(1): 65-69.

[108]　Yang H, Tan Y, Wang Y. Fabrication and properties of cucurbit[6]uril induced thermo-responsive supramolecular hydrogels. Soft Matter, 2009, 5(18): 3511-3516.

[109]　Guo C, Wang J, Liu H, et al. Hydration and conformation of temperature-dependent micellization of PEO-PPO-PEO block copolymers in aqueous solutions by FT-Raman. Langmuir, 1999, 15(8): 2703-2708.

[110] Linse P. Micellization of poly (ethylene oxide)-poly (propylene oxide) block copolymer in aqueous solution: effect of polymer impurities. Macromolecules, 1994, 27(10): 2685-2693.

[111] Park M J, Char K. Two gel states of a PEO-PPO-PEO triblock copolymer formed by different mechanisms. Macromolecular Rapid Communications, 2002, 23(12): 688-692.

[112] Aswal V K, Goyal P S, Kohlbrecher J, et al. SANS study of salt induced micellization in PEO-PPO-PEO block copolymers. Chemical Physics Letters, 2001, 349(5-6): 458-462.

第6章 化学响应软物质材料

6.1 化学响应软物质材料概述

只要提供相对微弱的作用力，就会产生较大的形态变化的体系统称为"复杂系统"或"软物质"，凝胶就是其中最重要的一种。凝胶是一类靠非共价键作用形成的多功能软物质，能够对一系列外界刺激 (物理刺激和化学刺激)，如 pH、温度、光、化合物、电磁场等，在体积 (收缩溶胀)、相态 (溶胶–凝胶)、理化性质 (颜色等) 等方面做出响应。化学响应/刺激可以是 pH、金属阳离子、阴离子、化学物质以及通过主客体识别的客体分子，甚至可以是催化凝胶因子发生反应的酶等。在这些化学响应/刺激的作用下，软物质凝胶体系可能对这些刺激做出响应，进而实现凝胶和溶液的相态变化。另外，化学响应过程中还可能伴随着其他性质的变化，如紫外吸收光谱、荧光发射光谱、CD 信号等变化，因此该类凝胶有望在生物或者化学传感等领域发挥其独特的作用。化学响应型 (化学刺激) 的软物质材料主要包括离子响应型材料、化学物质响应型材料、氧化还原响应型材料、pH 响应型材料、酶响应型材料等。

凝胶类软物质材料既具有固体的性质，又具有液体的性能，它既是一种动态平衡，又是一种静态平衡。通常情况下，高度有序的凝胶三维网状结构的形成是依靠分子间的弱相互作用力，如 π-π 堆积、范德瓦耳斯力、氢键等。因为其在凝胶相中的理化性质和其溶液相的有着明显的不同，所以在凝胶–溶胶相转变时往往伴随着某些性质的改变。引起相转变的方法很多，比如物理刺激 (搅拌、超声，光照、磁场、机械振动等) 以及化学刺激 (pH、质子、酸碱、量子点、气体、氧化还原、阴离子和阳离子等)，这样的凝胶被称为刺激响应性凝胶。最近几年，多重刺激响应性凝胶由于具有重要的应用价值而受到研究者的关注。其中，刺激响应性有机凝胶是建立在小分子体系对外界刺激的选择性响应的基础之上。合适的离子识别位点既可以应用于小分子探针的设计合成，也可以作为功能基团应用于刺激响应性小分子凝胶领域。到目前为止，阳离子探针的研究已经发展得比较快，许多探针都具有简便高效的检测能力，甚至有些探针已经应用于活体检测。然而，阴离子探针的发展相对比较缓慢，目前还有许多问题需要解决，比如更高的选择性、更低的最低检测限、合理的识别机理等。同时，有机凝胶作为一种新颖的软材料，其实际应用也更加广泛。而其中对刺激响应性有机凝胶的研究相对少一些，这一点也制约了凝胶的应用。因此，如何设计研发出轻便易携带且实用的新型刺激响应性有机凝胶因子也成了化学科技工作者奋斗的目标。通常西佛碱类化合物的设计及合成比较简单,产率也比较可观,容易提纯出来,同时具有很好的环境刺激响应性能,在检测、催化、医药、发光材料、液晶等领域都已经展现出巨大的应用潜力。因此,该类有机分子是一类比较理想的设计外部环境刺激响应性有机凝胶的体系,从而为生命科学、材料科学、分子器件开辟了一条新的发展道路,功能化的有机小分子自组装成的凝胶是一类非常有研究潜力的新一代超分子智能材料。

在软物质材料中加入阴离子或阳离子,会发生相应的反应。离子对凝胶的刺激响应指外来的离子加入凝胶体系当中,使凝胶的颜色和状态、发光性能发生变化,比如有的阴离子的加入可以使凝胶转变为溶胶,并且颜色也伴随着变化,有的金属离子的加入可以和有机凝胶因子配位形成更加稳定的凝胶体系。

氧化还原响应的凝胶分子设计和实现吸引了众多科学家进行研究并先后提出众多的可行方法,主要凝胶因子中引入具有氧化还原活性的结构,如二茂铁、共轭基团、四硫富瓦烯、过渡金属离子及二硫化物等。如果参与组装的某一组分分子结构中含有对氧化还原反应敏感的基团,则我们可得到氧化还原响应型分子软物质有序聚集体。通常这类体系中的表面活性剂分子或外界添加剂分子含有二茂铁、S原子、紫罗碱等基团,利用电化学等反应改变其氧化还原态,就能引起分子结构的改变,导致聚集体微观结构的变化,从而影响体系的宏观物理化学性质。Tsuchiya 等报道了由含有二茂铁的氧化还原型表面活性剂 11-二茂铁基–十一烷基三甲基化铵 (FTMA) 和 NaSal 构筑的氧化还原响应型蠕虫状胶束体系,在还原状态下体系形成半径约为 8 nm、长度在微米数量级的蠕虫状胶束,通过电化学法将二茂铁氧化为带正电荷的铁离子后,由于分子的疏水性发生了较大的变化,因此蠕虫状胶束逐渐分离成小的聚集体结构,甚至成为游离的单体。

pH 调控型凝胶的凝胶因子通常含有氨基、羧基和羟基等基团,通过形成分子间氢键,自组装聚集形成凝胶。pH 响应型材料是一种对 pH 变化敏感的智能软物质材料。这类材料通常涉及一些容易受到环境 pH 影响的反应,环境 pH 的变化能够控制反应的发生或者不发生,进而导致材料的物理化学性质发生改变。pH 和离子双重敏感型高分子凝胶是指能同时对 pH 和离子浓度、离子强度变化产生响应的高分子凝胶软物质材料。一般,这类凝胶的溶胀度会由于离子种类的不同而变化。实验证明,只要通过合理的设计,将 pH 敏感的基团引入相应的凝胶因子中就能形成 pH 响应的凝胶。调节环境的 pH 可使凝胶因子分子间氢键等的相互作用发生变化,同时造成凝胶与溶剂间的相互作用也发生变化,这样使凝胶网络的交联点减少,凝胶网络结构发生变化,从而使凝胶状态发生变化。间苯二酚能形成 pH 敏感型凝胶,向其水溶液中加入盐酸调节至 pH<2.5,形成稳定的透明凝胶;向凝胶中加碱性溶液使 pH 升高,凝胶溶解;向溶液中再加入酸使 pH<2.5,溶液重新形成凝胶,可以循环重复进行。

　　软物质的基本特性是对外界微小作用的敏感和非线性响应、自组织行为、空间缩放对称性等。流体热涨落和固态的约束共存导致了软物质的新行为，体现了其复杂性及特殊性。软物质的组成、结构、相互作用及其宏观性质与普通固体、液体和气体大不相同。

　　软物质对外界微小作用的敏感是软物质之 "软" 的含义来源。软物质的 "软" 是指受很小的外界作用会产生大的变化的特性。这种外界作用对于不同体系而不同，可以是力、电、磁、热、化学扰动和掺杂等。例如，加一点卤水可使豆浆变成豆腐，加一些骨胶就可使墨汁稳定而不沉淀，非常小的电场可容易地改变液晶分子显示的状态，硫化橡胶是通过掺入微量硫 (硫原子和碳原子之比为 1:200) 而使其由液体转变成了有弹性的固体。不过几乎所有软物质在力学性质上来衡量也确实是软的物质。

　　软物质已成为物理学、化学、材料、力学和生命科学重要的前沿研究课题，在技术和生产上有广阔的应用前景，是国际上普遍重视的多学科交叉研究领域，更是通向生命体系研究的桥梁。软物质力学是力学的一个新兴方向，其研究对推动多学科的交集协同发展有着极其重要的作用。

　　然而，软物质组成复杂，常是多相集合体，且往往涉及与硬物质的界面相互作用，其运动和变化规律与一般流体和固体迥异。软物质中结构单元之间的作用力弱，在一般流体和固体中作用较小的力，如表/界面作用力、范德瓦耳斯力等，可能在软物质中起到主导作用，传统的流体 / 固体理论已无法全面刻画软物质所呈现的许多独特现象。软物质的本构关系比较复杂，涉及流变、大变形、熵等新概念。目前，除了软物质物理、化学、生物等相关研究以外，研究者们开始从力学的角度对软物质的行为特性及其理论分析模型与测试方法进行深入探索，在生物力学、界面和接触力学、胶体力学、实验力学等领域取得了丰硕的成果。

　　将软物质与简单流体和固体对比，可看出它们之间的构成和组态的区别。简单流体中的分子可自由地变换位置，位置互换后的性质不发生变化，而理想固体的分子位置是固定的。软物质则具有复杂的情况，有些是大分子或基团内的分子受到约束，不可自由互换。大分子或基团之间是弱连接，如聚合物溶液、液晶、胶体和颗粒物质等；有些是基团内外分别是可以互换的流体分子，而基团内外之间它们不可以互换，如液–液混合物和气–液混合物。以果冻和冰为例，比较软物质和硬物质之间的差异。果冻是由明胶分子和水组成的，明胶分子通过水而弱连接在一起，因而很柔软，有较大的弹性。冰的硬性和强度起因于它的分子组成。冰中 H_2O 分子是一个个紧密堆积的，分子间有强的相互作用，需要很大的作用力才可使冰发生变化。很强的挤压会破坏冰中原子间的结合，出现脆性破裂。冰是硬物质，果冻是软物质。水是具有一定体积而不能保持自身形态的物质，任何切变力都会使其产生流动；而果冻则可保持一定的形状，不会随意流动，或需要很长时间才会发生缓慢的变形或流动。软物质 "软" 的原因还与其组成分子聚集态的复杂性有关。以液晶为例，向列相分子的质心体现液体相，而其长轴的取向体现晶体相；近晶相液晶的分子质心在一个平面上体现液体相，而在垂直方向上体现晶体相；橡胶分子在微观局域态是液体，但宏观则体现为固体。因此，通常的固体属于硬物质，而一般的由小分子组成的液体和溶液也不是软物质。有人将普通液体 (如水) 和溶液称为超软物质。

近几年来，学者们对生物组织、细胞和生物大分子、水凝胶、形状记忆聚合物、活性软材料、柔性电子器件、颗粒、液晶等多种软物质体系进行了力学分析、模拟及实验，探索了软物质微结构形成的物理机制和动力学引起的新生长规律。也有学者将软物质的不稳定性和自组装行为用于开发低成本、高性能的新材料和新设备。还有许多学者考虑学科交叉，从新的角度研究软物质材料，将连续介质力学中的本构关系、计算技术和建模方法引入软物质模拟计算中，实现对软物质的自组装行为及表面不稳定性的理论分析，并将综合的力学测试方法和技术带入软物质力学实验中，实现对软物质复杂力学响应的小尺度性能测试。

液晶、聚合物、胶体、细胞、蛋白质、生物软组织等软物质在自然界、工业领域和日常生活中广泛存在，并在生物医学工程等诸多领域扮演着越来越重要的角色. 软物质的一个基本特性是对某些特定的刺激 (如力、电、光、温度、湿度、pH 和离子浓度) 有较强的响应。这一性质为软物质带来了很多重要应用，例如，制备便于调控的智能材料，用于微控制系统、药物载体、生物实验平台等。本章将介绍化学响应软物质材料，近些年来，化学刺激响应型软物质材料受到研究者的喜爱，它是指设计合成的软物质材料能对离子、化学物质、氧化还原、pH 及两种或两种以上的化学刺激做出响应的软物质材料。离子响应型软物质材料，加入阴离子或阳离子，会发生相应的反应。化学物质响应型软物质材料是一类能够对化学物质 (例如，氧气、二氧化碳、过氧化氢、钾离子、葡萄糖、抗原抗体、酶等) 做出响应的材料。氧化还原响应型软物质材料往往带有可发生氧化还原反应的功能基团，如四硫富瓦烯 (TTF)、金属离子、二茂铁、巯基等，此类软物质材料在金属防腐、电化学信号传递、环境保护、电解与电镀等方面具有潜在的应用前景。pH 响应型软物质材料是一种对 pH 变化敏感的软物质材料，这类材料通常涉及一些容易受到环境 pH 影响的反应，环境 pH 的变化能够控制反应的发生或者不发生，进而导致该材料的物理化学性质发生改变。

6.1.1 离子响应型软物质材料

在软物质材料中加入阴离子或阳离子，会发生相应的反应。

Shinkai 小组早在 1991 年就报道了含有冠醚基团的凝胶因子 1 (图 6.1) 能与 Li^+、Na^+、K^+ 和 Rb^+ 发生金属配位作用，当金属离子浓度增加时，凝胶温度

(Tgel) 也随之增加；但当离子的浓度增加至 10~15 mol% 时，Tgel 开始逐渐下降，证明凝胶的稳定性受到金属离子浓度的影响 [1]。他们随后的工作也发现在含有吡啶基团的凝胶因子 2 中，吡啶基团与金属离子的相互作用也可以对凝胶体系的稳定性产生影响 [2]。

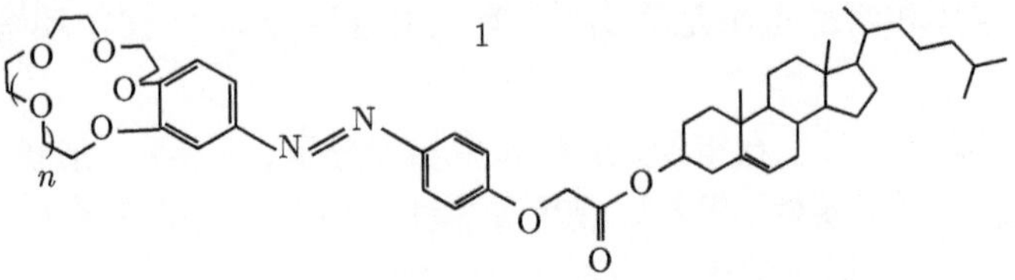

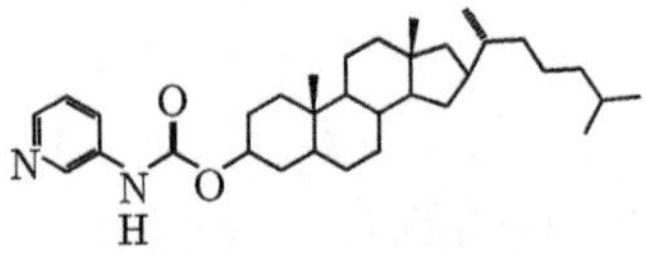

图 6.1   离子响应凝胶因子 1 和 2 的分子结构式

2013 年，华东师范大学的杨海波教授利用笔者研究组发展的外围是间苯二甲酸二甲酯功能化树状分子，通过在其核心修饰刚性的二齿配体，然后利用配体和铂金属化合物 A1 的配位作用，从而成功构建了一类结构新颖的树状分子金属大环配合物 [3]。研究发现，只有二代树状分子金属大环配合物能够逐级自组装形成树状分子凝胶，并且该凝胶能够对某些阴离子 (如溴离子) 产生智能响应，究其原因可能是溴离子的加入破坏了刚性树状分子金属大环配合物，进而导致其组装被破坏，发生了凝胶和溶液态的相互转变。

当在超分子凝胶中加入阳离子、阴离子或其他物质分子时，超分子凝胶的性质或自身的结构和状态会发生变化，从而实现对特定物质的定性检测。众所周知，NO^{2-} 具有致癌性质，但往往广泛存在于生活环境或日常食品当中，所以如何识别和鉴定其存在显得非常重要，Yi[4] 课题组利用萘四羧酸酰亚胺十一烷酸和脂肪或芳香二胺制备成一类双组分有机凝胶，其中含 1,2-二氨基蒽醌的双组分凝胶能敏感地识别 NO^{2-}，当向该凝胶中加入亚硝酸钠溶液时，体系的吸收和发射强度明显减弱，并且伴随着颜色衰退和凝胶塌陷的现象，从而实现了对 NO^{2-} 的裸眼识别。

2007 年，中国科学院化学研究所张德清小组 [5] 报道了一例基于联萘和酰胺的超分子凝胶因子 1-21。研究发现该凝胶因子可以在正己烷和环己烷等溶剂中形成稳定的凝胶。当往凝胶体系中加入 F^- 时，发现凝胶被破坏，逐渐变成溶液。究其原因，他们猜测可能是 F^- 使凝胶因子中的酰胺基团去质子化，从而破坏了其成胶驱动力，导致了凝胶破坏。然后他们通过核磁和圆二色谱等相关实验对其进行了很好的证明。

2011 年，复旦大学涂涛教授课题组 [6] 报道了一例基于胆甾的含 Pt 的有机金属化合物凝胶，在 CHCl₃ 的成胶体系中，当他们加入不同构型的 2,2′-双-(二苯膦基)-1,1′-联萘 (BINAP) 时，发现加入 (S)-BINAP 的凝胶体系维持稳定的凝胶态，而加入 (R)-BINAP 的凝胶体系则发生凝胶塌陷现象。他们认为不同构型的 BINAP 分子与手性凝胶体系的作用方式不同。其中 (R)-BINAP 和手性凝胶体系匹配，发生配位作用，因而破坏了凝胶分子间的成胶驱动力，导致凝胶的破坏；而 (S)-BINAP 与凝胶手性不匹配，凝胶得以保持。在此，他们报道了一例利用凝胶相态变化来实现对手性分子可视化识别的新方法。

2011 年，Prasad 等在 AB3 型聚苄醚型树状分子 1-52 的核心，通过酰腙键连接荧光官能团芘从而发展了一类荧光型树状分子有机凝胶。上述含有荧光基团的树状分子能在某些有机溶剂以及混合溶剂中形成稳定的凝胶，研究发现氢键、π-π 作用是其成胶驱动力。有意思的是，在树状分子凝胶体系中添加 F⁻ 后，凝胶被破坏，逐渐变成溶液，并伴随着体系由绿色变成红色的颜色变化。他们猜测是因为 F⁻ 导致了树状分子内的酰腙键的氢发生去质子化，从而破坏了其成胶驱动力，凝胶被破坏。同时伴随着凝胶因子的结构变化，生成了一种更共轭的结构，从而导致体系的颜色变红。由此发展了一种简便快捷，只需通过裸眼观察就能鉴别 F⁻ 的方法 [7]。

2013 年，华东师范大学的杨海波教授利用间苯二甲酸二甲酯功能化树状分子，通过在其核心修饰刚性的二齿配体 1-53，然后利用配体和铂金属化合物 A1 的配位作用，从而成功构建了一类结构新颖的树状分子金属大环配合物。研究发现，只有二代树状分子金属大环配合物能够逐级自组装形成树状分子凝胶，并且该凝胶能够对某些阴离子 (如溴离子) 产生智能响应，究其原因可能是溴离子的加入破坏了刚性树状分子金属大环配合物，进而导致其组装被破坏，发生了凝胶和溶液态的相互转变。

离子水凝胶由于其离子导电和刺激响应特性，在生物传感、柔性器件和能量存储等新兴领域具有非常广阔的应用前景。聚丙烯酸 (PAA) 是一种聚阴离子的离子水凝胶，具有很高的离子导电性。它具有弱酸性，会对 pH 刺激产生响应，而且成膜性好，在组织工程、药物释控、催化、能量存储、光电传感或驱动等领域具有重要的科学研究和应用价值。然而，传统微纳加工技术很难用于水凝胶材料加工，从而严重限制了离子水凝胶材料在微小型功能器件上应用和发展。

针对这一问题，香港理工大学的张阿平博士及其研究团队发展了一种新型光学微制造技术 [8]，用于 PAA 微结构与器件制备。通过集成高速空间光调制器与精密移动和成像设备，该研究团队实现了可直接原位打印计算机软件设计的大面积二维/三维 (2D/3D) 微结构的光学无掩模立体光刻技术。在实验中，通过精确动态控制曝光及光聚合过程，多种精细 2D/3D PAA 图案被快速打印在玻璃基片上 (曝

光时间只需 10~30 s）。利用该技术，该研究团队演示了在直径为 30 μm 的微尺度
光纤表面原位制造总长度为 2 cm 的周期性 PAA 微结构阵列，激发了光纤模式耦
合与共振，实现了高灵敏微型光学 pH 传感器。该工作中实现的快速大面积原位制
造技术，还可以作为一种水凝胶材料微纳加工的普适方法，进一步促进水凝胶材料
在微小型功能器件上的应用和发展。

　　Yong Ju 等设计合成了一种新型的基于尿嘧啶甘草次酸凝胶因子 (图 6.2)，能
在二氯甲烷、三氯甲烷、1,2 二氯乙烷、1,3 二溴丙烷中成黄色凝胶，其中在 1,2
二氯乙烷中的最低成凝胶浓度很低，为 0.33 g/(100 cm^3)，表明是一种超级凝胶，
在 1,2 二氯乙烷形成的凝胶对热也具有响应，在 20 ℃ 时可获得凝胶，加热至
42 ℃ 时，凝胶开始塌陷，当加热至 42 ℃ 以上时，完全变成溶液，通过作凝胶
因子的浓度核磁氢谱，酰胺上的—NH 上的质子峰随着凝胶因子浓度的逐渐增大，
逐渐向低场移动，揭示了其自组装的驱动力有氢键的存在，为了研究其形貌特征，
做了扫描电镜测试，呈现纤细的三维网状结构，这也说明凝胶因子自组装成高度
有序的纤维结构。更重要的是，此凝胶既能单一响应 F$^-$，又能单一响应金属离子
Hg^{2+}，而实现双通道响应阴阳离子。通过紫外吸收光谱的全扫描就可以看出，当加
入 Zn^{2+}，Cu^{2+}，Cd^{2+}，Mg^{2+} 等阳离子时，紫外吸收情况和主体的保持一致，但加
入 Hg^{2+} 时，紫外吸收峰迅速降低，并发生蓝移，宏观上可以看到在黄色的凝胶中
加入 F$^-$，凝胶破坏，并且颜色也变成红色，从 F$^-$ 的核磁滴定中，可以看出随着
F$^-$ 浓度的增大，—NH 峰逐渐向低场移动，最后消失，说明是脱质子作用。

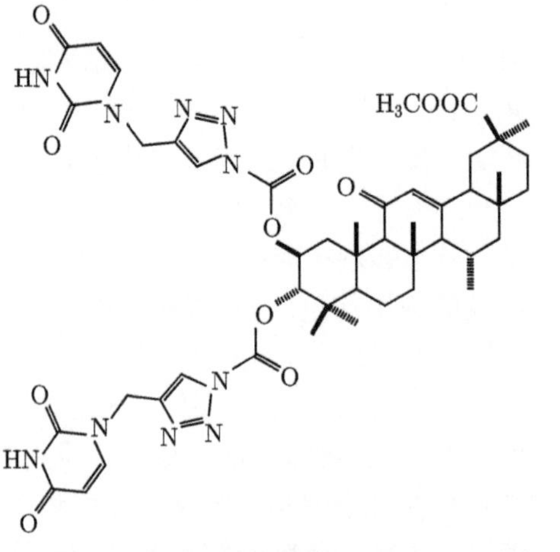

图 6.2　基于尿嘧啶甘草次酸凝胶因子的分子结构式

　　Ning 课题组设计合成了酰胺类的凝胶因子 (图 6.3)，它的结构当中既有提供
范德瓦耳斯力的长烷基链，又有提供发色的偶氮水杨醛官能团，当然，促使该凝胶
因子形成有机凝胶的还有苯环间的 π-π 堆积作用、酰胺之间的氢键作用，氢键的

存在是由 1H NMR 来证明的。该凝胶因子在 DMF 中能自组装成黄色的凝胶, 通过对其干凝胶做扫描电镜测试, 微观形貌呈三维网状结构, 首先该凝胶因子能实现热可逆, 即加热溶液状态, 冷却变成凝胶, 但是最引人注目的是, 该凝胶因子能对 F⁻ 实现特定的响应, 加入 F⁻ 后, 随着时间的推移, 凝胶逐渐塌陷, 原因是 F⁻ 的加入, 夺掉了酰腙上的质子和酚羟基上的质子, 打破了氢键作用, 从而使凝胶塌陷下来, 这个可以在 F⁻ 的核磁滴定中很好地诠释。

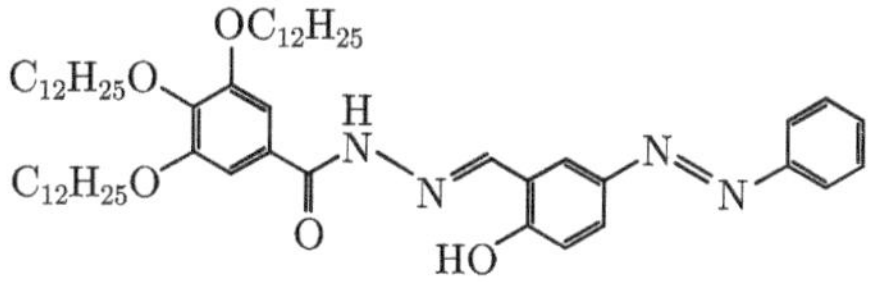

图 6.3　一种酰胺类凝胶因子的分子结构式

Carmen Mijangos 等 [9] 的研究小组设计合成了基于氨基酸的低分子量的凝胶因子, 通过流变学和光谱学研究, 吲哚上的—NH 参与了分子间氢键, 以此来增强成凝胶能力, 当然还有芳环之间的 π-π 堆积作用也是很重要的驱动力, 经过在常见的不同有机溶剂中筛选, 发现该凝胶因子能在乙酸乙酯、乙腈、甲苯中形成稳定的凝胶, 其中在乙酸乙酯中的最低成凝胶浓度为 2.5%(w/v), 在乙腈中的为 2.0%(w/v), 并且作者测试了在 2.5%(w/v) 时乙酸乙酯中的转融温度为 38 ℃, 在 2.5%(w/v) 时乙腈中的转融温度为 39 ℃, 它们都能在溶剂中实现热可逆, 通过 SEM, 还有原子显微镜下拍的照片可以看出干凝胶的形貌特征呈相互缠绕的三维网状结构, 作者认为在凝胶因子自组装的过程中溶剂起到了很重要的作用, 作者还对主体在乙腈中的紫外吸收情况做了研究, 在 280 nm 处出现最大吸收峰, 解释为是 π-π 堆积作用所引起的。作者还对在乙腈中的溶液、凝胶分别做了荧光测试, 结果是凝胶的荧光明显比溶液中的荧光强。更为关键的是, 该凝胶能专一响应 F⁻, 加入 F⁻ 后凝胶破坏塌陷下来, 而加入其他离子如 Cl⁻、Br⁻、I⁻、CN⁻ 时, 凝胶的状态不发生改变, 从而能够实现裸眼识别 F⁻。

Zhan Ting Li 等设计了三亚苯基嘌呤类的有机凝胶因子 (图 6.4), 可以看到该有机化合物结构中含有 6 个长烷基链, 还有大的芳环基团。该凝胶因子经过 15 种常见的溶剂筛选, 发现在 1,4 二氧六环、丙酮、DMSO、DMF、丁酮、正丁醇、甲醇、乙醇中能成凝胶, 把在乙醇中做的凝胶冷冻干燥之后, 做 SEM 可以观察到呈相互缠绕的三维网状结构, 说明它自组装得比较好, 促使凝胶形成的驱动力有芳环的 π-π 堆积作用, 还有长烷基链之间的范德瓦耳斯力。最有趣的是该凝胶加入 Ag⁺ 后破坏, 变成透明的溶液, 然后再加 I⁻, 又恢复为稳定的凝胶。

Kanazawa 等制备了一种温度敏感的微凝胶可用作 Cu^{2+} 吸附剂 (图 6.5), 通过温度变化能够使微凝胶吸附–脱附特定的重金属离子。使用 NIPAM 和 N-(4-

vinyl)benzylethylenedianmine (VBEDA) 分别为主单体和螯合单体，采用可聚合的阴离子表面活性剂，经乳液聚合合成微凝胶。制备过程中使用分子印迹技术，选择 Cu^{2+} 为目标重金属离子。这种温度敏感的微凝胶吸附剂在分散溶液温度超 PNIPAM 的相转变温度时仍然能够稳定地分散，Cu^{2+} 的吸附行为对温度的变化能够快速响应。在 35 ℃ 时，微凝胶处于收缩状态，此时凝胶网络的尺寸与凝胶制备过程中的尺寸是一致的，内部 Cu^{2+} 与 VBEDA 形成配位络合的结构，此时对 Cu^{2+} 的吸附量最大；在 10 ℃ 时，微凝胶处于溶胀状态，Cu^{2+} 吸附速率很大，但是吸附量较小。

N
N
N
N
N
N

图 6.4 一种三亚苯基嘌呤类的有机凝胶因子的分子结构式

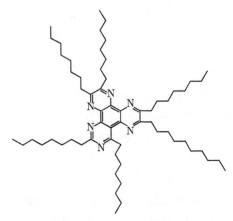

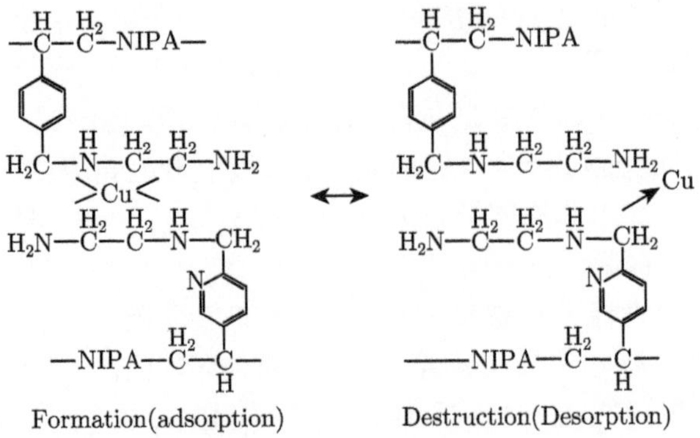

Formation(adsorption)
Destruction(Desorption)
NIPA
Cu

图 6.5 一种温度敏感的微凝胶的分子结构式

6.1.2 化学物质响应型软物材料

化学物质响应型材料是一类能够对化学物质 (例如，氧气、二氧化碳、过氧化氢、钾离子、葡萄糖、抗原抗体、酶等) 做出响应的材料，这类材料被广泛应用于各种传感器,达到检测的目的。例如,曲晓刚研究组就利用过氧化氢和 Fe^{2+} 在酸性条件下构成 Fenton 试剂,产生羟基自由基 (·OH),可以引发自由基聚合这个特性,将丙烯酸和 N, N-亚甲基双丙烯酰胺聚合,实现了过氧化氢触发的溶胶–凝胶转换过程,进而可以用肉眼来检测葡萄糖的存在。结合紫外–可见光谱,可以将葡萄糖的检测限降至 30 μm。此后,他们又利用类似的方法,将金纳米粒子修饰上丙烯酸,在 Fenton 反应引发丙烯酸聚合的同时,由于金纳米粒子的聚集,金纳米粒子紫外–可见吸收光谱发生变化,可以将葡萄糖的检测限进一步降至 1 μm。这种方法高效,具有选择性,并且不需要复杂的化学合成,简单,成本低廉 [10]。

将酶作为一种刺激物的同时,也就将酶高选择性、高效性的特性赋予了具有酶响应性的材料,使得刺激更温和,响应却更灵敏。另外,这类材料一般具有很好的生物相容性,可以被应用于组织工程、疾病诊治、载药和控释等生物与医学领域。

在生命活动中,酶催化的磷酸化与去磷酸化具有专一性强、效率高、速度快的特点。Xu 等 [11] 设计了可磷酸化和去磷酸化的含萘基的寡肽胶凝剂,实现了酶调控的凝胶–溶胶转化。在蛋白激酶的作用下,胶凝剂会发生磷酸化变成化合物,由于其亲水性提高,胶凝剂的三维网络结构被破坏,变成溶胶。此时加入活性更强的碱性磷脂酶时,发生去磷酸化反应,胶凝剂复原,凝胶再次形成。但是由于所用的两种酶的活性相差太大 (1000 倍),因而这种可逆的循环只能进行一次,而更多次的可逆循环则有赖于活性相当的催化酶的选择。基于相似的原理,该小组在具有药用价值的紫杉醇 (taxol) 衍生物末端连接上具有酶催化活性位点的化合物,在合适的催化剂 (碱性磷酸酯) 存在时,末端被去磷酸化生成疏水性较高的在原位完成自组装,形成三维网络结构,形成超分子水凝胶。进一步的研究还表明此种水凝胶还具有向外界缓慢释放紫杉醇的能力。难能可贵的是,这种原位成胶能力在活体实验 (老鼠体中) 中也获得了成功。这是第一例利用酶催化原位形成超分子凝胶,同时可作为载体实现控制释放药物功能的研究。这不仅有效地模拟了生物过程,而且为生物活性药物的控制释放提供了全新的思路,在生物医药领域极具应用价值。

6.1.3 氧化还原响应型软物质材料

这类软物质凝胶往往带有可发生氧化还原反应的功能基团,如四硫富瓦烯 (TTF)、金属离子、二茂铁、巯基等。其往往通过往体系中加入氧化剂、还原剂或者施加电场就可有效地调控体系凝胶–溶液的智能转变。此类软物质凝胶在金属防腐、电化学信号传递、环境保护、电解与电镀等方面具有潜在的应用前景。

最近十九年中,受非共价键驱使的小分子水凝胶受到科学界的关注,在非共价键的作用下,如范德瓦耳斯力、氢键、π-π 堆积、疏水作用、金属离子配位作用等 [12],小分子凝胶因子能自组装形成三维网络结构,从而将溶剂分子牢牢锁住,形成类固体的凝胶。对环境刺激响应的水凝胶在药物缓释、生物工程、组织修复等诸多领域具有重要的潜在应用 [13]。在众多的环境响应性刺激中，氧化还原响应刺激最具魅力，在许多方面都有重大作用，包括电化学、生物科学、医学等 [14]。氧化还原响应的凝胶分子设计和实现吸引众多科学家研究并先后提出众多的可行方法，主要凝胶因子中引入具有氧化还原活性的结构，如二茂铁、共轭基团、四硫富瓦烯、过渡金属离子及二硫化物等 [15]。例如，Peng 等报道了三价铁离子与聚丙烯酸配位可以形成网络结构，故在柠檬酸铁存在的条件下，可以与聚丙烯酸形成稳定凝胶，且光照下，Fe^{3+} 能还原成 Fe^{2+}，而 Fe^{2+} 与 COO^- 的配位能力差，从而失去凝胶网络结构。但具有氧化还原响应性的小分子凝胶-溶胶转变报道较少。Shinkai 等首先提出了 Cu(I) 离子与 2,2′-二联吡啶衍生物，通过配位键作用，形成具有氧化还原响应的小分子凝胶，当 Cu(Ⅰ) 被氧化成 Cu(Ⅱ) 时，凝胶结构被破坏。

2004 年，Shinkai 小组报道了首例基于 Cu(Ⅰ) 配合物的氧化还原响应超分子凝胶体系 1-25 [16]。研究发现，在正丁腈中加热得到红色溶液，冷却后得到蓝绿色的凝胶。往 Cu(Ⅰ) 配合物小分子凝胶中加入氧化剂 $NOBF_4$，加热冷却，在该条件下，金属配合物的 Cu(Ⅰ) 离子会被氧化形成 Cu(Ⅱ) 离子，导致凝胶体系被破坏，形成淡蓝色溶液，并伴随有少量沉淀析出；在该溶液体系中加入还原性的抗坏血酸并加热冷却后，Cu(Ⅱ) 离子被还原形成 Cu(Ⅰ) 离子，溶液体系又可自行恢复至凝胶态。因而可以利用 $NOBF_4$ 和抗坏血酸使 Cu(Ⅰ)/Cu(Ⅱ) 相互变化，有效调控体系的凝胶-溶液的智能转变。

他们同时也发现，含有双胆甾基团的聚噻吩分子 3 (图 6.6) 能在多种有机溶剂中形成凝胶，其凝胶形成的作用是噻吩基团之间的 $\pi - \pi$ 相互作用和胆甾基团之间的范德瓦耳斯力。当往体系中加入 $FeCl_3$ 作为氧化剂和抗坏血酸作为还原剂时，噻吩基团发生氧化还原反应，它们之间的静电排斥力的存在与否会使体系发生可逆的凝胶-溶胶转变 [17]。

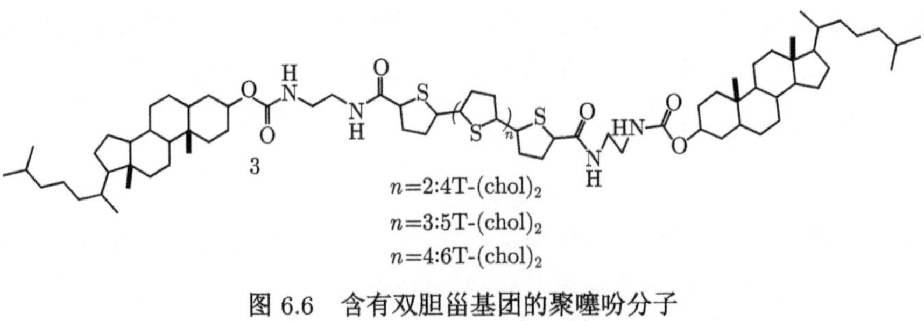

$$n=2\text{:}4\text{T-(chol)}_2$$
$$n=3\text{:}5\text{T-(chol)}_2$$
$$n=4\text{:}6\text{T-(chol)}_2$$

图 6.6　含有双胆甾基团的聚噻吩分子

2005 年，中国科学院化学研究所张德清小组报道了一例含有四硫富瓦烯和脲基的凝胶因子 [18]。由于四硫富瓦烯功能基团的引入，当在体系中加入当量氧化剂 $Fe(ClO_4)_3$ 或者 $NOPF_6$ 时，30 min 内，凝胶结构逐渐坍塌变成绿色悬浮物。

2010 年，张德清研究组将具有电化学氧化还原特性的四硫富瓦烯基团引入胆甾体系中, 这种凝胶因子 4 (图 6.7) 能在正己烷中形成凝胶, 除了常规的热致凝胶–溶胶转变之外, 当向体系中加入碘单质作为氧化剂或者采用电化学氧化时, 四硫富瓦烯被氧化为离子态, 体系就发生凝胶到溶胶的转变, 这种过程在加入还原剂之后也是可逆的 [19]。

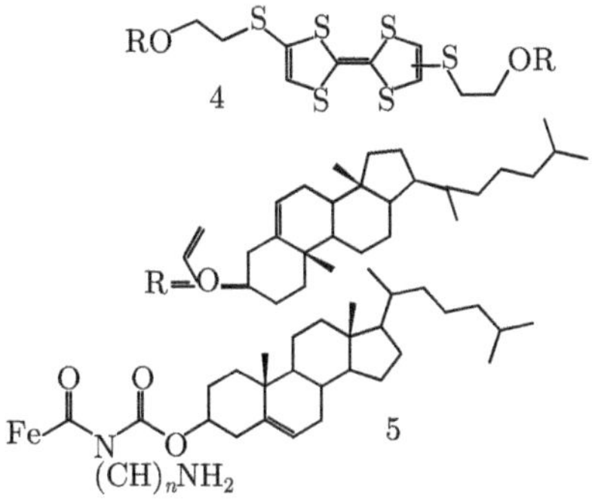

图 6.7　具有还原响应特性的凝胶因子结构 4 和 5

另外一种常见的具有氧化还原性质的分子二茂铁也首次被房喻小组引入胆甾类凝胶体系中。他们合成了 ALS 型的凝胶因子 5 (图 6.7), 当往凝胶体系中加入硝酸铈铵作为氧化剂以及肼作为还原剂时, 二茂铁能够发生氧化还原反应, 从而诱导体系发生可逆的凝胶–溶胶转变。同时, 这种凝胶在环己烷中的最小凝胶浓度 (MGC) 能达到 0.06 wt%, 是一种少见的超级凝胶因子 (supergeltaor) [20]。

许华平副教授和杨志谋教授就制备了具有氧化还原响应的生物相容多肽水凝胶 [21]。他们首先制备了含硒多肽 2, 多肽 2 通过超分子组装反平行 β-折叠形成纳米纤维, 纤维互相缠绕进一步形成凝胶。在用双氧水氧化后, 可以观察到凝胶转换形成了溶胶, 通过 TEM 可以观测到原来的纤维结构变成了球形的胶束。再用维生素 C 还原之后, 又可以恢复成凝胶, 说明整个氧化还原诱导的凝胶–溶胶转换是可逆的。

Seiji Shinkai 等设计合成了一种联吡啶类的有机配体 (图 6.8)。作者将 Cu(MeCN)$_4$PF$_6$ 加入有机配体中, 在溶剂中进行了铜配合物金属凝胶筛选的测试, 结果成功地在苯甲腈、正丁腈、THF 和乙腈 (体积比为 1) 中获得了金属配合物凝胶, 作者发现该配体在正丁腈中加热至溶液时呈红棕色, 冷却至室温时变成深蓝色的稳定金属配合物凝胶, 这也说明该铜的配合物凝胶能实现热可逆, 对正丁腈的金属凝胶做 TEM, 可以观察到三维网状结构, 作者对该金属凝胶的紫外吸收情况进行了测试, 结果在 423 nm 处出现最大吸收峰, 作者解释为由铜和有机配体构筑的四面体结构引起, 有趣的是, 该凝胶能实现氧化还原刺激响应, 当在铜金属配合物中加入四氟硼酸亚硝并把该混合物加热时, 发现凝胶迅速转变为溶液, 并出现少量的浅蓝色沉淀, 作者认为是发生了氧化还原反应, 并通过紫外吸收光谱、圆二色谱、透射电镜都进行了很好的证明。

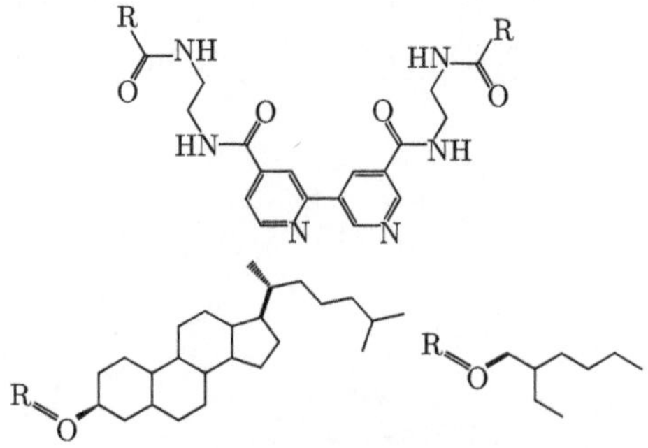

图 6.8   一种联吡啶的有机配体的分子结构式

Daoben Zhu 课题组设计了一种基于四硫富瓦烯的低分子量凝胶因子 (图 6.9)，它的分子结构当中有四硫富瓦烯基，还有尿素基团，尿素的双酰胺提供分子间氢键，四硫富瓦烯基是一个很好的电子供体，易形成电荷转移配合物。它能在异丙醇超声形成深绿色的有机凝胶，干凝胶的扫描电镜照片呈管状结构，有机配体在加入二甲基苯醌和环己烷时仍然能形成凝胶，但是在 $ClCH_2CH_2Cl$ 中凝胶却被摧毁，加入 $Fe(ClO_4)_3$、六氟磷酸亚硝，凝胶破坏，变成溶液。

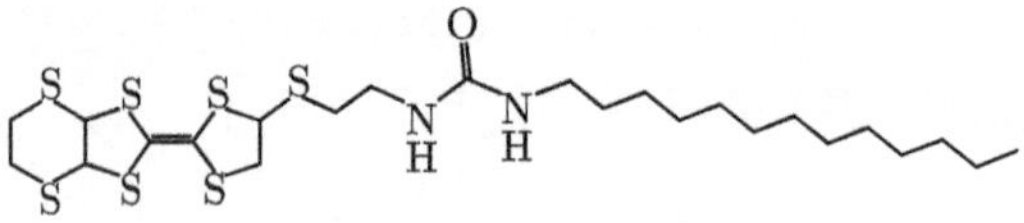

图 6.9   一种基于四硫富瓦烯的低分子量凝胶因子的分子结构式

6.1.4   pH 响应型软物质材料

智能材料是能够感知环境变化 (传感或发现的功能)，通过自我判断和自我结论 (思考或处理的功能)，实现自我指令和自我执行 (执行的功能) 的新型材料，如具有形状记忆功能的镍钛合金、压电陶瓷等。它与普通功能材料的区别是具有响应性，与情报信息和仿生密切相关。由于软物质具有对外界变化做出响应的特性，所以它也可以用于智能材料的制备上。水凝胶是软物质中的一种，近年来作为智能材料的高分子水凝胶的研究和开发工作活跃。水凝胶为亲水性但不溶于水的聚合物，它可响应温度、pH、电场或化学物质的变化而发生溶胀或收缩，从而感知周围环境的变化。目前研究人员已研制出一种随着场的变化而释放药物或生物分子的凝胶。当电流接通时，胰岛素从弱交联聚电解质凝胶中渗出；而当电流断开时，这种流动立即停止。科研人员利用不同水凝胶的组合精心设计了多种形状记忆复合材料。当有刺激时，这些材料可以弯曲成预先设定的各种形状；当刺激消失后，材料又恢复为原来的形状。据此设计制作了可抓取东西的凝胶手和其他凝胶器件。高分子的软物质特性还可用于分子器件、调光材料、生物医学等方面。

pH 响应型材料是一种对 pH 变化敏感的智能软物质材料。这类材料通常涉及一些容易受到环境 pH 影响的反应，环境 pH 的变化能够控制反应的发生或者不发生，进而导致材料的物理化学性质发生改变。

pH 和离子双重敏感高分子凝胶是指能同时对 pH 和离子浓度、离子强度变化产生响应的高分子凝胶软物质材料。一般，这类凝胶的溶胀度会由于离子种类的不同而变化。

Lin 等通过水溶液聚合法制备了聚 (醚化海藻酸钠/丙烯酸钠/聚乙烯醇) (P(ESA/NaAA/PVA)) 高分子凝胶。研究发现该凝胶对于 pH 和离子都有很好的响应特性。随着 pH 的增大，溶胀度变大；此时若增加 PVA 含量，则其溶胀度会减小。在给定的离子浓度下，凝胶在二价盐溶液中的溶胀度明显大于在一价盐溶液中的溶胀度。

Lin 等一步研究了离子浓度对凝胶溶胀度的影响。他们制备了乙二胺四乙二肝修饰的羽毛蛋白凝胶。随着 NaCl 浓度的增大，由于其扩散到凝胶内部的 Na^+ 增多，屏蔽了凝胶中羧酸根之间的静电排斥力，从而导致其溶胀度降低。当 pH 在 4~10 时，该凝胶的溶胀度会随着 pH 的增大而增大。研究还发现，该凝胶中水的扩散机制也依赖于 pH，它由 Fickian 扩散和聚合物松弛理论控制。与低 pH 时水的传递行为相比，高 pH 时的传递行为更依赖于聚合物的松弛。

Chang 等制备了用表氯醇交联的两亲性季铵化纤维素/羧甲基纤维素 (QC/CMC) 块状凝胶。在广泛的 pH 范围内 (pH=1~13)，这类凝胶表现出了很好的 pH 敏感性，且在 pH 为 12 时有一个比较特殊的收缩过程。根据 QC 与 CMC 合成比例的不同，其溶胀性能也有所变化，当 n_{QC}/n_{CMC} 为 3/1 时，其在 pH=1 时有一个最大溶胀度，这是由在低 pH 条件下，没有交联的 QC 链上的正电荷之间强烈的静电排斥作用所导致的。此外，该凝胶在 NaCl、$CaCl_2$ 和 $FeCl_3$ 溶液中也表现出了很好的离子敏感性。随着盐离子浓度的增加，其溶胀度降低。

房喻团队发现一种结构简单的甘胺酸胆甾衍生物 6 (图 6.10) 仅能胶凝正丁醇和乙二醇两种溶剂，但当向其凝胶中通入气体得到分子的盐酸盐后，胶凝能力得到极大的增强，能胶凝十余种溶剂。随后往体系中加入三乙胺，分子又回到初始状态，凝胶同时也转变为溶胶，且这种酸碱响应具有一定的可逆性 [22]。

另外，该小组还合成了一系列双臂胆甾取代的二茂铁的衍生物 7 (图 6.10)，当胆甾和二茂铁中间的连接基含有酰胺键时，分子间形成的氢键能促使体系形成凝胶，同时也带来了酸碱响应性。当往体系中加入正己酸或者氨气时，体系可以实现可逆的凝胶–溶胶转变。但二茂铁在该凝胶体系中的氧化还原性质被很大抑制，不能表现出凝胶因子所具有的良好的氧化还原可逆性 [23]。

Shinkai 小组合成了一种邻菲罗啉的双臂胆甾衍生物 8 (图 6.10)，这种分子能在丙酮中形成凝胶，由于邻菲罗啉是一个发光基团，因此在光照射下，凝胶发出紫光。当往凝胶体系中加入三氟乙酸后，体系仍然为凝胶状态，但邻菲罗啉发生质子化，荧光变为黄绿色。而通过加热使凝胶转变为溶胶后，体系的荧光又变为蓝色。这种荧光颜色的变化是由邻菲罗啉的质子化与否所造成的，因此该凝胶表现出良好的质子及温度响应性 [24]。

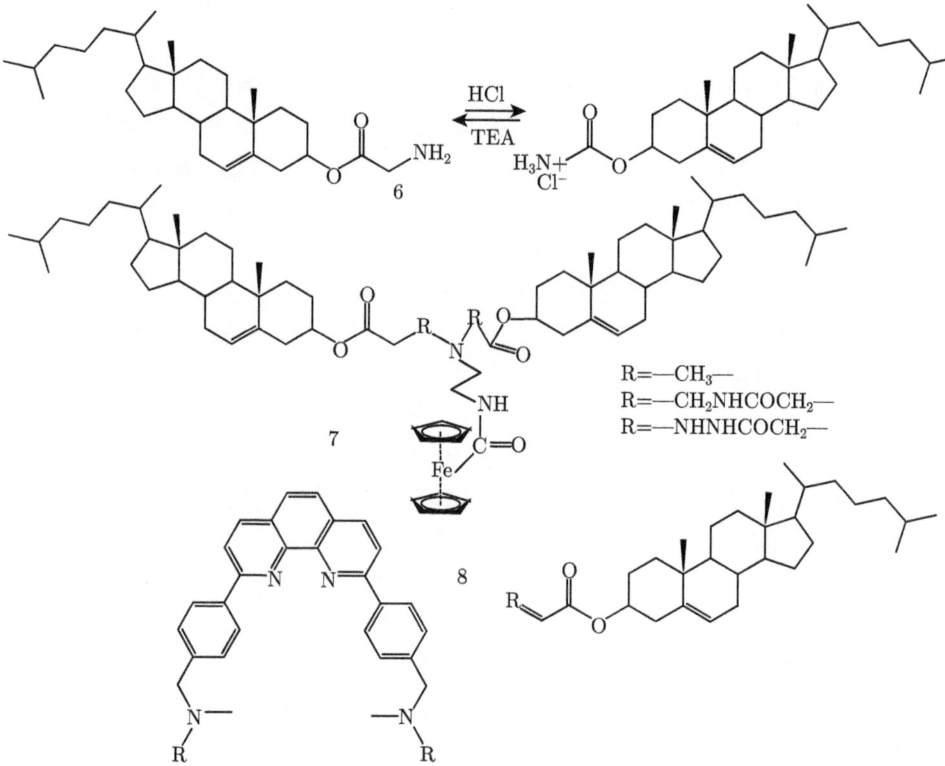

图 6.10　具有 pH 响应的凝胶分子结构 6~8

　　蠕虫状胶束作为智能型胶体材料和软物质的重要组成部分，在新材料、油气开采、流体减阻和药物控释等领域有广阔的应用前景 [25]。pH 响应型蠕虫状胶束具有方便、高效和低成本等显著特点而成为该领域的研究热点。在构成蠕虫状胶束的表面活性剂分子结构中引入羧基、酚羟基、磷酸氢基或胺基等 pH 刺激响应基团，可以制备 pH 响应型蠕虫状胶束。近来研究发现，通过引入能够参与胶束组装且具有 pH 刺激响应的反离子也可以形成 pH 响应型蠕虫状胶束。黄建滨等 [26] 研究了十六烷基三甲基溴化铵 (CTAB)/邻苯二甲酸钾 (PPA) pH 智能蠕虫状胶束响应体系，发现当 pH 从 3.90 升高到 5.35 时，反离子邻苯二甲酸钾转变为叠氮磷酸二苯酯 (DPPA)，DPPA 与 CTAB 的结合能力较差，使溶液由类凝胶转变为水溶液。冯玉军等研究了 pH 对 N-芥酰胺丙基-N, N-二甲基叔胺 (UC$_{22}$AMPM)/马来酸蠕虫状胶束体系流变性的影响，发现酸碱的作用使体系由叔胺化合物 UC$_{22}$AMPM 与马来酸转变为季铵盐型表面活性剂，溶液流变性发生改变。这些研究结果表明，pH 响应蠕虫状胶束是由于酸/碱的作用，促使反离子改变表面活性剂头基的带电性质，导致蠕虫状胶束结构的形成–破坏 [27,28]，实现蠕虫状胶束的 pH 智能响应。

　　pH 响应型分子有序聚集体，主要通过改变环境的 pH 来调控表面活性剂参与构筑的分子自组装体系。这类体系中的表面活性剂分子或所添加的响应型分子中通常含有胺基、羧基、酚羟基或磷酸氢基等基团，通过与 H$^+$ 或 OH$^-$ 的作用，使体系中的分子结构及形成聚集体的驱动力发生变化，进而改变微观上的聚集体结构和宏观上的物理化学性质。Dong 等研究了吡咯烷酮基双离子表面活性剂在不同酸度条件下水溶液的表面张力和胶束化行为。他们发现，pH 的变化对表面活性剂分子的质子化状态产生了重要的影响，在相同浓度下，溶液的 pH 越大其表面张力越小。Klijin 等合成了一系列糖基改性的 Gemini 表面活性剂，通过调节体系的 pH 由高到低变化，实现了其参与构筑的分子有序聚集体的球形胶束—蠕虫状胶束—囊泡的转变，且随着连接基团中亚甲基数量的增多，由球形胶束向蠕虫状胶束转变的临界低的变化，实现了其参与构筑的分子有序聚集体的球形胶束—蠕虫状胶束—囊泡的转变，且随着连接基团中亚甲基数量的增多，由球形胶束向蠕虫状胶束转变的临界 pH 逐渐增大。Feng 等以 N-芥酰胺丙基 N, N-二甲基叔胺为两亲分子、马来酸为 pH 响应型分子，通过简单的混合制备了一种新型的 pH 响应型蠕虫胶束体系。发现当 pH 由 6.20 增至 7.29 时，体系的零剪切黏度降低了五个数量级，这种变化是快速可逆且循环的。

　　张世鑫等 [29] 研究了 pH 对油酸钠/盐酸三乙胺蠕虫状胶束流变性质的影响。溶液的零剪切黏度 (η_0) 可以由低剪切速率时牛顿第一平台值外推得到，调节溶液 pH 得到的零剪切黏度变化。当 pH=8.20～8.76 时，溶液黏度随着 pH 增加由 3 MPa·s 逐渐升至 27649 MPa·s。外观由乳白色浑浊向澄清透明发生转变。继续升高 pH，黏度反而随之降低。当 pH 升至 9.40 时，黏度降低至 22.3 MPa·s。实验中发现，当 pH=8.20～9.40 时，pH 对 NaOA/Et$_3$NHCl 溶液黏度的改变具有 "开关" 效应 [4,11]。其黏度会随 pH 变化发生改变，表明 NaOA/Et$_3$NHCl 溶液形成的胶束是一种 pH 智能响应型蠕虫状胶束。

　　Deng 等 [30] 合成了同时具有酸碱和氧化还原双重响应性的水凝胶。他们合成了三端修饰苯甲醛基的三臂聚乙二醇，与中间为双硫键连接的两端酰阱的小分子交联剂在室温下于缓冲液中形成水凝胶，成胶时间随缓冲液的 pH 从 2 min 到 90 min 不等。形成的水凝胶在水溶液中长时间浸泡不会产生崩解，证实了酰腙键构成了相对稳定的网络结构。流变测试表征了该水凝胶的力学性能和实现自愈的基础，具体分析了其流变行为与结构特点及自愈性的关系。在不同 pH 条件下，弹性模量随 pH 降低略有增加，而材料的损耗模量表现出明显的频率依赖性，在低频区出现弹性模量与损耗模量交叉的情况，标志着水凝胶体系的三维网络结构发生了可逆解交联的反应。而在中性条件下，由于酰腙键和双硫键均比较稳定，因此不存在弹性模量和损耗模量的交叉。加入苯胺后，酰腙键的平衡受到影响，在中性条件下表现出了动态可逆的特性，而宏观上实现了自愈。碱性条件下，双硫键表现出主导的动态可逆特性，使得水凝胶再次表现出良好的自愈性。拉伸实验表明，自愈前后的水凝胶的拉伸曲线基本重合，力学性能不存在明显差异。酰腙键和双硫键分别具有的酸碱响应和氧化还原响应，使得水凝胶在加入酸、碱、氧化还原物质时表现出了溶胶–凝胶的转变，体现了材料的自适性。这种结合了两个动态可逆键构筑的自愈性多响应水凝胶代表了自愈性水凝胶向更丰富的多种类型交联位点的发展。

pH 响应性微水凝胶的交联网络结构上分布着羧基 (—COOH)、氨基 (—NH$_2$)、酰胺 (—CONH—) 等较弱的酸碱基团。Pich 等 [31] 合成了含有 N-乙烯基咪唑 (N-vinylimidazole, VIM) 共单体的复合微凝胶，并利用光散射研究了不同 pH 条件下此微凝胶的流体力学直径。当 pH=4 时，VIM 单元结合大量质子，完全电离，微凝胶结构上电荷密度变大，强烈的静电排斥使得微凝胶溶胀，当溶液 pH=7 时，VIM 基团电离程度变小，微凝胶结构上电荷密度变小，聚合物链由伸展状态变为收缩塌陷状态。

6.2 化学响应软物质材料应用

最近几年，多重刺激响应性凝胶由于具有重要的应用价值而受到研究者的关注。其中，刺激响应性有机凝胶是建立在小分子体系对外界刺激的选择性响应的基础之上。合适的离子识别位点既可以应用于小分子探针的设计合成，也可以作为功能基团应用于刺激响应性小分子凝胶领域 [31]。到目前为止，阳离子探针的研究已经发展得比较快，许多探针都具有简便高效的检测能力，甚至有些探针已经应用于活体检测。然而，阴离子探针的发展相对比较缓慢，目前还有许多问题需要解决，比如更高的选择性、更低的最低检测限、合理的识别机理等。同时，有机凝胶作为一种新颖的软材料，其实际应用也更加广泛。而其中对刺激响应性有机凝胶的研究相对少一些，这一点也制约了凝胶的应用。因此，如何设计研发出轻便易携带且实用的新型刺激响应性有机凝胶因子也成了化学科技工作者奋斗的目标。通常西佛碱类化合物的设计及合成比较简单，产率也比较可观，容易提纯出来，同时具有很好的环境刺激响应性能，在检测、催化、医药、发光材料、液晶等领域都已经展现出巨大的应用潜力。因此，该类有机分子是一类比较理想的设计外部环境刺激响应性有机凝胶的体系，从而为生命科学、材料科学、分子器件开辟了一条新的发展道路，功能化的有机小分子自组装成的凝胶是一类非常有研究潜力的新一代超分子智能软物质材料。

软物质材料液晶，即液态晶体 (liquid crystal，LC)，是一种介于固态晶体的三维有序状态和无规液态之间的中间相态。液晶是一种常见的功能软物质材料，广泛应用于人们的日常生活中。液晶是有物质熔融或者溶于溶剂中所形成的介于晶体与液体间的取向有序流体。形成液晶的结构单元为液晶基元，通常是便于有序地堆积分子的棒状和盘状。液晶可根据分子量进行高分子液晶、小分子液晶的划分。高分子液晶具有很大的分子间作用力，易进行分子的有序堆积，性质较为稳定。但是，温度、电磁场等环境因素对其相态结构影响巨大，所以可以通过改变环境因素达到调整材料属性和晶相结构的目的。液晶电视的液晶屏显示功能的实现就是对这一物理化学性质的利用。这些性质还应用在高性能工程材料、压电材料和图像显示材料中。液晶具有特殊的物理化学和光电性质，一般来说，它和液体一样可以流动，但是在不同方向上的光学特性又有所不同，具有类似于晶体的光学性质。液晶的定义，现在已放宽而囊括了在某一温度范围可以出现液晶相，在较低温度为正常结晶的物质。近年来，液晶材料广泛应用于许多新技术领域，尤其在平板显示技术上获得了巨大的成功 [32]。

水凝胶是一种吸水后可以溶胀，有良好透过性、生物相容性并且能够保持大量水分的三维网状聚合物。在生产生活、化学化工、食品和环境等的各个领域都有着极其广泛的应用。由于水凝胶具有良好的生物相容性和结构上的多孔性，其在生物医学领域有着更加广泛的应用，可以广泛应用于创伤口药物的协助释放和组织工程。水凝胶敷料的制备可以通过人工合成的方式或者天然高分子材料来完成。水凝胶敷料具有传统敷料所不具备的亲水性和弹性，水凝胶敷料在材质上更加柔软、更加服帖，而且在材料的透水性和透气性上比传统的更加优良，在对创面和创口进行清洗、换药时的影响也会更小，而且能够持续地在创面和创口缓释药物，起到抗菌杀菌的作用。水凝胶在微流控领域的应用发展也比较迅速，尤其是在组织工程中的使用，更是带来了较好的应用效果。水凝胶的内部孔多，满足细胞种植的条件。例如，聚乳酸水凝胶，这种聚乳酸是无毒的，具有很好的水溶性和生物相容性，且简单易得，没有免疫原，可塑性比较好，在体内能够有效被组织吸收并排出体外，将这一材料使用到人体组织工程中，具有一定的可行性。

功能软物质材料是特殊的软物质材料，和普通软物质材料相比具有物理性能上的不同，功能软物质材料只要给予相应的一定程度的刺激就会表现出其功能。最早的功能膜材料的研究生产可追溯到分离混合物、分离气体的功能膜材料和气体分离膜的出现。在这之后，随着对膜材料研究的重视，膜科学得到了大力的发展，功能膜材料的研究生产进入高峰期。功能膜材料中的高分子功能膜可以依据功能的不同大致分为分离膜、转化膜等。功能膜材料中最重要的是分离膜材料。分离膜材质的不同使得分离膜本身性质不同，那么不同的物质在通过膜时的透过性也有不同，因此通过膜的性质可以分离混合物中的物质。分离膜的组成材料中应用最多、最广泛的是天然高分子材料，这类材料以纤维素及其衍生物膜为主。除此之外，还有以聚烯烃类、聚酰胺类等材料制成的高分子材料分离膜。膜材料的外界刺激应激变化的智能化研究使得智能膜材料的研究成为新的发展趋势，新型功能性膜材料的成功研究具有很高的应用价值。随着膜材料的进一步研究和发展，智能膜材料得以发展，其在微流控领域的应用也越来越突出，智能膜材料的结构、有效孔径、膜通量和膜性质都会因为光、电和温度、酸碱度的变化而变化，这种能够根据外界因素变化而变化的特点可以保证智能膜材料在微流控领域发挥较好的应用优势。智能膜的使用能够实现释放控制、生物化学分离、化学传感器、人工细胞、人工肝脏等领域的快速发展，这是目前相关的科研领域的重要研究方向。

参 考 文 献

[1] Murata K, Aoki M, Nishi T, et al. New cholesterol-based gelators with light-responsive and metal-responsive functions. Journal of the Chemical Society-Chemical Communications, 1991, (24): 1715-1718.

[2] Kawano S I, Fujita N, van Bommel K J C, et al. Pyridine-containing cholesterols as versatile gelators of organic solvents and the subtle influence of Ag(I) on the gel stability. Chemistry Letters, 2003, 32(1): 12-13.

[3] Zhao G Z, Chen L J, Wang W, et al. Stimuli-responsive supramolecular gels through hierarchical self-assembly of discrete rhomboidal metallacycles. Chem Eur J, 2013, 19(31): 10094-10100.

[4] Xia Q, Mao Y Y, Wu J J, et al. Two-component organogel for visually detecting nitrite anion. Journal of Materials Chemistry C, 2014, 2: 1854-1861.

[5] Wang C, Zhang D Q, Zhu D B. A chiral low-molecular-weight gelator based on binaphthalene with two urea moieties: modulation of the CD spectrum after gel formation. Langmuir, 2007, 23(3): 1478-1482.

[6] Tu T, Fang W, Bao X, et al. Visual chiral recognition through enantioselective metallogel collapsing: synthesis, characterization, and application of platinum-steroid low-molecular-mass gelators. Angewandte Chemie International Edition, 2011, 50(29): 6601-6605.

[7] Rajamalli P, Prasad E. Low molecular weight fluorescent organogel for fluoride ion detection. Organic Letters, 2011, 13(14): 3714-3717.

[8] Yin M J, Yao M, Gao S R, et al. Rapid 3D patterning of poly(acrylic acid) ionic hydrogel for miniature pH sensors. Advanced Materials, 2016, 28(7): 1394-1399.

[9] Lozano V, Hernandez R, Ard A, et al. An asparagine/tryptophan organogel showing a selective response towards fluoride anions. Journal of Materials Chemistry, 2011,

21: 8862-8870.

[10] Xu C, Ren J S, Feng L Y, et al. H_2O_2 triggered sol-gel transition used for visual detection of glucose. Chemical Communications, 2012, 48, 3739-3741.

[11] Yang Z, Liang G, Wang L, et al. Using a kinase/phosphatase switch to regulate a supramolecular hydrogel and forming the supramolecular hydrogel in vivo. Journal of the American Chemical Society, 2006, 128: 3038-3043.

[12] Wang C, Zhang D, Zhu D. A low-molecular-mass gelator with an electroactive tetrathiafulvalene group: tuning the gel formation by charge-transfer interaction and oxidation. Journal of the American Chemical Society, 2015, 127: 16372-16373.

[13] Sui X, Feng X, Hempenius M A, et al. Redox active gels: synthesis, structures and applications. Journal of Materials Chemistry B, 2013, 1: 1658-1672.

[14] Peng F, Li G, Liu X, et al. Redox-responsive gel-sol/sol-gel transition in poly(acrylic acid) aqueous solution containing Fe(III) ions switched by light. Journal of the American Chemical Society, 2008, 130: 16166-16167.

[15] Roy D, Cambre J N, Sumerlin B S. Future perspectives and recent advances in stimuli-responsive materials. Progress in Polymer Science, 2010, 35: 278-301.

[16] Kawano S, Fujita N, Shinkai S. A coordination geltaor that shows a reversible chromatic change and sol-gel phase-transition behavior upon oxidative/reductive stimuli. Journal of the American Chemical Society, 2004, 126(28): 8592-8593.

[17] Kawano S, Fujita N, Shinkai S. Qutare-, quinque-, and sexithiophene organogelators: unique thermochromism and heating-free sol-gel phase transition. Chemistry—A European Journal, 2005, 11(16): 4735-4742.

[18] Wang C, Zhang D Q, Zhu D B. A low-molecular-mass gelator with an electroactive tetrathiafulvalene group: tuning the gel formation by charge-transfer interaction and oxidation. Journal of the American Chemical Society, 2005, 127(47): 16372-16373.

[19] Wang C, Sun F, Zhang D, et al. Cholesterol-substituted tetrathiafulvalene (TTF) compound: formation of organogel and supramolecular chirality. Chinese Journal of Chemistry, 2010, 28(4): 622-626.

[20] Liu J, He P, Yan J, et al. An organometallic super-gelator with multiple-stimulus responsive properties. Advanced Materials, 2008, 20(13): 2508-2510.

[21] Miao X M, Cao W, Zheng W T, et al. Switchable catalytic activity: selenium-containing peptides with redox-controllable self-assembly properties. Angewandte Chemie International Edition, 2013, 52: 7781-7785.

[22] Li Y, Liu K, Liu J, et al. Amino acid derivatives of cholesterol as "latent" organogelators with hydrogen chloride as a protonation reagent. Langmuir, 2006, 22(16): 7016-7020.

[23] He P, Liu J, Liu K, et al. Preparation of novel organometallic derivatives of cholesterol and their gel-formation properties. Colloids and Surfaces A—Physicochemical and

Engineering Aspects, 2010, 362(1-3): 127-134.

[24] Saugiyasu K, Fujita N, Takeuchi M, et al. Proton-sensitive fluorescent organogels. Organic & Biomolecular Chemistry, 2003, 1(5): 895-899.

[25] Chu Z, Dreiss C A, Feng Y. Smart wormlike micelles. Chemical Society Reviews, 2013, 42(17): 7174-7203.

[26] Lin Y, Han X, Huang J B, et al. A facile route to design pH-responsive viscoelastic wormlike micelles: smart use of hydrotropes. Journal of Colloid and Interface Science, 2009, 330(2) : 449-455.

[27] Morrow B H, Koenig P H, Shen J K. Self-assembly and bilayer-micelle transition of fatty acids studied by replica-exchange constant pH molecular dynamics. Langmuir, 2013, 29(48): 14823-14830.

[28] Zhang Y, Han Y, Chu Z, et al. Thermally-induced structural transitions from fluids to hydrogels with pH-switchable anionic wormlike micelles. Journal of Colloid and Interface Science, 2012, 394(15): 319-328.

[29] 张世鑫, 李嘉诚, 魏思宝, 等. pH 对油酸钠/盐酸三乙胺蠕虫状胶束流变性质的影响. 精细化工, 2014, 31(8): 969-973.

[30] Deng G, Li F, Yu H, et al. Dynamic hydrogels with an environmental adaptive self-healing ability and dual responsive sol-gel transitions. ACS Macro Lett, 2012, 1: 275-279.

[31] Bhatttacharya S, Eckert F, Boyko V, et al. Temperature, pH, and magnetic-field-sensitive hybrid microgels. Small, 2007, 3: 650-657.

[32] Kelly T L, Munch J. Wavelength dependence of twisted nematic liquid crystal phase modulators. Optics Communications, 1998, 156: 252-258.

第 7 章　软物质功能智能材料与微流控技术

随着交叉科学技术的不断发展，以微流控芯片技术为基础，开展软物质功能智能材料的制备与应用研究方兴未艾、蓬勃发展。微流控芯片技术是一种能够实现精确操控的科学技术，其本身规模集成、灵活可控的特点使它成为一种可以制造精细材料的有力工具。在微流控技术发展过程中，微流体纺丝技术 [1]、微液滴技术 [2] 等孕育而生，这些新兴技术可以对微通道中单一流体或多相流体进行精确操控，实现不同形貌特征、不同化学组分功能材料的在线合成，如微球、球壳、微丝、各向异性小球等 [3-6]，并可进一步应用于组织工程、药物缓释、生物仿生等生物医学领域，这展现了微流控芯片技术在功能化材料制备方面的独特优势。

7.1　微流控芯片技术

微流控技术 (microfluidics) 是一种利用几十至几百微米通道以精确操控微尺度 $(10^{-18} \sim 10^{-9} \text{ L})$ 的流体技术，涉及工程学、物理学、化学、微加工和生物工程等领域。微流控芯片 (microfluidic chip) 是实现其功能的主要平台，可将生物、化学、医学分析过程的样品制备、反应、分离、检测等基本操作环节微缩集成到一块几厘米的芯片上，由微通道形成网络，以可控流体贯穿整个系统，用以取代常规化学或生物实验室的各种功能。微流控芯片的基本特征和最大优势是多种单元技术在整体可控的微小平台上灵活组合、规模集成 [7]。

7.1.1　微流控技术的发展

20 世纪 50 年代，美国学者 Skeggs 提出了技术间隔式连续流动，将分析化学实验转移到流体管道中进行，打破了传统实验技术，为分析化学的未来指明发展方向 [8]。20 世纪 70 年代，美国科学家提出了流动注射分析的概念，使分析系统更加微型化。1979 年，美国斯坦福大学制造出了世界上第一套有关气相色谱空气分析仪的微流控设备 [9]，为微流控的快速发展开辟了道路。1990 年，瑞士的 Andreas Manz 教授最早提出微流控概念，旨在将微机电系统 (micro electro mechanic system, MEMS) 与分析化学相结合，做出各种功能集成在一起的微型分析仪器，即微全分析系统 (miniaturized total analysis systems, MicroTAS 或 μ-TAS)。

在一段时期的学术刊物中，μ-TAS 往往和微流控芯片混用。事实上，μ-TAS 的提法是一个特定阶段人们对微流控芯片认识水平的反映。随着芯片上微混合、微反应技术的发展，特别是细胞培养、分选等技术的引入，细胞研究向芯片转移的速度加快，应用对象大大扩展，致使微流控芯片实验室远远超出了分析的范畴，虽然现阶段微流控芯片应用还主要集中在分析方面。

微流控芯片技术的发展是以芯片毛细管电泳的形式开始的，20 世纪 90 年代初，A. Manz 和 D. Harrison 等 [10,11] 开拓性地开展了芯片电泳的研究工作，采用微机电加工技术在平板上刻蚀微管道，研制出毛细管电泳微芯片分析装置，开创了微流控芯片技术先河。之后，越来越多的学者对该领域进行探索，加速了微流控技术的发展。1998 年，微流控技术被评为世界十大科技进展之一。2001 年，英国皇家化学学会为此专门推出了《芯片实验室》(Lab on Chip) 期刊，如今该期刊已经成为微流控领域的代表性期刊。2002 年 10 月，Quake 等 [12] 以 "微流控大规模集成芯片" 为题在 Science 上发表文章，介绍了集成有上千个阀和几百个反应器的芯片，显示了芯片由简单的电泳分离到大规模多功能集成实验室的飞跃，如今微流控芯片已被列为 21 世纪最为重要的前沿技术之一。2003 年 10 月，福布斯杂志在纪念其创刊 85 周年的特刊上列出影响人类未来的 15 件最重要的发明，微流控芯片名列其中。2004 年 9 月，美国 Business 2.0 杂志的封面文章称，微流控芯片是 "改变未来的七种技术" 之一，如今微流控已经发展成前沿的独立科学领域。

7.1.2　微流控芯片的分类与应用

在瑞士 Manz 和 Widmer 等提出以 MEMS 技术为基础的 "微型全分析系统" 之后，人们希望能将实验室的分析功能转移到便携的分析设备中，甚至很小的芯片上。而 μ-TAS 可分为芯片式和非芯片式两大类。在芯片式 μ-TAS 中，根据芯片的结构及工作机理又可分为微阵列芯片和微流控芯片。

微阵列芯片或称生物芯片，主要以生物技术为基础，利用原位合成或点样技术有序地制作在基底材料表面，并根据碱基互补配对原理与样品进行杂交反应，从而得到样品相关信息 [13]。该类芯片的主要应用对象是 DNA 的分析，所以也被称为 DNA 芯片，其发展要早于微流控芯片 4~5 年。如今微阵列芯片也可用于材料的合成 [14-17]，即利用微阵列芯片合成不同形貌的贵金属纳米结构，并通过这一高通量技术快速确定材料合成的最佳实验参数。但是，微阵列芯片具有所需设备昂贵、分析时间较长、灵敏度不高、多样品平行分析能力不足等缺点。而微流控芯片则是主要以分析化学为基础，以微机电技术为依托，以微管道为结构特征的另一类芯片，且该类芯片微米级的通道具有相对较大的比表面积和较短的扩散距离，能够显著加快分析速度、提高检测效率、增强分析性能，并且能够加工大量的平行通道用于多样品分析。在微流控管道中形成的液滴，可以作为单独的微反应器，用以进行各类的生物化学反应 [18,19]。虽然微流控芯片与微阵列芯片在原理、制作、操作以及检测方面均有所不同，但都具有高通量、微型化和自动化的特点，所以目前有许多研究是在微流控芯片上进行微阵列分析, 旨在结合两者的优点。

与传统分析手段相比, 微流控芯片易于阵列化, 从而能够实现高通量检测、系统集成化、微型化、自动化和便携式, 具有设备微型化和自动化、样品与试剂消耗低、分辨率和灵敏度高、分析快速等优点 [20]。应用主要集中在以下两方面: ① 生物医药领域, 集中在医学检测、药品质量控制、药理研究等方面, 例如, 对血液、体液、尿液以及其他排泄物和分泌物的检验分析, 对药品的有效成分进行分离和检测及蛋白质分析、免疫分析、基因分析等; ② 进行材料定向合成、表征及测试等方面, 如高通量合成聚合物颗粒, 包括球形、类球形、Janus 颗粒、复合颗粒、金属或金属氧化物颗粒、聚合物等。

一个完整微流控系统需要考虑许多问题, 包括: 如何引入样品和试剂, 如何在芯片中控制流体流动, 如何混合以及其微分析探测系统、产物纯化等。而要想使微流控技术得到足够的发展, 芯片实验室 (LOC) 彻底取代传统实验室, 则需搭建一个基于微流控技术的集高通量材料合成、表征及测试于一体的集成化平台。

7.1.3 微流控技术相关的材料合成与制备

利用微流控技术进行材料的合成、表征及测试主要是因为微流控芯片所呈现出的独特性质: ① 微管道特征尺寸比较小, 导致体积力影响较小, 表面力的作用相对增强, 因比表面积随着特征尺度的减小而迅速增大, 与表面积相关的力如黏性力、弹性力、表面张力、静电力的作用变得比较明显, 从而大大影响了质量、动量、能量在微流体器件中的运输; ② 所研究的流体是在微米量级, 这种介于宏观尺度和纳米尺度的流体具有特殊的性质, 雷诺系数变小, 层流特点明显, 有助于更好地控制流体; ③ 微米尺度仍然远大于通常意义上分子的平均自由程, 因此, 对于其中的流体而言, 连续介质定理成立, 连续性方程可用, 电渗和电泳淌度与尺寸无关。

因其微米数量级的通道结构、优良的液滴和流型操控性能、较快的传热传质速度等特点, 微流控技术已经广泛应用于金属粒子、氧化硅、纳米沸石、量子点、金属有机骨架材料等微纳米材料的高效合成中。同时还能通过耦合多步合成, 制得微纳复合颗粒, 这些功能性微球因其优良的物理化学性质而广泛地应用于化学、光学、电子、医学等领域中。

以研究生成和操控纳升至飞升级液滴的液滴微流控技术为例 [8], 浅述微流控技术在微纳米颗粒合成方面的应用。相比制备颗粒的传统方法, 如溶胶-凝胶法、水热法、晶体生长法、微乳液聚合法等, 微流控芯片可以提供设计、合成、控制颗粒性质的一体化平台 [21,22], 用以合成聚合物颗粒、Janus 颗粒 [23,24]、复合材料 [25,26]等, 制备微纳米材料具有粒径形态可控、单分散性、绿色环保且能耗低等优势。

近年来，液滴微流控在控制反应计量比、反应时间、温度等实验条件上所体现出的优势日益明显，使液滴微流控在制备微纳米材料方面引起了人们的广泛关注 [27-31]。Lee 等 [30] 利用水凝胶聚合物，重组大肠杆菌细胞提取物，以液滴的微流体装置为基础建立人工细胞生物反应器，合成铁、金等多种金属纳米颗粒。Yao 等 [17] 则利用液滴微流控设备精确控制温度和晶体生长时间以制备 CdTe 量子点。韩国浦项理工大学的 Dong-Pyo Kim 等 [32] 则基于微流控平台合成了一系列金属有机框架化合物纳米晶并扩展到高压水热法合成均苯三酸配合物，最后通过两步微流控集成技术得到了核壳纳米结构。

不仅如此，因为液滴被与之不互溶的另一相间隔，每个液滴皆可作为独立的微反应器，一个液滴完成一个筛选反应，且可以短时间内生成大量的微反应器，适合高通量的化学合成及生化分析，尤其在单细胞培养与分析、单分子检测、液滴数字聚合酶链反应 (PCR)、功能性复合微球的应用研究方面备受瞩目。如 Kyohei Takimoto 等 [33] 在微通道内形成油包水液滴，在液滴中水溶性单体与光引发剂进行反相悬浮交联聚合反应，形成单分散的亚毫米级的微凝胶。通过油相的流动速率控制微凝胶的尺寸，利用这种方式合成的微凝胶可以用作无任何生物分子的亲和柱包装材料，在无泵情况下，实现蛋白质的分离。Xu Yu 等 [34] 基于乳酸–羧基乙酸共聚物 (poly(D, L-lactic-co-glycolic acid), PLGA) 的生物可降解性和兼容性，利用液滴微流控单步合成单分散性的 PLGA 功能聚合物微球，使其广泛应用在药物的释放等方面。

液滴尺寸可控对合成材料的应用具有重要意义，已引起人们广泛的关注和研究 [35-44]。Shelley L. Anna 等 [39] 利用微流控技术解释了液滴的尺寸、分布、流速之间的关系。Garstecki 等 [45] 探究了影响尺寸可控的主要因素，并探究了在 T 型微流控设备中，设备的结构、连续相的黏性、界面张力等因素的影响。

微流控技术不仅可以用来合成纳米颗粒，还可以合成微颗粒，利用单相法、两相法以及多相法合成特定功能和形状的微颗粒。Dhananjay Dendukuri 等 [23] 使用单相法结合显微镜投影光刻和微流控技术合成形貌复杂或具有多功能的颗粒，如图 7.1 所示，使含有光引发剂的低聚物流过微流控设备，通过使用倒置显微镜将流动的低聚物暴露于紫外线 (UV) 以形成掩模限定形状的颗粒阵列，并收集在装置存储器中。因此可以通过透明掩模版上的形状，控制合成颗粒的形状，而流动管道的深度则可以控制合成颗粒的尺寸和横宽比。

利用流动光刻技术合成微颗粒除了单相法，使用较多的还有两相法，Doojin Lee 等 [36] 提出了两步法，先是利用微流控技术合成形状可调的蜡微颗粒，而后液滴的冲击以及固化使微粒变形产生非球形蜡微粒。如图 7.2 所示，在连续相包封熔融蜡液滴之后，在微通道中向下移出，在小孔处释放时，包含熔融蜡的液滴将冲击目标空气浴，如图 7.2(b) 所示，由于蜡滴比浴液更轻，所以熔融的蜡滴在通过惯性冲击到液体池底部之后释放而反弹回液体界面。在这个过程中,液滴和周围液体之间发生快速热传递,导致熔融蜡微滴的固化,通过惯性、黏性、界面和热效应之间的竞争来控制微蜡滴的变形。通过改变这些影响因素可控地获得蘑菇状、椭圆形、圆盘状和片状形态。在这项研究中,熔融蜡的分散相首先在微通道中的流动聚焦区破裂成离散的蜡微滴 (图 7.2(a))。当其向下游行进并到达出口管时,滴落的连续相与包封的蜡形成液滴,用作缓冲层以减少撞击不混溶液体界面时的冲击能量。

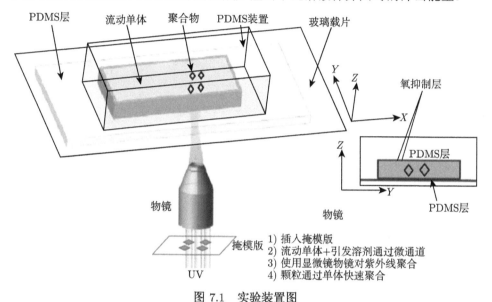

图 7.1 实验装置图

箭头方向为单体流动方向,右侧插图为聚合物颗粒的侧视图

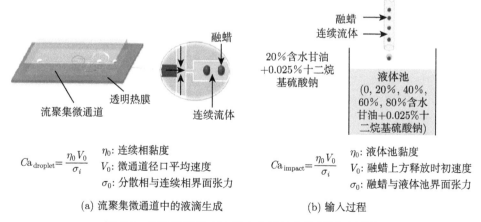

(a) 流聚集微通道中的液滴生成

$$Ca_{\text{droplet}} = \frac{\eta_0 V_0}{\sigma_i}$$

η_0: 连续相黏度
V_0: 微通道径口平均速度
σ_0: 分散相与连续相界面张力

(b) 输入过程

$$Ca_{\text{impact}} = \frac{\eta_0 V_0}{\sigma_i}$$

η_0: 液体池黏度
V_0: 融蜡上方释放时初速度
σ_0: 融蜡与液体池界面张力

图 7.2 熔融蜡滴撞击冷却水介质的实验设置示意图

　　在两相法中使用较多的是 T 型微通道[45] 和流动聚焦结构[46]，利用两相流体合成颗粒。流动聚焦 (flow focusing) 是一种毛细流动现象，其原理为从毛细管流出的流体由另一种高速运动的流体驱动，经小孔聚焦后形成稳定的锥形，在锥的顶端产生一股微射流穿过小孔，射流因不稳定性破碎成单分散性的微滴。图 7.3 就是利用流动聚焦结构合成多糖水凝胶微粒，利用注射泵将具有 $CaCO_3$ 的生物聚合物的水溶液和油提供给微通道，在微流体流动聚焦装置中通过内部凝胶化制备生成的生物聚合物水凝胶微粒。连续相 (向日葵籽油) 扩散到液滴中并触发 Ca^{2+} 的释放，导致多糖链的交联，从而形成生物聚合物网络。利用此装置可以生成 Janus 微珠和复杂形状的多糖微粒[24]。

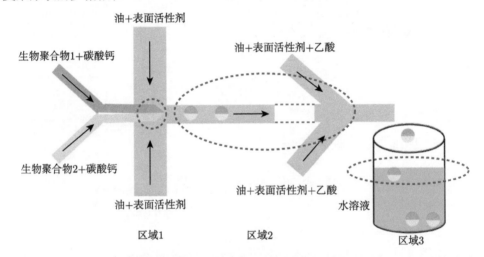

图 7.3　利用流动聚焦结构将两种生物聚合物与在油中乳化的交联剂 ($CaCO_3$) 混合生成 Janus 液滴 (区域 1)；乙酸从油相扩散到液滴诱导液滴凝胶化 (区域 2)；预凝胶化的液滴在芯片外的 $CaCl_2$ 溶液中收集 (区域 3)

　　除了两相法，还可以利用多相法合成微纳米颗粒。Axel Günther 等[47] 总结了关于多相流动特性的代表性研究，如图 7.4 所示，指出多相微流具有较大的界面面积，在两种不混溶流体之间可以提供有效的质量传递，已被证明在评估短时间的反应机理和合成单分散纳米颗粒方面有极大的前景。

　　不仅如此，微流控技术还可以控制材料的形状，如 Doojin Lee Dee 等[29] 利用微流控技术和液滴的冲击合成形状可调的蜡微粒，熔融状态的蜡的黏度与流动相和分散相之间的界面张力决定着微流控通道内蜡液滴的形成。随着微流控技术的不断发展，实现了合成材料的形状可控。

　　由于微芯片反应器合成纳米材料具有耗样少、产率高、操作简单等优异特性，已经被越来越多地应用于材料的合成研究中。基于微流控技术的高通量材料的合成成功地解决了传统批量合成存在的问题，使得所合成材料形态可控、粒径分布窄、几乎达到了单分散性分布，开启了微纳米材料合成的新方向[48]。但是，基于微流控技术合成纳米材料还面临着许多挑战与创新，要制备高质量的微纳米材料，除了微芯片的通道结构设计以及对加工工艺的要求外，还需精确控制时间、温度、浓度、流速等实验参数。随着科技的发展，微型化、集成化与便携化成了分析仪器发展的主要方向，如何实现多维度合成以及实时监测一体的微流控合成体系仍然需要不断的探索研究。

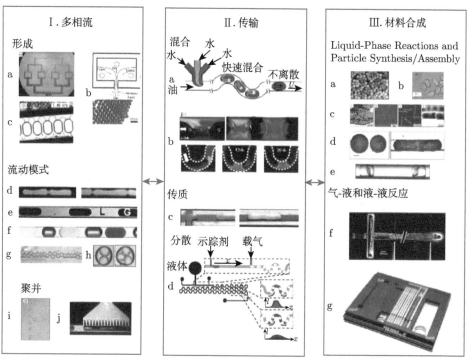

图 7.4 　Ⅰ为在多相微流体网络中，多相流与运输过程的关系；Ⅱ为在化学和材料合成中的应用；Ⅲ为研究包括通过分解成液滴、气泡（Ⅰ-a～c）而形成的多相流动模式：液–液（Ⅰ-d, g, h），气–液（Ⅰ-e）和气–液–液（Ⅰ-f），并且通过毛细管力与静电（Ⅰ-i）或压力场（Ⅰ-j）的组合的作用合并多相流。多相传输过程涉及液–液（Ⅱ-a）和气–液（Ⅱ-b）中的混合增强，液–液中的传质增强（Ⅱ-c），以及减少气–液流中的轴向分散（Ⅱ-d）。已被证实多相反应（Ⅲ-f, g）的发生伴随着纳米颗粒和微粒（Ⅲ-a～e）的结晶、合成和组装。Ⅱ-c 流向为从左到右（经英国皇家化学学会许可，引用自文献 [47]）

7.2　软物质功能智能材料在微流控芯片中的合成与制备

7.2.1　单分散空心二氧化钛微球利用微流控技术的合成和制备

7.2.1.1　单分散空心二氧化钛微球及制备方法简介

近年来，具有特殊结构和形貌的中空微球材料研究引起了人们的极大兴趣。相比于实心微球材料，这类材料由于内部具有空腔结构而表现出密度低、比表面积大、稳定性好和表面渗透能力很强等特点，在生物医药、化学和材料科学领域有极大的应用前景，如控制释放胶囊、化学微反应器、传感器、光催化、分离材料、涂料以及声学隔音材料等[49-51]。其中，中空结构的二氧化钛材料由于制备简单、光催化能力优异，且兼具氧化活性高、化学稳定性好、无毒、成本低、无污染等特点，在包括光催化剂、光伏材料、涂料、颜料、研磨剂和绿色环保型功能材料等研究方面，具有独特的优势和实用开发价值。该类材料的制备和合成已成为目前研究热点之一。

随着中空微球的特殊功能逐渐为人们所认识，目前，制备中空微球的方法主要有乳液法、悬浮法、溶胀法、模板法、自组装法、沉积法等[52-55]。不同的制备方法对应于不同材料、不同结构和不同尺度的中空微球，许多材料如有机高分子材料、无机材料、聚合物/无机复合材料都可以用来制备中空微球。该类传统制备方法通常可以制备纳米级的二氧化钛微球，但却难以制备微米级的二氧化钛微球，而利用微流控技术的材料制备新方法，已发展成制备微球及其他微型颗粒的一种新方法，特别是，基于其较强的反应可控性，近几年在材料合成领域的应用也日益受到关注，与传统制备方法相比，该方法制备的微球具有明显的优势：微球形貌、成分、结构可控，单分散性好，粒径分布窄，自动化程度高，溶剂用量少，反应时间短等，解决了制备微米级微球的技术难题。

7.2.1.2　单分散空心二氧化钛微球利用微流控技术的合成与制备

前期研究表明，空心二氧化钛微球的合成可以通过逐层聚电解质介导的沉积、胶体粒子模板或喷雾干燥获得。然而，这些方法要么技术要求苛刻，要么耗费时间。例如，模板化方法需要制备分散良好的胶体悬浮液，然后通过煅烧或化学蚀刻除去牺牲模板。制备无机空心微球的替代方案是使用金属醇盐作为前体，使用乳液液滴作为软模板，在这些牺牲液滴中存在大量水，这会妨碍它们应用于反应性更强的钛金属醇盐。Collins 等[56] 使用极性甲酰胺引发水解乳液中的乙醇钛；Nakashima 等[57] 在离子液体中乳化醇盐。不幸的是，发现使用甲酰胺控制水解产生的产物的单分散性是不充分的，并且难以获得后一种方法所必需的离子液体。而通过微流控技术的微流体方法，具有不但可以控制微量体积流沿微米级通道提供快速混合和反应，而且可以在特定阶段停止反应等优点。基本上，微流体流动方式可以归纳为连续流动和分段流动，其中分段流动在微材料合成中更受欢迎。在这里，介绍一种微流控技术方法，通过控制钛醇盐和水滴，在没有表面活性剂或牺牲芯材料的情况下，一步连续形成中空二氧化钛凝胶微球，如图 7.5(a) 所示 [58]。

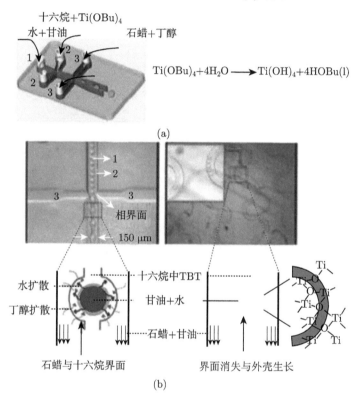

图 7.5 (a) 微流体反应器的示意图；(b) 相 1 (水和甘油) 首先通过相 2 剪切成液滴 (十六烷和 TBT)，然后，相 3，即石蜡和丁醇 (作为载体流体) 将液滴输送到通道内 (左侧板中的虚线框)。当液滴在通道内流动时，相 2 和相 3 之间的界面消失，丁醇可以通过它们扩散 (右图中的虚线框)。由丁醇的 "去湿" 效应驱动，TBT 将与从液滴中扩散的水反应，形成具有甘油核的凝胶微球。从实时视频捕获图像 (经英国皇家化学学会许可原文引用)

首先，制备具有流动聚焦几何 (MFF) 的简单微流体反应器，通过软光刻在聚二甲基硅氧烷 (PDMS) 基板上完成。微流体反应器具有 5 个入口和长的蛇形流动通道。向微流体芯片中引入三个流动相 (图 7.5(a) 左图)：相 1，甘油和水；相 2，溶于十六烷的四丁醇钛 (TBT)；相 3，丁醇与黏性石蜡油混合。相 2 通过 MFF 几何形状将相 1 剪切成液滴。一旦形成液滴，就会发生 TBT 的水解，在液滴周围形成薄的二氧化钛凝胶壳，如图 7.5(b) 左图所示。在形成壳之后，作为载体流体的相 3

携带在通道内流动的微球并确定通道内的流速,如图 7.5(b) 左图虚线框所示。在三相系统中,最初在相 2 和相 3 之间形成的相界线随着十六烷逐渐溶解到石蜡中而消失,这使得先前溶解在石蜡中的丁醇通过十六烷扩散,如图 7.5(b) 右图虚线框所示。丁醇的作用是吸收液滴中的水,因为正丁醇在水中的溶解度在室温下为 9.1 mL/(100 mL)。PDMS 基板上相 2 的接触角为 25.6°,相 3 为 34.8°,相 1 为 89.8°。这表明相 2 和相 3 及其混合物对 PDMS 通道的亲和力高于相 1 液滴,因此能够使液滴在十六烷中完全被十六烷包围。当微球在蛇形通道内流动时,发生进一步的水解,并且液滴转变成凝胶状微球,并引入骤冷步骤以停止水解反应。

　　其次,做标识。为了更好地理解凝胶微球形成的过程,用荧光罗丹明 B(红色) 标记了相 1,用异硫氰酸荧光素 (FITC,绿色) 标记了相 2。溶解在水中的罗丹明 B 可以随着水的扩散而移动,所以凝胶的壳分布有罗丹明 B 和 FITC,如图 7.6(a) 和 (b) 所示。因此,可以用混合色标识罗丹明 B 和 FITC 检测水解反应区域,如图 7.6(c) 所示。核壳结构也通过荧光强度的分布得到证实,如图 7.6(c) 插图所示,荧光微球的 3D 成像进一步证明荧光微球具有混合色,红色和绿色的表面如图 7.6(d) 所示。

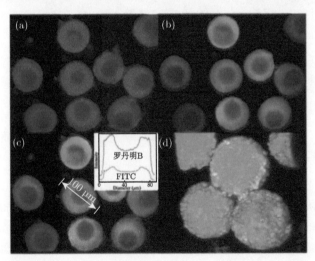

图 7.6　二氧化钛凝胶微球,其中红色罗丹明 B 荧光 (a) 和绿色 FITC 荧光 (b) 均分布在壳上;(a) 和 (b) 的叠加表明水和 TBT 的混合反应区域 (c),插图中显示的荧光强度分布表明 (c) 中微球的核壳结构;(d) 对应于 (c) 的荧光微球的 3D 成像 (经英国皇家化学学会许可原文引用)

　　再次,控制微球表面形态,实验证明丁醇的含量是关键因素。实验中使用三个体积分数:无丁醇,1 v/v% 丁醇和 2 v/v% 丁醇,如图 7.7 所示。未添加丁醇的颗粒具有相对光滑的表面,如图 7.7(a) 所示;添加 1 v/v% 或 2 v/v% 丁醇,则获得更粗糙的表面,如图 7.7(c) 和 (e) 所示。加入丁醇时,水有可能溶解到丁醇中,导致水从液滴内部连续扩散到外部，通过二氧化钛壳的凝胶网络迁移并进入发生水解的表面。由于凝胶网络或多或少地阻碍了迁移，所以微球周围的水解反应不再同时并且不均匀。这使得大颗粒的生长和粗糙表面的形成成为可能，如图 7.7(b)、(d) 和 (f) 所示，通过 EDX 测得表面上的钛含量较高，如图 7.7 右图所示。然而，若直接在 TBT /十六烷相中加入 2-丁醇，因为钛醇盐的高反应性，水解产物容易阻塞通道，水解反应太快而无法控制。为了减慢反应速率，将 2-丁醇加入另一相石蜡中，2-丁醇通过微流体通道内两相时，扩散时间较长，延迟了水吸收并降低了水解速率，从而有更多时间来控制水解过程。在 EDX 中发现，未加入丁醇时，所选区域的碳含量高于添加丁醇的碳含量，这可能是由未反应的 TBT 引起的。因为 TBT 的水解由多个反应组成，所以更多的水将导致 TBT 的更深水解且以 HOBu 的形式从 TBT 分子中损失更多的有机物。因此，加入较少的丁醇，则凝胶微球主要由 TiO$_2$ 和其他形式的 TBT 水解产物组成。

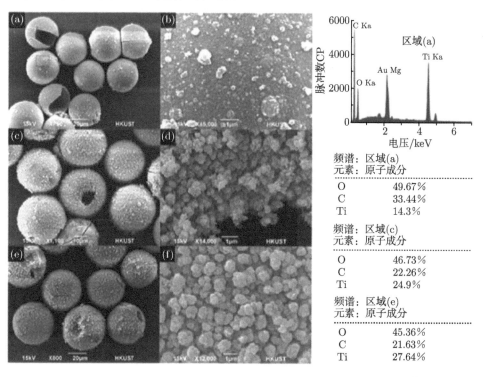

图 7.7　(a) 不添加丁醇制备的二氧化钛凝胶微球的 SEM 图像；(b) 为 (a) 中用方框标记的放大表面的 SEM 图像；(c) 加入 1 v/v% 丁醇制备的二氧化钛凝胶微球及其相应的放大表面 (d)；(e) 加入 2 v/v% 丁醇及其相应的放大表面 (f)。通过 EDX 测量的颗粒表面的组成见右上图，通过 EDX 测量的详细 Ti 原子含量列于右下图中。微球中的孔是样品处理期间部分塌陷的结果 (经英国皇家化学学会许可原文引用)

最后，退火制备空心微球，如图 7.8(a) 所示，壳厚度约 2 μm。研究发现，微球内壁上夹着直径约为 100 nm 的纳米孔，如图 7.8(b) 所示，可能是水通过凝胶微球的有效扩散所致。进一步在炉中将凝胶微球退火至 500 ℃, 650 ℃ 和 900 ℃ 以确定煅烧过程，研究表明，在 900 ℃ 时，二氧化钛微球仍然可以保持空心结构，扫描结果如图 7.8(c) 和 (d) 所示，且小颗粒的融合和燃烧过程中，有机成分去除造成微球表面含有较大的颗粒尺寸和许多孔隙。图 7.8(e) 为 X 射线衍射 (XRD) 结果，结果表明，二氧化钛在 500 ℃ 下空气中退火 2 h，可结晶成锐钛矿结构 (JCPDS File No. 21-1272)；在 900 ℃ 下空气中退火 2 h，可结晶成金红石结构 (JCPDS File No. 21-1276)。根据 XRD 结果，从锐钛矿到金红石的相变似乎发生在约 650 ℃，其中观察到两相的衍射并且与先前报道的基于溶胶–凝胶前体的结果一致。

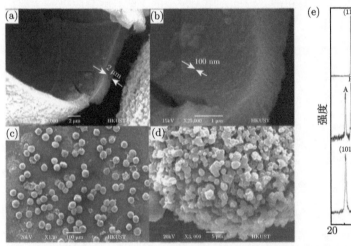
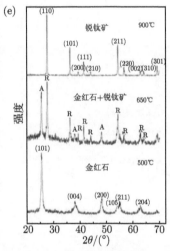

图 7.8　(a) 受损微球的 SEM 图像显示了二氧化钛的空心结构，其中壳的厚度约为 2 μm；(b) (a) 中方框区域的放大图像，表明微球体的内壁上嵌有约 100 nm 直径的纳米孔；(c) 在 900 ℃ 下煅烧后的二氧化钛微球的 SEM 图像；(d) (c) 中颗粒的放大表面形态；(e) 在 500 ℃, 650 ℃ 和 900 ℃ 下煅烧的二氧化钛凝胶微球的 XRD 图。在热处理下，微球可以从锐钛矿相变为金红石相。(经英国皇家化学学会许可原文引用)

7.2.2　智能药物输送的磁功能化核/壳微球利用微流控技术的合成和制备

7.2.2.1　智能药物输送的磁功能化核/壳微球及制备方法简介

磁性复合微球是由磁性材料和具有功能集团的非磁性包被材料相结合而成，具有一定结构的新型功能性材料。其中磁性成分主要为铁、钴、镍及其氧化物、合金等；非磁性包被材料主要为天然或合成类聚合物或无机材料等。按结构特点，磁性复合微球大致分为以下几类：

(1) 核壳式结构, 即以四氧化三铁等磁性粒子为内核, 外壳用非磁性高分子材料把磁性粒子完全包覆在内部, 形成典型的核壳式结构。

(2) 壳核式结构, 即内核是其他材料, 外壳是无机磁性材料, 在包覆的过程中高分子材料在内部成核而磁性粒子则分布在高分子材料的表面, 通常这类材料通过静电作用或络合等方式制备, 沉积在微球的表面从而形成无机磁性壳层, 使用的过程中容易出现核壳分离的现象。

(3) 夹心式结构, 即复合微球呈三层分布, 最里层和最外层都是非磁性材料, 中间夹着一层磁性无机物, 最外层非磁性材料包覆可以很好地保护磁性粒子在使用过程中防止脱离。

(4) 弥散式结构, 即无机磁性颗粒是遍布于其他材料制备的微球中。

(5) 中空式结构, 即最中心是空的, 磁性材料被非磁性材料包覆在内层或者磁性材料分布在非磁性材料中, 一般此类材料通过模板制备或者在制备出夹心式结构后, 再利用烧灼等方法将最里面的一层烧掉。

由于磁性微球具有磁响应性和大量的表面功能基, 在磁场作用下可定向运动到特定部位, 或迅速从周围介质中分离出来, 其应用研究日益增多, 主要涵盖以下几方面: ① 生物医药中的应用, 如磁性靶向药物、固定化酶、蛋白质分离、DNA 提取; ② 食品工业中的应用, 如食品微生物检验、食品有害物质检验、食品中杂质去除; ③ 水污染处理中的应用, 如水中污染物检测、吸附剂和絮凝剂。

利用微流控技术的微流体聚焦 (MFF) 法制备磁功能化核/壳微球, 在由交流磁场诱导的压缩–延伸振荡下, 这类材料具有刺激敏感性, 导致壳内嵌入磁性颗粒的微球产生变形, 通过改变施加磁场的频率、幅度及时间, 主动实现和控制药物释放。基于具有生物学功能和磁性的复合微球类 "智能" 材料, 制备的微胶囊或囊泡由于其靶向特定器官/组织的能力, 可以和位于药物输送特定施加外部磁场区域内的磁共振成像目标相互作用, 作为调节药物释放速率的新方法, 已在临床医学磁性药物研究中得到广泛关注, 并逐渐成为当今生物技术和生物医学研究不可或缺的重要手段之一。

7.2.2.2 智能药物输送的磁功能化核/壳微球的制备与合成

磁功能化核/壳微球的制备与合成, 通过微流体方法获得, 该方法已经广泛用于生成单相或多相乳液, 如 W/O/W (水/油/水)、O/O/W 和 O/W/O 乳液。微流体方法通常是通过使用 T 型接头或 MFF 装置在两相或三相系统中形成对称液滴, 然后通过光聚合、水解和缩合、诱导界面化学反应或物理去湿等方法, 在液滴形成后捕获液滴并固化为颗粒。这里的 "去湿" 意味着将溶剂从液滴的外层中吸出, 以分离内相和外相, 并形成一层薄薄的聚合物组。采用 MFF 方法制造核/壳双乳液, 并通过去湿使乳液外层发生脱水及交联反应, 有助于提高核/壳结构的机械强度,所得磁性核/壳微球具有磁弹性功能 [59]。

　　首先，制备 MFF 芯片，通过软光刻技术用聚二甲基硅氧烷 (PDMS) 完成，如图 7.9 所示。它由一个带五个入口的主流道和一个 T 型侧槽组成，如图 7.9(a) 所示，标记 4，通道的深度和宽度均为 200 mm。使用阿司匹林水溶液 (1 w/v%) 作为模型药物通过中间通道输注，如图 7.9(a) 所示，标记 3，注射的阿司匹林溶液由来自两个相邻通道的 150 mL 乙酸 (2 w/v%水溶液) 和高分子量壳聚糖 (1.5 w/v%) 中的改性磁铁矿颗粒 (2.5 g) 组成的流包裹，如图 7.9(a) 所示，标记 2。以司盘 80(0.5 w/v%) 的十六烷作为载体并通过最外面的两个通道注入，如图 7.9(a) 所示，标记 1。通过适当控制不同流的相对流速，形成包含阿司匹林溶液的内核和嵌有磁性纳米颗粒的高分子量壳聚糖外壳的核/壳双乳液，如图 7.9(e) 和图 7.10(a) 所示。

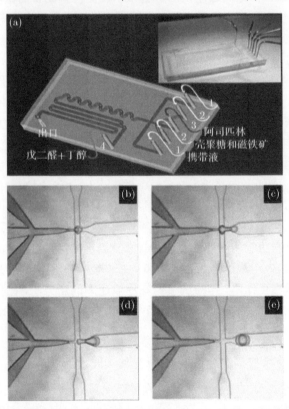

图 7.9　(a) MFF 设备的示意图和照片 (插图)；(b)~(e) 核/壳双乳液的形成过程
图中所示主通道的宽度为 200 mm (经 John Wiley & Sons 许可原文引用)

　　其次，采用去湿效应和交联反应，固化微球液滴的最外层/壳。使用标识为 4 的通道，注入去湿溶剂正丁醇和交联剂戊二醛 (10 w/v%，戊二醛在丁醇中)。室温下，正丁醇在水中的溶解度为 9.1 mL/(100 mL)。当核/壳液滴流过戊二醛和丁醇的混合物时, 液滴中的水逐渐被丁醇抽出, 显出可见薄层, 如图 7.10(b) 和 (c) 所示。又通过乙醇、1-丙醇和 1-戊醇 (在水中的溶解度为 3.3 mL/(100 mL)) 作为去湿剂 (乙醇和 1-丙醇, 所需时间小于 5 s; 正丁醇和 1-戊醇, 所需时间分别为 20 s 和 60 s)。在该实验中, 理论计算在通道中流动的液滴停留时间为 5~10 s, 故使用正丁醇作为去湿剂来吸收水分。产生的颗粒在 60 ℃ 下烘烤 2 h, 以促进戊二醛和壳聚糖

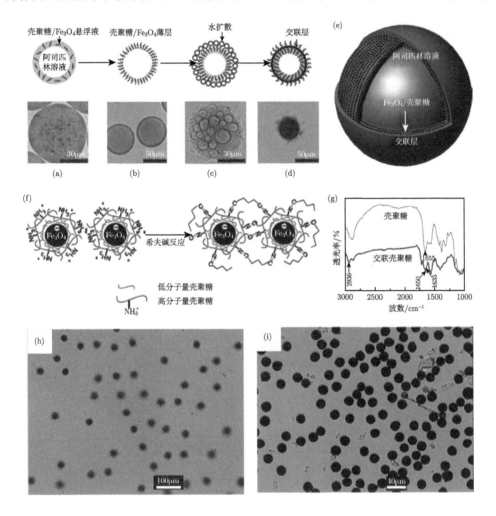

图 7.10 从双乳液到核/壳颗粒的结构演变: (a) 双乳液, (b) 由去湿效应引起的初始核/壳结构, (c) 来自颗粒内部的水的动态渗透, (d) 通过交联反应形成的透明外层。上面一行图片示出了该过程, 下面一行图片是液滴/颗粒的相应光学显微镜图像。(e) 微球的结构示意图。(f) 在交联反应后, 高分子量壳聚糖分子和戊二醛通过希夫碱反应连接在一起。(g) FTIR 光谱在 3000 cm^{-1} 和 1000 cm^{-1} 之间。(h) 对应于 (d) 的单分散颗粒。(i) 颗粒的完全收缩导致棕色和尺寸减小 (经 John Wiley & Sons 许可原文引用)

之间的希夫碱反应，如图 7.10(f) 所示，最终形成交联层，如图 7.10(d)、(e) 和 (h) 所示。FTIR 结果已证实壳聚糖的主要酰胺带在 1655 cm^{-1} 处分裂成 1635 cm^{-1} 和 1650 cm^{-1} 处的峰 (两者均归属于 C=N 亚胺吸收)。在 2936 cm^{-1} 处 C—H 伸缩振动频率的增加强度也可以反映戊二醛分子在交联链中的贡献，如图 7.10(g) 所示。若停留时间远大于脱水时间，则可能发生水的过度渗透，导致核/壳微球完全收缩，如图 7.10(i) 所示。为了防止液滴过度脱水，需要淬火过程，通过加入油酸的己烷溶液 (30 v/v%) 来吸收丁醇。使用三个注射泵来控制不同液体的流速。通过改变相对流速，液滴尺寸可在 40~200 mm 的范围内调节。

最后，制备核/壳颗粒，用异硫氰酸荧光素 (FITC) 溶液代替阿司匹林核心。通过荧光检测，观察到荧光核和嵌入纳米颗粒的壳如图 7.11(a) 所示。该颗粒具有约 1 mm 厚的软壳，冷冻干燥后形成中空芯，如图 7.11(b) 和 (c) 所示。根据 FTIR 结果，并非所有壳聚糖都经历交联反应，如 1560 cm^{-1} 处的游离胺所证明的，残留的壳聚糖可能存在于微球内部，借助 SEM 观察粗糙的内表面。将颗粒与 FITC 溶液混合、搅拌后，检测到 495 nm 处的吸收，是 FITC 的最大吸收波数，这是基于

图 7.11　(a) 具有荧光核的核/壳双乳液；(b) 冷冻干燥后颗粒的光学显微镜图像；(c) 颗粒横截面的 SEM 图像，标记的薄层厚度约为 1 mm，未反应的壳聚糖和磁铁矿位于内表面 (由白色箭头表示)；(d) 磁性壳聚糖胶囊的磁化曲线 (经 John Wiley & Sons 许可原文引用)

FITC 的异硫氰酸酯基团与壳聚糖的伯氨基之间的反应。核/壳微球的磁响应如图 7.11(d) 所示，从测量结果可以看出微球的超顺磁行为，其中饱和磁化强度约为 12 emu/g。

微球在 AC 磁场下可以从球形变为椭球形，当频率为 5 Hz 时，微球在 100 G (1 G=10^{-4}T)、200 G 和 300 G 磁场下的伸长率如图 7.12 所示，即可以通过改变磁场强度来调节延伸程度。为了通过微球的磁感应振荡变形来研究药物释放效率，将不同强度、频率和时间变化曲线的磁场应用于样品。在实验中，使用透析技术，累积释放阿司匹林的百分比 C 可定义为

$$C = \frac{C_i}{C_a} \times 100$$

这里，C_i 是每次测量释放的阿司匹林的累积量，而 C_a 是阿司匹林的总量 —— 包封的量。将阿司匹林的总量定义为 1 mL 注射器中 10 mg 的量，每次测量使用 1 mL 阿司匹林溶液注射器制备一个透析袋。每次测量重复三次并计算平均值。核/壳微球在磁场下的药物释放特性如图 7.13(a) 和 (b) 所示，其中可以看出，当频率固定在 5 Hz 时，施加的磁场可以提高药物释放速率/效率，强度从 0 G 到 300 G 不等 (图 7.13(a))。同样，当强度固定在 300 G 时，当频率从 0 Hz 到 20 Hz 变化时，更高的频率可以增加药物释放速率/效率 (图 7.13(b))。因此，较高频率的较强磁场意味着较高的释放速率。从图 7.13(a) 和 (b) 插图可以看出，在 6 h 后，通过改变强度可以实现药物释放量 9% 的增强。应通过改变频率将其与 26% 进行比较。表 7.1 和表 7.2 列出了在不同磁场和频率下释放的阿司匹林的量。

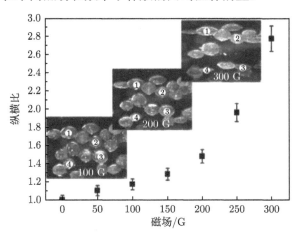

图 7.12 通过分析 50 个微球获得的作为磁场函数的纵横比变化 (经 John Wiley & Sons 许可原文引用)

插图是当施加 100 G、200 G 和 300 G 磁场时微球的光学图像，微球的延长作为标记参考点的数字是可见的

　　图 7.13(c) 和 (d) 显示了磁场的时间变化曲线对药物释放速率的影响。应用两种类型的电压分布：阶梯函数 (图 7.13(c) 的插图) 和正弦曲线 (图 7.13(d) 的插图)。在图 7.13(c) 中，固定频率，在场强增加的情况下，两者都可以导致药物释放率的线性增强，但是阶梯函数时间曲线显示出比正弦曲线时间曲线更大的斜率；在图 7.13(d) 中，固定场强，增加频率时，在频率 0~5 Hz 过程中，两个不同的时间曲线产生几乎相同的阿司匹林释放率，但除此之外，阶梯函数时间曲线在增大阿司匹林释放速率方面具有明显的优势。

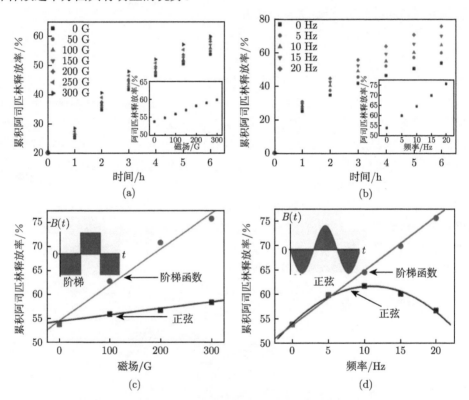

图 7.13　(a) 对于施加的各种磁场强度，累积的阿司匹林释放作为时间的函数绘制，频率固定在 5 Hz，插图显示了 6 h 时的磁场依赖性；(b) 与 (a) 相同，但场强固定在 300 G，频率变化，插图显示了 6 h 的频率依赖性；(c) 6 h 后阿司匹林释放率，作为磁场的函数绘制，频率固定在 20 Hz，一个是磁场的阶梯函数时间变化，另一个是正弦时间变化，插图显示了阶梯函数的曲线，其中字段打开和关闭；(d) 6 h 后阿司匹林释放率，作为频率的函数绘制，场强保持在 300 G，插图是场的正弦变化的曲线 (经 John Wiley & Sons 许可原文引用)

　　该实验清楚表明：药物释放速率对施加场大小的突然变化敏感，其在阶梯函数时间曲线中存在但在正弦曲线中不存在。使用 MFF 方法制备用阿司匹林水溶液包封的核/壳微球具有磁响应性。通过改变施加的磁场强度，用其频率和时间曲线来测量阿司匹林释放速率，特别是，施加磁场的阶梯函数时间曲线总是更有效地提高阿司匹林释放速率。

表 7.1 当频率为 5 Hz 时，在不同磁场下从微球释放的阿司匹林的量 (单位：mg)

时间/h	0 G	50 G	100 G	150 G	200 G	250 G	300 G
1	2.51	2.56	2.60	2.62	2.64	2.74	2.84
2	3.47	3.56	3.65	3.69	3.73	3.89	4.06
3	4.18	4.27	4.37	4.44	4.50	4.64	4.78
4	4.64	4.71	4.79	4.88	4.96	5.08	5.20
5	5.05	5.12	5.18	5.27	5.36	5.53	5.70
6	5.38	5.48	5.59	5.70	5.81	5.90	5.98

表 7.2 当磁场为 300 G 时，在不同频率下从微球释放的阿司匹林的量 (单位：mg)

时间/h	0 Hz	5 Hz	10 Hz	15 Hz	20 Hz
1	2.52	2.66	2.81	2.94	3.07
2	3.47	3.76	4.03	4.25	4.46
3	4.18	4.54	4.91	5.23	5.57
4	4.65	5.20	5.50	5.92	6.37
5	5.05	5.70	6.00	6.51	7.06
6	5.38	5.98	6.45	6.98	7.56

7.2.3 线状纤维材料利用微流控技术的合成和制备

7.2.3.1 纤维材料及微流体纺丝技术的介绍

纤维 (fiber) 材料的发现、制备、应用由来已久。一般认为，纤维是由直径几微米到几十微米而长度远大于直径的细丝所组成的材料，通常分类为天然纤维和化学纤维。前者多来源于动物、植物、矿物等；而后者则是工业化的产物，包括合成纤维 (如涤纶、丙纶等)、人造纤维 (如玻璃纤维、碳纤维、铜氨丝等)，这些材料广泛用于工业生产和人民日常生活中，具有不可替代的作用。近些年，纳米纤维材料 [60,61]，即细丝直径处于纳米级别的纤维材料的出现进一步扩大了纤维所涵盖的范畴，且其具有的独特功能也开始被研究者所认识，备受关注。

从纤维的定义、分类不难看出，纤维材料极其广泛，与之相适应，它的制备方法也因材料本身性质而多样，如静电纺丝、湿法纺丝、干法纺丝等 [62]。近十年来，微流控芯片技术也逐渐衍生出了一套新型的纤维制备方法 —— 微流体纺丝 [63]。微流体纺丝作为一种纤维材料制备手段，是一种典型的湿法纺丝技术，它利用微流控芯片的流体通道，通过控制少量液体，在温和条件下发生反应，可控制备微米级微丝，并可方便地掺杂各种微颗粒，如量子点、氧化硅颗粒，甚至是细胞等，形成复合材料。这种微流体纺丝技术制备的微丝具有常规技术制备的纤维材料所不具备的特殊功能，可用于组织工程、药物输运、器官仿生等。

微流体纺丝的原理, 主要涉及微流体动力学, 利用三维同轴微通道形成样品流和鞘流, 通过固化同轴流动中的样品溶液, 如紫外固化、化学反应等方式, 可得到固化的微丝, 微丝在鞘流液的包裹下可与不同微通道壁发生接触, 从而在不发生堵塞的情况下被流体引导 "流出" 微流控芯片。通过控制微通道尺寸、流体流速等要素, 从而控制产生的微丝尺寸基本不受湿度和温度的影响。静电纺丝技术是纤维状材料合成的主要手段之一, 它是一种利用强电场使聚合物溶液喷射而出, 在尖端形成 "泰勒锥" 并从圆锥尖端延展得到纤维细丝的制备方法, 可以通过调节电压强度、接收板距离、高聚物溶液黏度等来制备纳米、微米级纤维材料, 但纺丝过程中却会受到多种因素的干扰, 比如相对湿度和温度。相比较于静电纺丝, 微流体纺丝所适用的材料较为局限, 仅对在湿法状态下, 能够较易发生固化反应的部分材料适用, 如天然聚合物, 如表 7.3 所示。天然聚合物, 如硅酸盐、胶原、壳聚糖等, 具有非常好的细胞相容性 [64-66], 是生物医学工程中常用的细胞、组织培养材料, 但如果采用静电纺丝制备方法, 则不可避免地要使用对细胞具有毒性的有机溶剂, 而如何去除溶剂残留则成为材料制备过程中不得不考虑的难点问题。此外, 静电纺丝的制备方法在制备需要有特殊添加的复合功能材料时, 还会导致蛋白质、核酸等生物大分子变性, 细胞、组织死亡等, 这对于利用静电纺丝技术开发封装有生物活性物质的功能化纤维材料极为不利。微流体纺丝技术, 反应温和, 无需有机溶剂等不利因素, 可将水溶性的天然聚合物或合成聚合物单体 (如 4-羟基丁基丙烯酸酯 (4-HBA)、聚乙二醇二丙烯酸酯 (PEGDA)、聚氨酯等的单体) 作为样品溶液, 在鞘流液中添加交联剂, 原位交联, 合成聚合物微丝。可以看出, 相较于静电纺丝需要选择合适的挥发性溶剂, 微流控纺丝的关键是聚合物的交联方法。目前, 已有文献报道的微流控纺丝交联方法主要包括: 光聚合、离子交联、化学交联和溶剂交换 [67-69]。其中 4-羟基丁基丙烯酸酯、聚乙二醇二丙烯酸酯等都可以通过光聚合微流体纺丝技术制备, 即在反应体系中加入光引发剂, 在微通道局部位置施加紫外线诱导光聚合, 该种方法简单稳定, 是最早在微流控纺丝技术中得以实现的。此外, 化学和离子交联方式则适用于各种通过共价键形成的生物相容性聚合物微丝, 如典型的硅酸盐、PLGA、壳聚糖等; 而溶剂交换则主要用来制备两亲三嵌段式共聚物纤维材料, 如 PPDO-co-PCL-b-PEG-b-PPDO-co-PCL。

与静电纺丝技术相比较, 微流控纺丝则主要依靠调整微通道尺寸、样品和鞘流液流速来改变纤维形貌。在纤维形貌中, 纤维直径的尺寸是一个主要指标, 就目前研究结果显示, 微流控纺丝制备得到的纤维直径通常要大于静电纺丝, 几十微米乃至几百微米的纤维直径较为常见。而像静电纺丝一样达到几微米, 甚至是纳米级别的电纺丝是很难实现的。这也比较好理解, 毕竟通过微通道和流体控制纺丝, 通道尺寸过小, 将增加引入流体的难度, 所以目前利用微流控纺丝制备极小尺寸纤维的报道还比较罕见。目前, 仅有在制备海藻酸盐纤维过程中, 利用后续辅助方法处理样品，如脱水、流体剪切等可以得到更加紧密的细小纤维。

表 7.3 静电纺丝与微流控纺丝的对比

	静电纺丝	微流控纺丝
制备原理	强电场作用下聚合物溶液喷射而出，形成"泰勒锥"并从圆锥尖端延展得到纤维细丝	利用微流体动力学，构建三维同轴微通道，形成样品流和鞘流，通过固化同轴流动中的样品溶液，由鞘流引导得到纤维微丝
纤维尺寸	纳米、微米	微米
影响纤维尺寸的因素	电场强度、聚合物溶液黏度、接收板距离等	微流体通道的尺寸、流速等
干扰因素	温度、湿度	—
反应条件	强电场、有机溶剂	温和、水环境
适用材料	非常广泛，包括各种聚合物（PCL、PLGA、PLA、PVA、PEO、PLLACL 等）	部分天然聚合物、合成聚合物（硅酸盐、壳聚糖、PLGA、PEGDA、4-HBA、PU 等）
生物活性物质封装	难，易损坏、变性	可以用于封装细胞、微颗粒、生物大分子等

除了纤维的尺寸，特定形貌，如中空、芯壳结构、Janus 型、扁平、开槽、杂化等特异结构的存在也丰富了纤维的功能化应用。中国科学院大连化学物理研究所秦建华研究员团队利用气动隔膜微阀控制微液滴形成，制备了一系列不同种类、不同排列液滴夹心的杂化海藻酸钙微丝。这些海藻酸钙微丝中液滴夹心可以是 PLGA 微球、间充质干细胞微组织，或者是具有不同荧光颜色的编码小球，其中 PLGA 微球夹心的微丝经脱水化处理还可以形成仿生"竹节"状的干丝[70]。这是微流控纺丝功能材料在生物仿生中的一例应用。除此之外，在生物仿生中，鸟类的羽毛、植物的叶脉等都是中空的纤维结构。静电纺丝可以通过改变喷嘴的设计制备中空纤维，而微流体纺丝则主要通过增加微流体通道来实现。秦建华研究员团队还利用并排多通道可控制备具有多芯结构的海藻酸钙中空纤维、PEGDA 芯和空芯多种组合的混合结构海藻酸钙中空纤维等微丝，充分体现了微流体纺丝在中空纤维制备过程中具有更高的灵活性[71]。

7.2.3.2 微流体纺丝技术用于功能化纤维材料的制备

静电纺丝制备的微纳微丝的主要优势是可以给细胞、组织培养提供一个近似的三维环境，用于体外仿生细胞外微环境中细胞外基质成分。通过调整纤维的直径、孔隙率和机械性能，可以增加细胞的黏附与增殖，而定向纤维还有助于特殊细胞的生长及功能体现等，比如影响细胞的伸展取向、促使干细胞分化等。不过静电纺丝并不适合进行细胞封装，这是由静电纺丝的制备条件所决定的。微流体纺丝相对于这一点而言，就具有更好的生物相容性，可以方便地进行细胞封装。2013年，《自然·材料》上就有报道，利用微流体纺丝技术，Shoji Takeuchi 等将多种细胞，比如小鼠胚胎成纤维细胞 NIH-3T3、小鼠成肌细胞 C2C12、大鼠原代心肌细胞、人原代脐静脉血管内皮细胞、小鼠胰岛内皮细胞 MS1、大鼠原代皮质细胞、小鼠原代神经干细胞、人肝癌细胞 HepG-2、海拉细胞 HeLa 等，封装入含有不同配比、不同组分的细胞外基质蛋白成分 (胃蛋白酶溶解的 I 型胶原蛋白，酸溶性 I 型胶原和纤维蛋白) 的海藻酸钙微丝中，并通过进一步降解海藻酸钙得到了具有纤维结构的细胞与细胞外基质成分的细胞纤维。研究者还观察了所制备的细胞纤维所具有的功能，比如利用原代心肌细胞构建的纤维材料可以定向收缩和舒张，而血管内皮细胞的纤维则表现出了血管内皮细胞的管腔状结构，神经干细胞构筑的纤维可以检测到神经的树突等。除此之外，将细胞作为微颗粒利用多相流引入微丝中，培养细胞长成微球或微组织也是一种行之有效的细胞封装方法[72]。

在细胞封装成功的基础上，利用功能化微丝进一步编织更为复杂的宏观细胞结构可以满足更多组织工程的需求。例如，还是利用上述方法制备海藻酸钙/琼脂糖复合微丝，在其中包裹原代提取的胰岛，利用不同浓度的葡萄糖溶液对其进行刺激，因葡萄糖及胰岛产生的胰岛素均可以透过凝胶，这使得利用该种微丝可以实现异体移植，从而避免免疫排斥的产生。研究者还将该种微丝约 20 cm 移植入患有糖尿病的小鼠的肾下腺囊腔内区域，可以维持小鼠血糖水平，15 天后取出观测其细胞生长情况，均良好，该研究或可用于糖尿病的治疗。

7.3　软物质功能智能材料在微流控技术中的应用

7.3.1　导电聚二甲基硅氧烷智能材料在微流控中的应用

近年来，得益于软光刻等微加工技术的发展[73]，具有多种功能的微流体器件制造取得了相当大的进展。在此背景下，作为芯片制造中被称为图案转移印章的一种独特材料 —— 聚二甲基硅氧烷 (PDMS) 发挥了重要作用，由于其具有透明性、生物相容性、良好的灵活性、低生产成本等特点，已被广泛应用于简单的微流控装置制造技术中。通过使用 PDMS，微泵、阀门、混合器、反应器等部件被集成到功能复杂的一体式芯片中，实现化学反应、生物分析、药物发现等[74]功能。金属结构图案化在微电子技术中很受欢迎，但是由于 PDMS 是一种非导电聚合物，金属与 PDMS 之间的黏附力较弱、表面能较低，要想在其上形成金属结构并实现微器件的制造具有很大的挑战。因此，将导电结构集成到大体积 PDMS 中一直是一个关键问题，尤其是对于电动微泵、微传感器、微加热器、电流变 (ER) 执行器等需要使用电极进行控制和信号检测的应用场景[75,76]。Lee 等[77] 报道了通过硅烷偶联剂介导的化学黏附将金图形薄膜转移和随后嵌入 PDMS 中的情况；Lim 等 [78] 开发了一种使用连续和选择性蚀刻技术将金属层转移和堆叠到 PDMS 基板上的方法。然而，PDMS 与金属之间的不相容性通常会在制造过程中导致失效，特别是在薄层黏合过程中。为减小材料性能的差异，Gawron 等 [79] 报道了基于 PDMS 的微芯片嵌入薄碳纤维进行毛细管电泳检测，炭黑粉末是一种常用的增强导电性和热导率的材料，其机械强度通过在浓度高于 10 wt% 的情况下添加炭黑实现 [80]，Rwei 等 [81] 利用光致抗蚀剂剥离技术，研究了这些材料的电性、流变性和形态特性，并成功地将其分离。

利用 PDMS 基导电复合材料对导电结构进行图案化，通过将导电微纳米颗粒与 PDMS 凝胶混合而制备，实现 2D 和 3D 导电微结构构建，并集成到 PDMS 材料中，这种复合材料的微观结构显示出良好的导电性、机械性和热性能。使用基于 PDMS 的导电复合材料 [82]，易于将这些微结构连接和嵌入基于 PDMS 的微芯片中，从而大大提高了它们的潜在功能性和应用性。

由于银和炭黑颗粒具有理想的润湿特性，将合成后粒径为 1~2 nm 的银、40~100 nm 的炭黑，分别与 PDMS 凝胶混合，固化复合材料的横截面 SEM 图像如图 7.14，

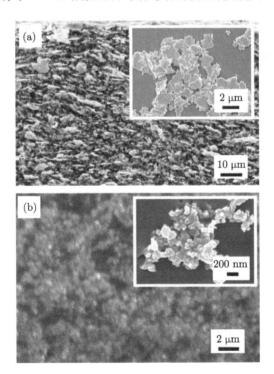

图 7.14　固化导电复合材料及粉末的 SEM 照片：(a) Ag+PDMS(84%)；
(b) C+PDMS(28%) (经 John Wiley & Sons 许可原文引用)

其中固体颗粒彼此接触并均匀分布在 PDMS 中。图 7.15(a) 是这两种类型的复合材料的电导率和导电粒子重量浓度的关系。Ag+PDMS 复合材料中导电性能良好的起始阈值浓度约为 83%，随后，电导率迅速增加超过阈值；在 C+PDMS 复合材料中也可以观察到类似行为，但其阈值浓度值 (约 10%)、导电性要低得多。后者实际上是制造微加热器的理想选择，但不适用于需要良好导电性的应用。应指出，当固相导电相的浓度过高时，由于材料的力学性能不再与 PDMS 相似，复合材料变得坚硬、易断裂、难加工。因此，获得合适的浓度是 PDMS 导电复合材料的关键。图 7.15(b) 为固化良好的复合材料的电阻率随温度的变化，在 25~150 ℃ 的温度范围内，C+PDMS 的电阻率随温度的升高而增加，而 Ag+PDMS 的电阻率在 120 ℃ 时呈现峰值后降低。由于这些特性是可靠的，因此电阻率随温度变化提供了利用这些独特的热特性设计和制造热传感器的可能性。

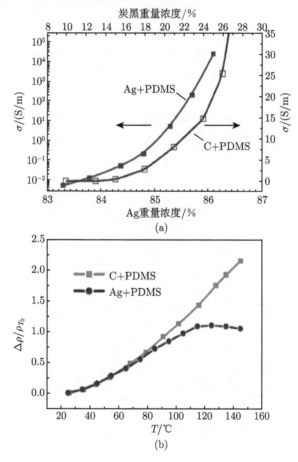

图 7.15　(a) 电导率与导电粒子重量浓度的关系；(b) 电阻率随温度的变化 (经 John Wiley & Sons 许可原文引用)

图 7.16(a) (C+PDMS) 和 (b) (Ag+PDMS) 显示了作为两个样品应变函数的电导率。结果表明，随着应变的增加，两种样品的电导率均单调增加，引起该现象的原因为导电粒子接触的变化，即当样品拉伸时，炭黑纳米粒子或银微粒有更好的接触机会，反之亦然；当释放应变后，电导率恢复到初始值，C+PDMS 样品的变化很小，Ag+PDMS 样本返回到放松状态的速度非常慢。进一步通过将样品一端安装在静态平台上，另一端固定在机械振动器臂上，改变拉伸-恢复循环频率，测定了样品的动态特性。当振动频率为 50 Hz 时，图 7.16(c) 所示的 C+PDMS 样品的峰间振幅约为 1 mm。值得注意的是，图 7.16(c) 中所示的波形即使在 200 Hz 时仍然清晰可见，这意味着这些复合材料可以潜在地用作压力传感器，用于检测微槽或通道中压力的动态变化。例如，通过使用带有嵌入导电线路的薄 PDMS 膜，可以很

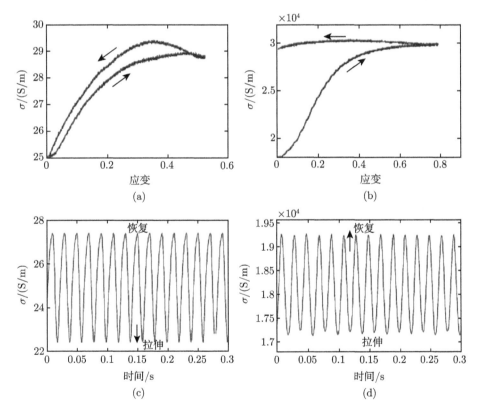

图 7.16 26%CPDMS 带、25 mm×2 mm×1 mm (a) 和 86%AgPDMS 带、25 mm×1 mm×1 mm (b) 拉伸下的电导率变化，准静态拉伸和恢复，C+PDMS 和 Ag+PDMS 的速率为 1.5 mm/min；(c) C+PDMS 样品的动态拉伸特性，峰间振幅 1 mm，50 Hz；(d) Ag+PDMS 样品的动态拉伸特性，峰间振幅 0.5 mm，50 Hz (经 John Wiley & Sons 许可原文引用)

容易地检测到微小的压力变化。相似的动态力学性能在 Ag+PDMS 样品中也被发现, 如图 7.16(d) 所示。

图 7.17(a) 为将一层导电复合材料嵌入 PDMS 弹性体的步骤示意性。首先, 使用标准光照在玻璃基板上形成一层厚的光致抗蚀剂, 如 AZ4620。弓形技术, 用于形成一个模具, 以形成导电复合材料的图案。烘烤后, 用脱造型剂三氟-1, 2, 2, 2-四氢辛基-1-三氯硅烷处理模具。将不同浓度的 PDMS(Dow Corning 184) 与炭黑粉末或银片混合, 合成导电复合材料, 形成 C+PDMS 或 Ag+PDMS 凝胶。然后在模具上涂抹凝胶。在 60 ℃ 烘焙 1 h 后, 凝胶固化为固体。然后将整个模具基板分别浸入丙酮、乙醇、去离子 (DI) 水清洗, 去除光致抗蚀剂 AZ4620。烘烤后, 仅将基于 PDMS 的导电复合材料留在基板上, 在旋转以确保层的均匀性后, 具有嵌入导电微结构的 PDMS 板很容易地从基板上剥离, 如图 7.17(a) 中的步骤 4 所示。在所有情况下, 所制备的微结构与大体积 PDMS 之间的结合都是很好的。在 150 ℃ 下退火后, 未发现制造样品出现脱胶或开裂 (参见图 7.17(a) 中的最后一步)。用 Ag+PDMS 复合材料制作的不同图案的 SEM 图像如图 7.17(b) 所示, 可以看出, 图案的尺寸可以为十微米到数百微米, 这表明了不同尺寸的导电装置的微加工能力。在集成微芯片中, 电信号的三维连接是一个重要的问题, 如多层芯片中不同层之间的电信号传输以及内部和外部元件之间的通信等。下面介绍基于 PDMS 导电材料的三维微结构的设计与制作的复合材料。

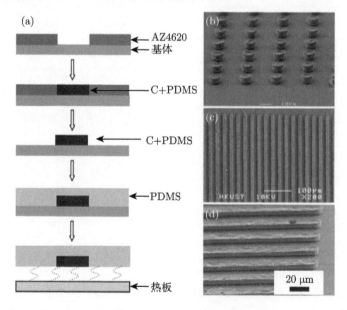

图 7.17　用软光刻技术制作导电 PDMS 图形的工艺流程图: (a) 导电 PDMS 的微聚焦; (b)~(d) 各种制造导电图案的 SEM 图像 (经 John Wiley & Sons 许可原文引用)

对于图 7.18(a) 中所描绘的微观结构，可通过图 7.18(b) 中所示的双掩模工艺来描述其制造工艺，其中用第一个掩模对光致抗蚀剂的薄层进行图案化。在显影后，将剩余光致抗蚀剂结构在 150 ℃ 下硬烘烤 30 min 以使光致抗蚀剂在下一显影过程中失活。然后，如图 7.18(b) 的第二个面板所示，对一层厚的光致抗蚀剂进行涂层和图案化，以在模具基板上形成 "n" 形空腔。然后将 Ag+PDMS 或 C+PDMS 混合物涂抹到空腔中。用丙酮溶解两层光致抗蚀剂约 10 min，然后用乙醇和去离子水冲洗后，将硅烷蒸发到样品上。然后将纯 PDMS 混合物倒入模具中，将样品置于真空中 20 min，以确保所有空腔都充满纯 PDMS。固化后，可从基板上剥离具有导电图案的 PDMS 板。通过等离子体处理，图 7.18(c) 中所示的两个半体在显

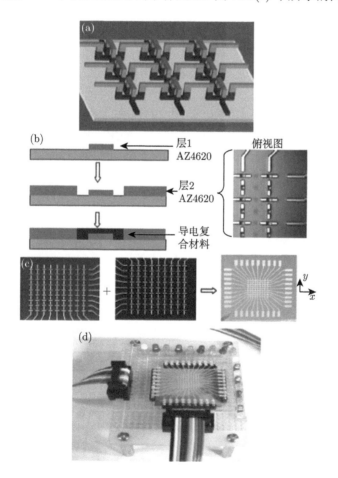

图 7.18　多层和三维导电 PDMS 的图形制作和连接：(a) 设计的三维导电线路的示意图；(b) 微加工工艺流程；(c) 用跳线将两个半板反向黏合成一块板；(d) 用 LED 测试电路，以显示黏合板的功能 (经 John Wiley & Sons 许可原文引用)

微镜下，面对面对齐以黏合在一起。由此产生的三维微观结构可以在图 7.18(c) 的最右边面板中看到。对于这种结构，电信号可以沿着 x 或 y 方向独立传输，而无需 "串扰"。图 7.18(d) 是上述 Ag+PDMS 样品的原理性测试方法，用于测试不同电子元件的电路连接功能。发光二极管 (LED) 连接到线路上，这些 LED 的发光由 LabVIEW 程序单独控制。由于 Ag+PDMS 复合材料具有良好的弹性和柔韧性，插入的金属销可以紧密地连接到导电复合材料的贴片上，因此电气连接非常稳定。测试结果表明，这种三维微结构布线可用于不同层次电子器件的紧凑连接。

　　该复合材料具有良好的导电性和机械可靠性，易于开发出一种通过软光刻构造平面和三维微观结构的方法，易于现实三维微观结构紧凑的布线连接应用，对各种微加工器件，特别是软电子封装领域的应用具有很好的前景。

7.3.2　磁性薄膜智能材料在微流控中的应用

　　芯片实验室是一种在几平方毫米到几平方厘米的芯片尺寸上集成一个或多个实验室功能的装置，20 世纪 90 年代中期以来，人们在研究和商业上的兴趣，推动了该领域的长足进步，特别是在亚毫米尺度的局部区域内，微流体处理技术，作为一种精确几何流体的控制和操作方法，得到广泛应用。为了在微流控芯片中实现传感器、执行器和其他主动控制元件的功能化，广泛采用磁性材料完成。坡莫合金和镍薄膜广泛应用于 MEMS 器件 [83-86]，磁流体和磁流变流体在微流体设计中大多应用于泵和阀门 [87-89]。作为磁场微流体系统中的另一个重要材料，磁性弹性体，一种新型的复合材料，由分散在高弹性聚合物基体中的纳米或微米范围的磁性粒子组成。通常使用的磁性粒子是铁、镍粉，Fe_3O_4、γ-Fe_2O_3 磁粉、坡莫合金片等；而弹性聚合物基体由硅弹性体、聚酰亚胺、天然橡胶以及其他材料组成。磁性弹性体的优点包括高弹性、低杨氏模量带来的显著变形效应、对磁场的快速响应和无需片上电源的电势驱动，因此磁性弹性体膜在微孔、泵、驱动器和混合器中的应用引起了人们广泛关注 [90-93]。

　　香港科技大学温维佳教授团队在 PDMS 中引入导磁性成分，得到导磁性功能 PDMS 复合材料，制备了磁响应弹性薄膜等，并与微流控技术及其他功能材料相结合，开发了一系列新的功能器件，推动了微流控芯片的功能开发及集成化、智能化 [94]。本节介绍一种羰基铁-PDMS(CI-PDMS) 复合磁性弹性体，其中羰基铁 (CI) 颗粒均匀分布在 PDMS 基体中。将 CI 颗粒和 PDMS 以不同的重量比混合以确定 CI 的影响。磁性弹性体的磁性和机械性能特征分别通过振动样品磁强计和机械分析仪测试。弹性体表现出很高的磁化和良好的可塑性，同时研究了 CI-PDMS 膜的形貌和形变。集成 CI-PDMS 弹性体膜的磁驱动微流体混合器 (即微混合器) 被成功地设计和制造。这种高效、高质量的混合体使得在微流体系统中创造出令人印象深刻的、独特的 CI-PDMS 材料的潜在应用成为可能。

图 7.19 显示了一种 CI-PDMS 复合材料的 SEM 图像 (CI/PDMS 重量比为 2)。SEM 横截面图像 (图 7.19(e)) 显示了分散在 PDMS 基体中并被其固定的微颗粒。颗粒分布相当均匀,它们通过 PDMS 连接在一起,没有太多聚集。图 7.19(f) 为复合材料表面的 SEM 图像,显示出良好的平整度和较低的表面粗糙度,其质量使薄膜易于黏合,并能很好地黏附到基底上。表面的 CI 颗粒不会直接暴露在空气中,从而降低了颗粒氧化和产生表面粗糙度的风险。这些复合材料的优点提高了膜的稳定性,并促进了芯片的制作。

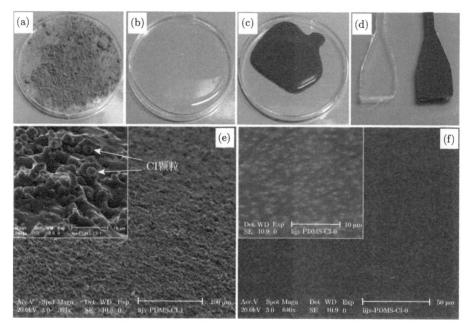

图 7.19　CI 粉末 (a)、液体 PDMS(b)、液体 CI-PDMS 复合材料 (c)、固体 PDMS 和 CI-PDMS 复合材料 (d) 的照片,以及 CI-PDMS 复合材料横截面 (e) 和表面 (f) 的 SEM 图像。Reprinted by permission from Springer Nature: [Springer-Verlag] [Microfluid Nanofluid] [Design and fabrication of microfluidic mixer from carbonyl iron-PDMS composite membrane, Weijia Wen and et al.] [©Springer-Verlag 2010]

图 7.20 显示了室温下不同 CI/PDMS 重量比 CI-PDMS 复合材料的磁场对磁化的依赖性。分布在非磁性介质 PDMS 中的磁 CI 粒子磁滞回线表现出明显的软磁行为。插图表明,随着 CI/PDMS 重量比的增加,饱和磁化强度 (M_s) 和剩余磁化强度 (M_r) 均增大。然而,有趣的是,随着 CI/PDMS 重量比的降低,矫顽力 (H_c) 降低。El-Nashar 等 [95] 研究表明,橡胶介质中较大比例的磁性粒子通常会缩短这些粒子之间的距离,从而导致磁耦合。相比之下,在本研究中,由于低 CI/PDMS

重量比引起的磁粒子间的距离增加，磁偶极子耦合较弱。此外，由于 PDMS 的存在，在 CI 粒子表面存在反铁磁层，这通常会导致一些磁极死在其表面。相应地，矫顽力与复合材料中的 CI/PDMS 重量比呈非线性关系。在上述 CI-PDMS 复合材料 (CI/PDMS 重量比为 2) 的情况下，M_s 的测量值为 134.5 emu/g，远大于镍颗粒–橡胶复合材料的 25.03 emu/g，Pirmoradi 等 [91] 研究表明，氧化铁-PDMS 复合材料为 21.9 emu/g，大的磁化强度表明在低磁场下可以施加很大的磁力。

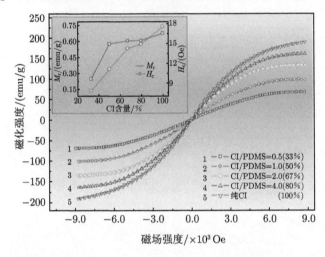

图 7.20　不同磁场强度下的磁化曲线。Reprinted by permission from Springer Nature: [Springer-Verlag] [Microfluid Nanofluid] [Design and fabrication of microfluidic mixer from carbonyl iron-PDMS composite membrane, Weijia Wen and et al.] [©Springer-Verlag 2010]

　　图 7.21 显示了加载不同 CI/PDMS 重量比的纯 PDMS 和 CI-PDMS 复合材料的应力应变曲线。从图 7.21(a) 可以看出，在所有情况下，曲线几乎是线性的。对每一个复合试样进行了测试，结果表明，与纯 PDMS 相比，杨氏模量有所增加，较高的 CI/PDMS 重量比产生更显著的增加，如图 7.21(b) 所示。填料的表面特性决定了填料与聚合物链网络之间的化学和物理相互作用，从而极大地影响了复合材料的力学性能。因此，聚合物复合材料的杨氏模量降低可能是填充材料与聚合物网络之间不良相互作用的结果 [96]。因此，CI-PDMS 复合材料的杨氏模量增加表明 CI 颗粒与聚合物网络之间的相互作用非常强。碱和固化剂的重量比对常规 PDMS 的模量值有很大影响 [97]。在这里应用的磁性薄膜的比例为 15:1，其杨氏模量在 0.31 E/MPa 下进行测试。

　　较低的杨氏模量是有利的，在较低的磁场下就可以实现较大的偏转。磁性弹性体膜的变形如图 7.22 所示。在直径为 (1.0±0.05) mm、厚度为 (100±5) mm 的独立式磁性 CI-PDMS 复合膜上方放置电磁铁。如图 7.22(a) 所示，膜偏转随着

CI/PDMS 从 0.5 到 2.0 而增大, 而随着 CI/PDMS 从 2 到 4 而减小。为了理解这种现象, 应该比较不同比值下的杨氏模量 (图 7.21(b)) 和磁化率 (图 7.20)。从比值 0.5 到比值 2.0, 磁化强度增加了一倍, 但杨氏模量仅增加了 30% 左右, 也就是说, 力大幅度增加, 但磁致伸缩没有增加, 导致整体效应, 即膜的变形增加。然而, 比较比值为 2.0 和比值为 4.0 的情况, 发现磁化强度增加了 20% 左右, 而杨氏模量几乎翻了一番, 这总体上会影响变形的下降。通过以上分析, 可以得出结论: 对于磁驱动混频器, 最佳膜 CI/PDMS 约为 2.0。利用该比值进一步测试了不同磁场强度下薄膜的变形情况。图 7.22(b) 清楚地说明薄膜偏转随磁场的增加而增加。

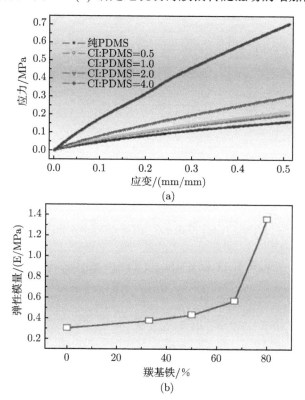

图 7.21 纯 PDMS 和不同 CI 含量的复合材料应力应变曲线 (a) 和弹性模量 (b)。Reprinted by permission from Springer Nature: [Springer-Verlag] [Microfluid Nanofluid] [Design and fabrication of microfluidic mixer from carbonyl iron-PDMS composite membrane, Weijia Wen and et al.] [ⓒSpringer-Verlag 2010]

这种 CI-PDMS 磁性复合材料的这些独特性能表明, 在阀门、泵和微混合器等各种应用中, 可以实现薄膜驱动。磁驱动微流控混频器在微流控下混合两种或两种以上的层流蒸汽, 是实验芯片器件的一个重要课题。设计被动几何结构产生扰动,引入主动控制实现混沌混合。在主动混合机设计中，侧通道被合并以连接到由外力驱动的膜室。气体阀 [98]、电控机械 [99]、阀和电流变流体 [100,101] 用于触发和控制膜的运动，以在微流体系统中产生混沌混合。

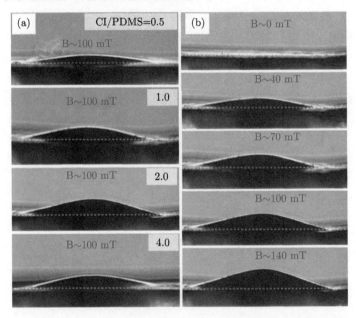

图 7.22　(a) 不同 CI/PDMS 弹性体膜 (直径 1.0 mm，厚度 100 mm) 在相同磁场下的挠
度；(b) 不同磁场作用下的挠度。Reprinted by permission from Springer Nature:
[Springer-Verlag] [Microfluid Nanofluid] [Design and fabrication of microfluidic mixer from
carbonyl iron-PDMS composite membrane, Weijia Wen and et al.] [©Springer-Verlag 2010]

　　图 7.23 说明了微混合器芯片的制造过程，该芯片由三个 PDMS 层组成，中间嵌入了 CI-PDMS 磁性膜层。通道层的模具是通过在玻璃晶片上使用负光刻胶 SU8-2025 进行标准光刻而形成的。 通道层和支撑层由 PDMS (基底:固化剂 = 10:1) 制成。CI-PDMS 预聚物由 CI 颗粒和 PDMS 重量比为 2 的混合物 (碱:固化剂 = 15:1) 组成，旋涂在 PMMA 板上，并在烘箱中固化，形成约 100 mm 厚的薄膜。然后，将碎片切割成合适的尺寸并放置在硅烷化 (三氯乙烯 1 h、1 h、2 h、2 h 全氟辛基硅烷、Aldrich) 玻璃晶片上的特定位置。然后将 PDMS 预聚物 (基料:固化剂 = 15:1) 旋涂在同一玻璃晶片上，形成 100 mm 均匀厚度的薄层。然后，将该薄层与通道层和支撑层对齐，通过氧等离子体键合实现黏合。由此导出一种夹层结构的微流控芯片，其示意图和光学顶置照片分别如图 7.24(a) 和 (b) 所示。在图 7.24(a) 中，微流控通道高度约为 40 mm，宽度约为 200 mm；所述腔和所述磁体侧面的孔 IC 膜的直径约为 1 mm，支撑层上的孔被形成以留出膜变形的空间。当

施加磁场时，CI-PDMS 弹性体膜变形并将流体推或拉入腔中。由于气室与主通道通过侧通道相连，因此主通道内的水流会产生一定的扰动。为了证明混合效果，以大约 0.1 mL/h 的流速泵送两股染色的去离子水 (蓝色和红色)，并通过 10 Hz 的方波锐化磁场 (直流电流，磁场强度在 0~100 mT) 驱动薄膜。如图 7.24(c) 所示，在没有磁场情况下，由于微通道中的黏性效应起主导作用，两股水流有一个清晰的界面。一旦施加磁场，边沟道与主沟道相交处就会发生混合。随着水色的均匀化，界面消失，反映出两股水流的均匀混合。

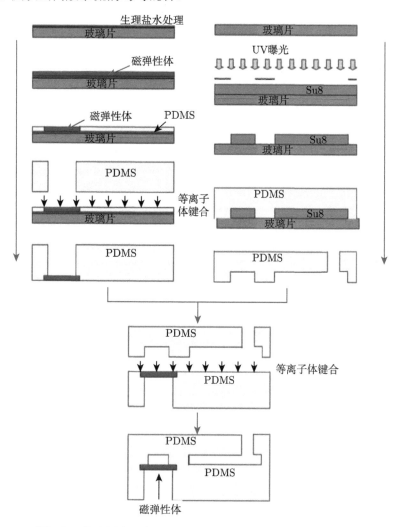

图 7.23 微混合器芯片制造工艺。Reprinted by permission from Springer Nature: [Springer-Verlag] [Microfluid Nanofluid] [Design and fabrication of microfluidic mixer from carbonyl iron-PDMS composite membrane, Weijia Wen and et al.] [©Springer-Verlag 2010]

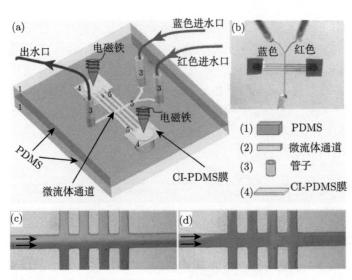

图 7.24　磁驱动示意图：(a) 搅拌机设计与施工的摄影图像；(b) 混合芯片；(c) 无扰动通道光
学照片；(d) 充分混合后的通道。Reprinted by permission from Springer Nature:
[Springer-Verlag] [Microfluid Nanofluid] [Design and fabrication of microfluidic mixer from
carbonyl iron-PDMS composite membrane, Weijia Wen and et al.] [©Springer-Verlag 2010]

　　由嵌在 PDMS 基体中的 CI 颗粒构成的 CI-PDMS 磁性复合材料的制备工艺及应用研究表明，该复合材料具有高磁化强度、良好的柔韧性和稳定性。利用这种独特的材料，可以设计和制造出一种大偏转磁膜，实现 CI-PDMS 磁性膜的实际微混合器应用。事实上，所得到的结果对于各种微流体装置的应用，特别是主动流体控制，是非常有前景的。

7.3.3　巨电流变液智能材料在微流控中的应用

　　在电流变液发明后的七十余年中，学者们相继提出了纤维理论、"水桥" 理论、双电层理论和介电理论等传统理论模型。然而，力学性能较差严重制约了电流变液的工程化应用。近几年，随着巨电流变液和极性型电流变液等低场高屈服强度的新型电流变液的发明，电流变液屈服强度均超过了 100 kPa，电流变液迎来了一个新的工业化应用契机。微流控技术作为新兴的技术，因在化学、生物、医学等方面的良好应用前景及微型化、低消耗等优点而备受瞩目。随之而来的，是一系列科研上要面临的问题：如何在厘米尺寸的芯片上，实现大规模对微米至纳米尺寸的微管道的操控和观测，制造不同功能的软物质功能智能材料因此被广泛关注，并引入微流控系统中，开发出了一系列新的微流控功能器件，推动了微流控芯片的功能开发及集成化、智能化。另一方面，微流控领域的需求也为软物质功能智能材料的研发开辟了一个新的方向。

对于微流控芯片，操控微米级的流体最初采用的是流道设计。流体通道的尺寸决定了其压力，也决定了流体的流动。其优点是制作简单方便，缺点是无法主动按需控制，一旦通道制备完成就无法修改。随后，因芯片材料 PDMS 良好的弹性，人们设计了中间用 PDMS 隔开的双层通道，一边是流体，一边是压缩空气，通过气阀控制压缩空气的压力从而控制中间 PDMS 薄膜的形变，实现对另一侧流道压力的改变和流体的控制。

2004 年，香港科技大学的学者们将巨电流变液智能材料应用于微流控芯片中，取代传统的压缩空气，成功实现了巨电流变液微阀、微泵，并尝试将巨电流变液直接成生智能微液滴，随后利用巨电流变液高介电常数的性能及微电极又成功实现了微型逻辑门 [102]。

7.3.3.1 基于电流变液的微泵

微泵是大多数的微流控芯片中不可或缺的组件之一，它可以用来输送微流控芯片中的液体。现将电流变液应用到微泵的设计与制造中，并能够实现可编程数字化控制 [103]。图 7.25 所示是含有微泵的层状结构的 PDMS 芯片，芯片长 36 mm，宽 25 mm。该芯片在结构上可分为五层，三条平行的电流变液通道位于最底层，通道的宽度为 500 μm，且每条电流变液通道都被一对电极夹住。两对电极之间的电流变液通道中都有一半径为 1 mm、厚度为 30 μm 的圆形薄膜。另一位于最顶层的方形流体通道用于循环被泵液体，该通道在三个圆形薄膜的上方均设有 1.8 mm 宽的弧顶结构的腔室。通过这样的结构设计，电流变液可作用于薄膜使之产生推拉运动进而控制顶层液体的流动。三片薄膜之间的协作运动是微泵驱动力的来源，图 7.25 右上角的插图为电流变液驱动的微泵系统的俯视图。

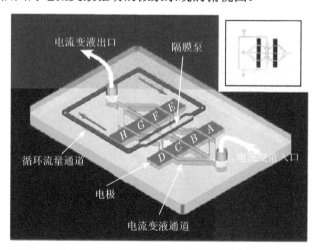

图 7.25　微流控芯片中微泵的结构原理图 (经中国科学杂志社授权原文引用)

　　图 7.26(a) 为电流变液微阀的工作原理图，通道中电流变液的流动性可通过加在电极上的外加电场来操控。图 7.26(a) 左图表示电流变液由右向左流动，当给左边的电极加上电压后，电流变液便停止向左流动，这导致压力积聚在薄膜上并把薄膜向上推，而位于薄膜上方的被泵液体的体积会被压缩并被推向其他区域。图 7.26(a) 所示为当给右边的电极加上电压后电流变液停止流动的情形，这导致通道中压力降低并使薄膜向下拉，这时薄膜上方被泵液体的体积将会增加。当这种排斥和吸液操作通过电信号控制来协作运动时，可产生期望的泵动作用。图 7.26(b) 所示为微泵的工作原理以及相应的控制模式。图 7.26(b) 左半部分所示为液体流动所经历的 6 个步骤的剖视图，为实现精确控制，每一步骤只有一片薄膜处于动作状态。图中虚线用来表示薄膜的位置，箭头表示被泵液体流动的方向。为实现每一操作步骤，需给相应的电极加上不同极性的电压，如图 7.26(b) 右半部分所示。在多对电极的协同作用下，该微泵可实现自动液体流动与循环。基于电流变液的微泵具有设计简单、可灵活控制以及材料的生物相容性好等优点，具有广泛的应用前景，例如，可在检测系统中生产并运输均匀的微流体，可在生物芯片中构建循环流用于冲洗细胞，可在微型装置中充当冷却组件等。

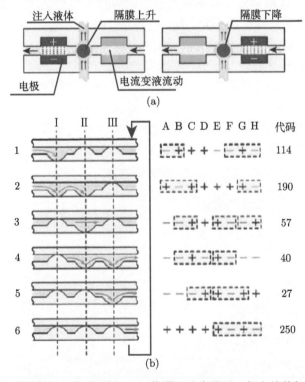

图 7.26　(a) 电流变液微阀工作原理图；(b) 薄膜驱动步骤以及相应的外加信号 (经中国科学杂志社授权原文引用)

7.3.3.2 基于巨电流变液的智能液滴及微流控逻辑门

现用葵花籽油代替硅油制成下述使用的巨电流变液, 其动态剪切强度和以硅油作基础液的巨电流变液相当。为控制巨电流变液液滴, 须在微流控芯片中的微流通道旁嵌入多对电极 [104]。当液滴通过一对电极间时, 液滴与连续相之间的介电常数差异会引起电极间电容的微弱变化。再通过电极的设计和反馈电路, 可以精确并实时检测出液滴的尺寸、形状以及组成成分, 且工作频率可达到 10 kHz, 这是传统的光学方法难以实现的。

在微流通道中利用巨电流变液操控液滴有两种方式, 第一种是巨电流变液充当液滴, 第二种是巨电流变液充当携带液去控制其他液体的液滴或者气泡, 如图 7.27 所示 [105]。无论哪种方式, 微流通道旁的电极都可给流动的巨电流变液加上电场。芯片中液滴生成部位的电极接近交界区用以控制巨电流变液流动的时机, 因此可以控制液滴的产生, 而位于下游的电极可对液滴进行感知和排序。

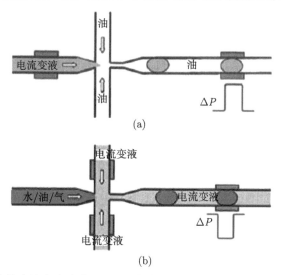

图 7.27　(a) 巨电流变液充当液滴; (b) 巨电流变液充当携带液 (经中国科学杂志社授权原文引用)

因巨电流变液液滴的产生与流动都可以控制, 那么集液滴编码、排序、储存与其他功能于一身的微流控芯片便可能实现。巨电流变液智能液滴还可用于微液滴显示。图 7.28(a) 所示为实现这一类功能的微流控芯片的原理图。三条下游通道用于储存智能液滴以便形成具有所需特性的显示屏。例如, 图 7.28(a) 表示利用此芯片显示出字母 "H", 图 7.28(b) 表示清晰地显示出字母 "HKUST"。在水液滴链之间注入巨电流变液智能液滴, 并且通过控制智能液滴, 水液滴链能够被引导、排序以及运输到芯片内的目的区域。智能液滴注入的频率与相位 (相对于水液滴) 也是可控的。图 7.28(c) 左侧为此类微流控芯片原理图，右侧为对应的光学显微照片。

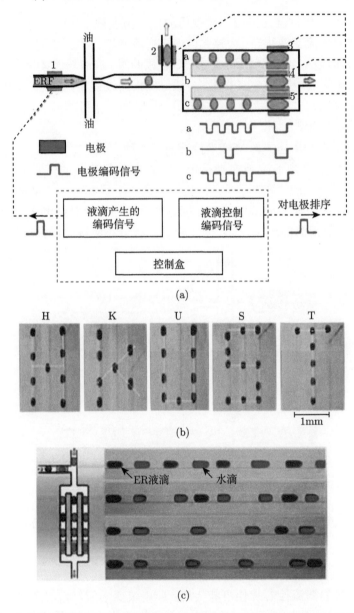

图 7.28　(a) 产生智能液滴显示的流程图与控制电路；(b) 智能液滴显示的光学照片；(c) 利用智能液滴操控水液滴的芯片原理图以及光学显微照片 (经中国科学杂志社授权原文引用)

　　复杂的微流控芯片在运作的时候可能会需要大量的逻辑过程，微流控逻辑门的实现满足了这一需求。微流控逻辑门的结构，在微流通道的两旁同样需要嵌入

多对电极, 而这些电极可看作电路的一部分, 即可视为电阻或电容 [106]。当一颗液滴从一对电极之间通过时, 电极之间的电性能将会发生变化, 从而引起电路中电压的重新分配。这些电信号将会触发附近微流通道中的液滴, 并控制它们的流动。在图 7.29(a) 中, 橙黄色部分表示巨电流变液, 绿色部分所示为导电信号电解液滴, 绝缘携带液用浅黄色表示, 灰色部分为导电复合材料 (Ag-PDMS)。巨电流变液输出通道上的电压 $|V_A - V_B|$ 由 V_1、V_2、V_3 和 V_4 共同决定, 当 $|V_A - V_B|$ 的值超过某一阈值后巨电流变液停止流动, 这一非线性特性确保所有逻辑过程可以实现。三条巨电流变液通道的阻抗相等, 且为常数 Z_F。在图 7.29(a) 所示的结构中, 受控电流变液上的电压可以表示为

$$V_{\mathrm{GERF}} = |V_A - V_B| = f(V_1, V_2, V_3, V_4, Z_A(X_A), Z_B(X_B))$$

其中, V_A 和 V_B 为巨电流变液通道两边的电势, $V_1 \sim V_4$ 分别为电极板 5、6、1、2 上所加电压, $Z_A(X_A)$ 和 $Z_B(X_B)$ 分别为通道 A 和 B 的阻抗。$X_i = 1 (i = A$ 或 B) 表示信号电极间有信号液滴, $X_i = 0$ 表示信号电极间为绝缘携带液。

芯片图如图 7.29(b) 和 (c) 所示, 经实验验证, 此芯片可实现所有 16 种布尔型逻辑过程, 芯片的大小和一枚硬币相当。从通道 A、B 输入的信号有四种组合 $((X_A, X_B) = (0,0), (0,1), (1,0), (1,1))$, 可得到 64 种实验结果, 合并等价的结果后, 最终可以得到 48 种结果。巨电流变液液滴在芯片中不仅用于逻辑信号输出, 同时也是电路的一部分, 充当非线性元件。

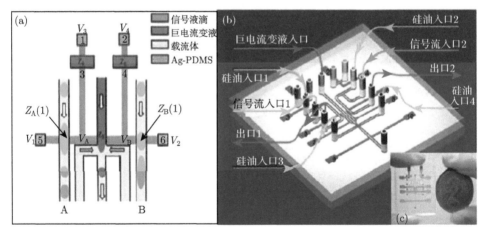

图 7.29 微流控逻辑门的原理图及实物图 (经中国科学杂志社授权原文引用)

7.4 小结与展望

综上所述, 微流控技术在软物质特殊形貌与形状材料的合成和制备方面有许

多应用，例如，可以通过控制条件合成不同材料、不同形状、大小可控的颗粒。生物医学是当前微流控芯片的主要应用领域，但随着加工技术的提高，微流控已经成功应用在食品和商品检验、环境监测、刑事科学、军事科学及航天科学等领域。微流控芯片的目标是取代常规分析实验室的所有功能，所有的合成、检测、分析等过程全部在微流控芯片上实现，所以微流控系统的研究，除了需要广泛的基础理论和应用基础外，还涉及大量的微加工技术和芯片材料的内容。通过将光源、激发器、分析组件等元件小型化，减小检测的损耗和体积，发展出简易的现场、实时检测分析系统，软物质功能智能材料在微流控芯片中的应用使得芯片向着多功能化与智能化发展。

参 考 文 献

[1] Cheng J, Jun Y, Qin J, et al. Electrospinning versus microfluidic spinning of functional fibers for biomedical applications. Biomaterials, 2017, 114: 121-143.

[2] Teh S Y, Lin R, Hung L H, et al. Droplet microfluidics. Lab on a Chip, 2008, 8(2): 198-220.

[3] Hung L H, Teh S Y, Jester J, et al. PLGA micro/nanosphere synthesis by droplet microfluidic solvent evaporation and extraction approaches. Lab on a Chip, 2010, 10(14): 1820-1825.

[4] Nisisako T, Torii T, Takahashi T, et al. Synthesis of monodisperse bicolored janus particles with electrical anisotropy using a microfluidic Co-flow system. Advanced Materials, 2006, 18(9): 1152-1156.

[5] Watanabe T, Ono T, Kimura Y. Continuous fabrication of monodisperse polylactide microspheres by droplet-to-particle technology using microfluidic emulsification and emulsion-solvent diffusion. Soft Matter, 2011, 7(21): 9894-9897.

[6] Ma J, Hui Y S, Zhang M, et al. Facile synthesis of biomimetic honeycomb material with biological functionality. Small, 2013, 9(4): 497-503.

[7] 林银银, 巫金波. 基于微流控技术的高通量材料合成、表征及测试平台. 自然杂志, 2017, 39(2): 103-114.

[8] Skeggs L T. An automatic method for colorimetric analysis. American Journal of Clinical Pathology, 1957, 28: 311-322.

[9] Terry S C, Jerman J H, Angell J B. A gas chromatographic air analyzer fabricated on a silicon wafer. IEEE Transactions on Electron Devices, 1979, 26(12): 1880-1886.

[10] Harrison D J, Manz A, Fan Z, et al. Capillary electrophoresis and sample injection systems integrated on a planar glass chip. Analytical Chemistry, 1992, 64(17): 1926-1932.

[11] Manz A, Fettinger J C, Verpoorte E, et al. Micromachining of monocrystalline silicon

and glass for chemical analysis systems A look into next century's technology or just a fashionable craze? Trends in Analytical Chemistry, 1991, 10: 144-149.

[12] Thorsen T, Maerkl S J, Quake S R. Microfluidic large-scale integration. Science, 2002, 298(5593): 580-584.

[13] 瞿祥猛, 林荣生, 陈宏. 基于微流控芯片的微阵列分析. 化学进展, 2011, 23(01): 221-230.

[14] Duncanson W J, Lin T, Abate A R, et al. Microfluidic synthesis of advanced microparticles for encapsulation and controlled release. Lab on a Chip, 2012, 12(12): 2135-2145.

[15] Pregibon D C, Toner M, Doyle P S. Multifunctional encoded particles for high-throughput biomolecule analysis. Science, 2007, 315(5817): 1393-1396.

[16] Yao S, Shu Y, Yang Y J, et al. Picoliter droplets developed as microreactors for ultrafast synthesis of multi-color water-soluble CdTe quantum dots. Chemical Communications, 2013, 49(64): 7114-7116.

[17] Zhou J, Zeng J, Grant J, et al. On-chip screening of experimental conditions for the synthesis of noble-metal nanostructures with different morphologies. Small, 2011, 7(23): 3308-3316.

[18] Song H, Chen D L, Ismagilov R F. Reactions in droplets in microfluidic channels. Angewandte Chemie International Edition, 2006, 45(44): 7336-7356.

[19] Song H, Tice J D, Ismagilov R F. A microfluidic system for controlling reaction networks in time. Angewandte Chemie International Edition, 2003, 42(7): 768-772.

[20] Manz A, Harrison D J, Verpoorte E M J, et al. Planar chips technology for miniaturization and integration of separation techniques into monitoring systems: capillary electrophoresis on a chip. Journal of Chromatography A, 1992, 593(1-2): 253-258.

[21] Cederquist K B, Dean S L, Keating C D. Encoded anisotropic particles for multiplexed bioanalysis. Wiley Interdisciplinary Reviews: Nanomedicine and Nanobiotechnology, 2010, 2(6): 578-600.

[22] Chung C K, Shih T R, Chang C K, et al. Design and experiments of a short-mixing-length baffled microreactor and its application to microfluidic synthesis of nanoparticles. Chemical Engineering Journal, 2011, 168(2): 790-798.

[23] Dendukuri D, Pregibon D C, Collins J, et al. Continuous-flow lithography for high-throughput microparticle synthesis. Nature Materials, 2006, 5(5): 365.

[24] Marquis M, Davy J, Cathala B, et al. Microfluidics assisted generation of innovative polysaccharide hydrogel microparticles. Carbohydrate Polymers, 2015, 116: 189-199.

[25] Aketagawa K, Hirama H, Moriguchi H, et al. Hyper-miniaturization of monodisperse alginate-TiO_2 composite particles with densely packed TiO_2 nanoparticles. Microfluidics and Nanofluidics, 2014, 17(1): 217-224.

[26] Baah D, Floyd-Smith T. Microfluidics for particle synthesis from photocrosslinkable materials. Microfluidics and Nanofluidics, 2014, 17(3): 431-455.

[27] Feng X, Yi Y, Yu X, et al. Generation of water-ionic liquid droplet pairs in soybean oil on microfluidic chip. Lab on a Chip, 2010, 10(3): 313-319.

[28] Datta S S, Abbaspourrad A, Amstad E, et al. 25th anniversary article: double emulsion templated solid microcapsules: mechanics and controlled release. Advanced Materials, 2014, 26(14): 2205-2218.

[29] Hung L H, Teh S Y, Jester J, et al. PLGA micro/nanosphere synthesis by droplet microfluidic solvent evaporation and extraction approaches. Lab on a Chip, 2010, 10(14): 1820-1825.

[30] Lee K G, Hong J, Wang K W, et al. In vitro biosynthesis of metal nanoparticles in microdroplets. ACS Nano, 2012, 6(8): 6998-7008.

[31] Nurumbetov G, Ballard N, Bon S A F. A simple microfluidic device for fabrication of double emulsion droplets and polymer microcapsules. Polymer Chemistry, 2012, 3(4): 1043-1047.

[32] Faustini M, Kim J, Jeong G Y, et al. Microfluidic approach toward continuous and ultrafast synthesis of metal-organic framework crystals and hetero structures in confined microdroplets. Journal of the American Chemical Society, 2013, 135(39): 14619-14626.

[33] Takimoto K, Takano E, Kitayama Y, et al. Synthesis of monodispersed submillimeter-sized molecularly imprinted particles selective for human serum albumin using inverse suspension polymerization in water-in-oil emulsion prepared using microfluidics. Langmuir, 2015, 31(17): 4981-4987.

[34] Yu X, Cheng G, Zhou M D, et al. On-demand one-step synthesis of monodisperse functional polymeric microspheres with droplet microfluidics. Langmuir, 2015, 31(13): 3982-3992.

[35] Lee D, Beesabathuni S N, Shen A Q. Shape-tunable wax microparticle synthesis via microfluidics and droplet impact. Biomicrofluidics, 2015, 9(6): 064114.

[36] De Filpo G, Lanzo J, Nicoletta F P, et al. Monomer-liquid crystal emulsions for switchable films. Journal of Applied Physics, 1998, 84(7): 3581-3585.

[37] Kobayashi I, Lou X, Mukataka S, et al. Preparation of monodisperse water-in-oil-in-water emulsions using microfluidization and straight-through microchannel emulsification. Journal of the American Oil Chemists' Society, 2005, 82(1): 65-71.

[38] Hosokawa K, Fujii T, Endo I. Handling of picoliter liquid samples in a poly (dimethylsiloxane)-based microfluidic device. Analytical Chemistry, 1999, 71(20): 4781-4785.

[39] Anna S L, Bontoux N, Stone H A. Formation of dispersions using "flow focusing" in microchannels. Applied Physics Letters, 2003, 82(3): 364-366.

[40] Liu H, Nakajima M, Kimura T. Production of monodispersed water-in-oil emulsions

using polymer microchannels. Journal of the American Oil Chemists' Society, 2004, 81(7): 705-711.

[41] Okushima S, Nisisako T, Torii T, et al. Controlled production of monodisperse double emulsions by two-step droplet breakup in microfluidic devices. Langmuir, 2004, 20(23): 9905-9908.

[42] Garstecki P, Gitlin I, DiLuzio W, et al. Formation of monodisperse bubbles in a microfluidic flow-focusing device. Applied Physics Letters, 2004, 85(13): 2649-2651.

[43] Kobayashi I, Lou X, Mukataka S, et al. Preparation of monodisperse water-in-oil-in-water emulsions using microfluidization and straight-through microchannel emulsification. Journal of the American Oil Chemists' Society, 2005, 82(1): 65-71.

[44] Gordillo J M, Cheng Z, Ganan-Calvo A M, et al. A new device for the generation of microbubbles. Physics of Fluids, 2004, 16(8): 2828-2834.

[45] Garstecki P, Fuerstman M J, Stone H A, et al. Formation of droplets and bubbles in a microfluidic T-junction-scaling and mechanism of break-up. Lab on a Chip, 2006, 6(3): 437-446.

[46] Nisisako T, Torii T, Higuchi T. Droplet formation in a microchannel network. Lab on a Chip, 2002, 2(1): 24-26.

[47] Günther A, Jensen K F. Multiphase microfluidics: from flow characteristics to chemical and materials synthesis. Lab on a Chip, 2006, 6(12): 1487-1503.

[48] 郭梦园, 李风华, 包宇, 等. 微流控技术在纳米合成中的应用. 应用化学, 2016, 33(10): 1115-1125.

[49] Linsebigler A L, Lu G, Yates Jr J T. Photocatalysis on TiO_2 surfaces: principles, mechanisms, and selected results. Chemical Reviews, 1995, 95(3): 735-758.

[50] Zhang J, Wu W, Yan S, et al. Enhanced photocatalytic activity for the degradation of rhodamine B by TiO_2 modified with Gd_2O_3 calcined at high temperature. Applied Surface Science, 2015, 344: 249-256.

[51] Mele G, Annese C, D'Accolti L, et al. Photoreduction of carbon dioxide to formic acid in aqueous suspension: a comparison between phthalocyanine/TiO_2 and porphyrin/TiO_2 catalysed processes. Molecules, 2015, 20(1): 396-415.

[52] Schacht S, Huo Q, Voigt-Martin I G, et al. Oil-water interface templating of meso-porous macroscale structures. Science, 1996, 273(5276): 768-771.

[53] Hotz J, Meier W. Vesicle-templated polymer hollow spheres. Langmuir, 1998, 14(5): 1031-1036.

[54] Discher B M, Won Y Y, Ege D S, et al. Polymersomes: tough vesicles made from diblock copolymers. Science, 1999, 284(5417): 1143-1146.

[55] von Werne T, Patten T E. Atom transfer radical polymerization from nanoparticles: a tool for the preparation of well-defined hybrid nanostructures and for understanding

the chemistry of controlled/"living" radical polymerizations from surfaces. Journal of the American Chemical Society, 2001, 123(31): 7497-7505.

[56] Collins A M, Spickermann C, Mann S. Synthesis of titania hollow microspheres using non-aqueous emulsions. Journal of Materials Chemistry, 2003, 13(5): 1112-1114.

[57] Nakashima T, Kimizuka N. Interfacial synthesis of hollow TiO_2 microspheres in ionic liquids. Journal of the American Chemical Society, 2003, 125(21): 6386-6387.

[58] Gong X, Wang L, Wen W. Design and fabrication of monodisperse hollow titania microspheres from a microfluidic droplet-template. Chemical Communications, 2009, (31): 4690-4692.

[59] Gong X, Peng S, Wen W, et al. Design and fabrication of magnetically functionalized core/shell microspheres for smart drug delivery. Advanced Functional Materials, 2009, 19(2): 292-297.

[60] Bhardwaj N, Kundu S C. Electrospinning: a fascinating fiber fabrication technique. Biotechnology Advances, 2010, 28(3): 325-347.

[61] Li W J, Laurencin C T, Caterson E J, et al. Electrospun nanofibrous structure: a novel scaffold for tissue engineering. Journal of Biomedical Materials Research: an Official Journal of the Society for Biomaterials, The Japanese Society for Biomaterials, and the Australian Society for Biomaterials and the Korean Society for Biomaterials, 2002, 60(4): 613-621.

[62] Subbiah T, Bhat G S, Tock R W, et al. Electrospinning of nanofibers. Journal of Applied Polymer Science, 2005, 96(2): 557-569.

[63] Hu X, Tian M, Sun B, et al. Hydrodynamic alignment and microfluidic spinning of strength-reinforced calcium alginate microfibers. Materials Letters, 2018, 230: 148-151.

[64] Matthews J A, Wnek G E, Simpson D G, et al. Electrospinning of collagen nanofibers. Biomacromolecules, 2002, 3(2): 232-238.

[65] Bhattarai N, Edmondson D, Veiseh O, et al. Electrospun chitosan-based nanofibers and their cellular compatibility. Biomaterials, 2005, 26(31): 6176-6184.

[66] Hussain F, Hojjati M, Okamoto M, et al. Polymer-matrix nanocomposites, processing, manufacturing, and application: an overview. Journal of Composite Materials, 2006, 40(17): 1511-1575.

[67] Jun Y, Kang E, Chae S, et al. Microfluidic spinning of micro-and nano-scale fibers for tissue engineering. Lab on a Chip, 2014, 14(13): 2145-2160.

[68] Jeong W, Kim J, Kim S, et al. Hydrodynamic microfabrication via "on the fly" photopolymerization of microscale fibers and tubes. Lab on a Chip, 2004, 4(6): 576-580.

[69] Choi C H, Yi H, Hwang S, et al. Microfluidic fabrication of complex-shaped microfibers by liquid template-aided multiphase microflow. Lab on a Chip, 2011, 11(8):

1477-1483.

[70] Yu Y, Wen H, Ma J, et al. Flexible fabrication of biomimetic bamboo-like hybrid microfibers. Advanced Materials, 2014, 26(16): 2494-2499

[71] Yu Y, Wei W, Wang Y, et al. Simple spinning of heterogeneous hollow microfibers on chip. Advanced Materials, 2016, 28(31): 6649-6655.

[72] Onoe H, Okitsu T, Itou A, et al. Metre-long cell-laden microfibres exhibit tissue morphologies and functions. Nature Materials, 2013, 12(6): 584.

[73] Xia Y N, Whitesides G M. Soft Lithograhpy. Annual Review of Materials Science, 1998, 28, 153-184.

[74] Unger M A, Chou H P, Thorsen T, et al. Monolithic microfabricated valves and pumps by multilayer soft lithography. Science, 2000, 288, 113-116.

[75] Vilkner T, Janasek D, Manz A. Micro total analysis systems. Recent developments. Analytical Chemistry, 2004, 76(12): 3373-3386.

[76] Darhuber A A, Valentino J P, Davis J M, et al. Microfluidic actuation by modulation of surface stresses. Applied Physics Letters, 2003, 82(4): 657-659.

[77] Lee K J, Fosser K A, Nuzzo R G. Fabrication of stable metallic patterns embedded in poly (dimethylsiloxane) and model applications in non-planar electronic and lab-on-a-chip device patterning. Advanced Functional Materials, 2005, 15(4): 557-566.

[78] Lim K S, Chang W J, Koo Y M, et al. Reliable fabrication method of transferable micron scale metal pattern for poly (dimethylsiloxane) metallization. Lab on a Chip, 2006, 6(4): 578-580.

[79] Gawron A J, Martin R S, Lunte S M. Fabrication and evaluation of a carbon-based dual-electrode detector for poly (dimethylsiloxane) electrophoresis chips. Electrophoresis, 2001, 22(2): 242-248.

[80] Yuan Q W, Kloczkowski A, Mark J E, et al. Simulations on the reinforcement of poly(dimethylsiloxane) elastomers by randomly distributed filler particles. Sci Polym Phys, 1996, 34(9): 1647.

[81] Rwei S P, Ku F H, Cheng K C. Dispersion of carbon black in a continuous phase: Electrical, rheological, and morphological studies. Colloid and Polymer Science, 2002, 280(12): 1110-1115.

[82] Niu X Z, Peng S L, Liu L Y, et al. Characterizing and patterning of PDMS-based conducting composites. Advanced Materials, 2007, 19(18): 2682-2686.

[83] Myung N V, Park D Y, Yoo B Y, et al. Development of electroplated magnetic materials for MEMS. Journal of Magnetism and Magnetic Materials, 2003, 265(2): 189-198.

[84] Gibbs M R J, Hill E W, Wright P J. Magnetic materials for MEMS applications. Journal of Physics D: Applied Physics, 2004, 37(22): R237.

[85] Khoo M, Liu C. Micro magnetic silicone elastomer membrane actuator. Sensors and Actuators A: Physical, 2001, 89(3): 259-266.

[86] Li X, Jia X, Xie C, et al. Development of cationic colloidal silica-coated magnetic nanospheres for highly selective and rapid enrichment of plasma membrane fractions for proteomics analysis. Biotechnology and Applied Biochemistry, 2009, 54(4): 213-220.

[87] Hatch A, Kamholz A E, Holman G, et al. A ferrofluidic magnetic micropump. Journal of Microelectromechanical Systems, 2001, 10(2): 215-221.

[88] Hartshorne H, Backhouse C J, Lee W E. Ferrofluid-based microchip pump and valve. Sensors and Actuators B: Chemical, 2004, 99(2-3): 592-600.

[89] Yamahata C, Chastellain M, Parashar V K, et al. Plastic micropump with ferrofluidic actuation. Journal of Microelectromechanical Systems, 2005, 14(1): 96-102.

[90] Wang W, Yao Z, Chen J C, et al. Composite elastic magnet films with hard magnetic feature. Journal of Micromechanics and Microengineering, 2004, 14(10): 1321.

[91] Fahrni F, Prins M W J, Van IJzendoorn L J. Magnetization and actuation of polymeric microstructures with magnetic nanoparticles for application in microfluidics. Journal of Magnetism and Magnetic Materials, 2009, 321(12): 1843-1850.

[92] Pirmoradi F N, Cheng L, Chiao M. A magnetic poly (dimethylesiloxane) composite membrane incorporated with uniformly dispersed, coated iron oxide nanoparticles. Journal of Micromechanics and Microengineering, 2009, 20(1): 015032.

[93] Huh Y S, Choi J H, Park T J, et al. Microfluidic cell disruption system employing a magnetically actuated diaphragm. Electrophoresis, 2007, 28(24): 4748-4757.

[94] Li J, Zhang M, Wang L, et al. Design and fabrication of microfluidic mixer from carbonyl iron-PDMS composite membrane. Microfluidics and Nanofluidics, 2011, 10(4): 919-925.

[95] El-Nashar D E, Mansour S H, Girgis E. Nickel and iron nano-particles in natural rubber composites. Journal of Materials Science, 2006, 41(16): 5359-5364.

[96] Bokobza L, Rapoport O. Reinforcement of natural rubber. Journal of Applied Polymer Science, 2002, 85(11): 2301-2316.

[97] Armani D, Liu C, Aluru N. Re-configurable fluid circuits by PDMS elastomer micromachining//Technical Digest. IEEE International MEMS 99 Conference. Twelfth IEEE International Conference on Micro Electro Mechanical Systems (Cat. No. 99CH36291). IEEE, 1999: 222-227.

[98] Unger M A, Chou H P, Thorsen T, et al. Monolithic microfabricated valves and pumps by multilayer soft lithography. Science, 2000, 288(5463): 113-116.

[99] Thorsen T, Maerkl S J, Quake S R. Microfluidic large-scale integration. Science, 2002, 298(5593): 580-584.

[100] Niu X, Liu L, Wen W, et al. Active microfluidic mixer chip. Applied Physics Letters, 2006, 88(15): 153508.

[101] Niu X, Liu L, Wen W, et al. Hybrid approach to high-frequency microfluidic mixing. Physical Review Letters, 2006, 97(4): 044501.

[102] 徐志超, 伍罕, 张萌颖, 等. 电流变液研究进展. 科学通报, 2017, 62(21): 2358-2371.

[103] Liu L, Chen X, Niu X, et al. Electrorheological fluid-actuated microfluidic pump. Applied Physics Letters, 2006, 89(8): 083505.

[104] Niu X, Zhang M, Peng S, et al. Real-time detection, control, and sorting of microfluidic droplets. Biomicrofluidics, 2007, 1(4): 044101.

[105] Wu J, Wen W, Sheng P. Smart electroresponsive droplets in microfluidics. Soft Matter, 2012, 8(46): 11589-11599.

[106] Zhang M, Wang L, Wang X, et al. Microdroplet-based universal logic gates by electrorheological fluid. Soft Matter, 2011, 7(16): 7493-7497.

索　引

B

宾厄姆流体, 23

C

磁流变效应, 48
磁流变液, 2
磁响应, 2

D

电流变弹性体, 5
电流变效应, 5

F

非牛顿流体, 53

G

功能材料, 2
光二聚反应, 88
光解离, 87
光刻技术, 141
光响应, 2
光致异构化分子, 87

H

化学响应, 2

J

胶体, 2
介电极化, 27
巨电流变效应, 21
聚二甲基硅氧烷, 22

L

离子探针, 136

离子响应, 136
流变学, 5

M

酶催化, 145

N

纳米材料, 11

O

偶氮苯, 87

Q

嵌段共聚物, 89
屈服强度, 5

R

溶胀, 86
软磁性, 54
软物质, 1

S

收缩, 86
水凝胶, 86

T

弹性体, 5
羰基铁粉, 53
透明度, 103

W

微泵, 96
微阀, 32
微混合器, 184
微流控, 3

微流控逻辑门, 193
微流体, 157
温敏材料, 102

X

芯片实验室, 158
悬浮液, 2

Y

氧化还原响应, 136
液滴, 33
液晶弹性体, 93

Z

智能材料, 1
智能窗, 103
智能液滴, 193
智能阻尼, 29
转变温度, 48

其他

N-异丙基丙烯酰胺 (NIPAM), 89
PEO-PPO-PEO, 133
pH 响应, 136